浅埋煤层短壁开采关键层破断及控制研究

曹胜根　姜海军　张　云　著

中国矿业大学出版社

·徐州·

内 容 提 要

本书着眼于浅埋煤层顶板关键层失稳引起的矿山安全隐患、资源浪费等问题，综合利用理论分析、物理模拟、数值模拟等研究方法，开展了关键层开裂前后的稳定性机理研究，得出了相邻区段开采过程中关键层及覆岩的变形和破断规律，结合局部刚度理论和屈服煤柱理论对"关键层-屈服煤柱"系统稳定破坏进行了工程方案设计和优化。本书内容可为我国西部浅埋煤层覆岩关键层破断运移规律的研究提供理论指导。全书内容包括：绪论，连续采煤机短壁回采工艺研究，关键层致灾机理及力学分析，浅埋关键层开裂及垮落机理研究，相邻区段回采关键层破坏机理研究，"关键层-屈服煤柱"系统稳定破坏机理及工程方案设计。

本书可供采矿工程、矿山压力与岩层控制、环境保护等相关领域现场工程技术人员、煤炭高校师生以及实验室科研人员参考。

图书在版编目(CIP)数据

浅埋煤层短壁开采关键层破断及控制研究 / 曹胜根，姜海军，张云著. — 徐州 ：中国矿业大学出版社，2019.12

ISBN 978-7-5646-4362-1

Ⅰ. ①浅… Ⅱ. ①曹… ②姜… ③张… Ⅲ. ①薄煤层采煤法—研究 Ⅳ. ①TD823.25

中国版本图书馆 CIP 数据核字(2020)第 005105 号

书　　名　浅埋煤层短壁开采关键层破断及控制研究
著　　者　曹胜根　姜海军　张　云
责任编辑　姜　华
出版发行　中国矿业大学出版社有限责任公司
（江苏省徐州市解放南路　邮编 221008）
营销热线　(0516)83884103　83885105
出版服务　(0516)83995789　83884920
网　　址　http://www.cumtp.com　**E-mail**:cumtpvip@cumtp.com
印　　刷　江苏凤凰数码印务有限公司
开　　本　787 mm×1092 mm　1/16　**印张** 12　**字数** 220 千字
版次印次　2019 年 12 月第 1 版　2019 年 12 月第 1 次印刷
定　　价　48.00 元

前　言

如何通过合理的方案设计实现短壁回采过程中留设的支巷间煤柱实现自身的稳定屈服，从而缓解或消除浅埋煤层坚硬顶板破断大面积来压所产生的动力灾害问题，同时最大程度地提高煤炭回收率，对神东矿区短壁回采工艺的应用以及实现边角煤的最大限度回收尤为重要。为此，本书决定从浅埋煤层顶板稳定的关键层着手，综合利用理论分析、物理模拟、数值模拟等研究方法，分析关键层开裂前的变形和能量分布以及开裂后形成砌体梁结构的稳定机理；系统分析相邻区段开采过程中关键层及其上覆岩层的变形和破断规律；结合局部刚度理论和屈服煤柱理论对“关键层-屈服煤柱”系统稳定破坏进行工程方案设计和优化。

全书共六章，各章主要内容如下：

第一章论述了浅埋煤层短壁开采关键层破断及控制的研究背景及意义，并分别论述了短壁连采、浅埋煤层覆岩稳定、坚硬顶板变形及破断、坚硬顶板垮落防治和煤柱稳定的研究现状，提出了研究内容和方法。

第二章结合实际工程概况对短壁回采巷道的三种布置方案进行了对比分析，论述了短壁开采的工艺流程，分析并确定了工作面参数，介绍了两种运输工艺系统设备及特点。

第三章以关键层变形规律为基础，分析了顶板揭露至破断过程的能量演化规律和动力灾害类型；总结了煤壁前方超前支承压力分布的主要特征，以超前支承压力峰值点为分界点，将煤系地基沿工作面推进方向分为煤壁屈服区和弹性区两部分，建立了包括屈服区在内坚硬顶板5段连续岩梁力学模型；借助 Matlab 辅助计算，获得了初次来压前和周期来压前关键层满足全部连续条件和自然边界条件的挠度表达式中的系数；通过循环逼近的方式，获得了不同屈服区宽度对应连续的超前支承压力分布，给出了对应岩梁连续的弯矩、挠度曲线和岩梁在煤壁前方弯曲应变能分布曲线，并计算关键层初次来压前和周期来压前存储的弹性能，为掌握坚硬顶板超前断裂位置、释放弹性能的量化分析奠定了基础。

第四章对关键层及覆岩垮落的机理进行了理论分析，并利用数值模拟的方法研究了浅埋煤层关键层的破坏机理。此外，还研究了关键层及覆岩开裂过程的微震特性。

第五章结合物理模拟和数值模拟，对浅埋煤层短壁回采关键层的变形和破断机理进行了深入研究，重点分析了相邻区段关键层稳定状态对本区段回采过程中覆岩活动的影响规律。

第六章结合已有的屈服煤柱理论，重点针对神东浅埋煤层关键层垮落时所产生的动力灾害防治问题，提出了“关键层-屈服煤柱”稳定破坏理论，并根据该理论详细讨论了屈服煤柱布置和短壁支巷回采方案。

本书取得了以下创新性成果：

(1) 建立了包含煤壁屈服区在内的复合地基梁力学模型，研究了煤壁屈服区宽度与超前支承压力分布、关键层的初次开裂和周期开裂之间的关系，系统分析了关键层的开裂位置、能量分布和变形等情况；建立了包含原岩水平应力作用的砌体梁稳定计算方法和判据；结合神东浅埋煤层覆岩特点分析了关键层及其上覆岩层的开裂过程、变形、应力分布和整体垮落机理。

(2) 根据神东矿区短壁连采工作面的布置特点和尺寸，利用物理相似模拟和数值模拟，研究了相邻区段开采对上覆关键层稳定的影响规律。研究结果表明，本区段支巷回采过程加剧了相邻已采区段关键层的变形，影响程度随已采区段关键层跨度的增加而越加明显；而已采区段关键层是否稳定直接决定了相邻在采区段关键层的变形、极限跨距和垮落模式。根据位于隔离煤柱两侧区段上方关键层变形和开裂过程中所形成的双压力拱结构的相互作用机理，分析了产生上述影响的机理。

(3) 在进一步完善围岩局部刚度计算方法的基础上，结合屈服煤柱理论提出了“关键层-屈服煤柱”系统稳定破坏理论，在系统分析区段支巷宽度、支巷回采顺序、末采支巷(区段内最后回采的支巷)位置、屈服煤柱(支巷间煤柱)位置和数量等参数对围岩局部刚度影响的基础上，将屈服煤柱设计方案简化为6个最基本的局部刚度单元，通过数值模拟和理论计算确定了适合每个局部刚度单元的合理屈服煤柱宽度；在综合考虑区段内支巷安全回采和关键层稳定破坏以及增加区段可采面积和区段煤炭回收率的基础上，对屈服煤柱设计方案进行了筛选和优化，并进一步给出了“关键层-屈服煤柱”系统稳定破坏工程方案优化设计流程。

本书引用了许多国内外专家、学者的著述，在此表示衷心的感谢。

由于著者水平所限，不足之处在所难免，衷心希望读者给予指正。

著　者

2019年10月

目　　录

第一章 绪 论

第一节 引 言

煤炭作为我国的主要能源，在国民经济建设中具有重要的战略地位。神府、东胜煤田探明储量 2 236 亿 t，占全国探明储量的 1/3，是我国目前探明储量最大的煤田，该煤田与美国的阿巴拉契亚煤田、德国的鲁尔煤田等被称为世界七大煤田[1]。以开发神府、东胜煤田为中心的“神华工程”，是我国大型项目建设中总投资仅次于“三峡工程”的第二大工程。神东矿区目前以至今后相当长的一段时期内，各矿开采区域大部分集中于埋深在 100～150 m的浅部[2]。在开采浅部煤层过程中，神东矿区形成了以连续采煤设备为技术主体的短壁机械化开采技术。这种短壁机械化开采技术始创于美国，它的主要设备有连续采煤机、锚杆钻机、运煤车等。经过 50 多年的不断研究与改进，已形成了自成体系的短壁机械化采煤方法。目前，澳大利亚、南非、印度及加拿大等国均广泛采用短壁机械化采煤，取得了较好的经济效益[3-4]。

从 1995 年神东矿区开始将连采配套设备应用于短壁开采，经过多年来的研究、实践与探索，结合神东矿区煤层赋存条件（薄基岩浅埋深），连续采煤机短壁机械化开采技术在全矿区范围内得到广泛的普及和应用。采用履带行走式液压支架，解决了短壁双翼开采存在的问题，同时解决了短壁机械化开采过程中巷道、工作面以及煤柱回收支护工艺的关键技术难题。在回收条带煤柱时采用双翼切割煤柱并采用履带行走式液压支架支护顶板，其回收率最高可达 87%，比传统房柱式短壁回采工作面回收率平均提高了 45%以上[5]。

在短壁连采工作面开采过程中，如何有效地控制采空区顶板、怎样能最大限度地提高煤炭采出率是短壁连采工艺的重点。短壁连采工艺的一个显著特点就是对采空区不加任何人为处理措施，因此该工艺所形成的采空区面积发展到一定程度并经历较长悬露时间后，一旦受到外界扰动或者顶板达到其极限承载悬露面积(步距),必然存在采空区大面积顶板垮落的冲击性灾害威胁问题,在薄基岩浅埋深的顶板条件下这种灾害威胁更为严重(图 1-1)。2005 年 10 月 10 日 16 时 55 分,在大柳塔井 12607 东侧短壁工作面右翼 2 区段发生采空区顶板大面积垮落事故,垮落产生的飓风致使人员出现伤亡[6]。由此可以看出,对神东矿区浅埋煤层短壁开采顶板大面积垮落所产生的动力灾害进行控制研究是非常有必要的,同时要考虑尽可能地提高煤炭采出率。

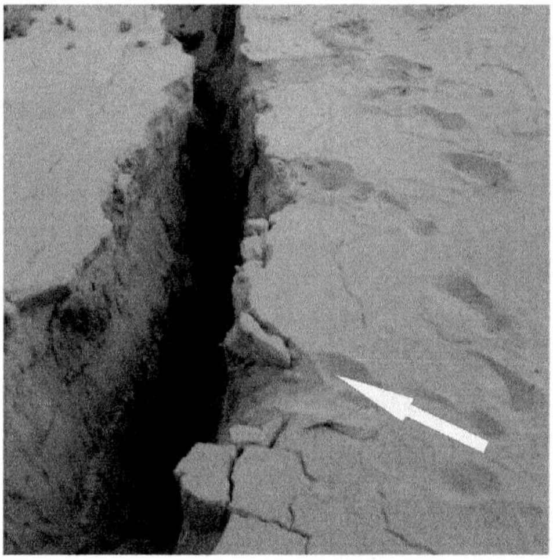

图 1-1　顶板失稳造成的地表开裂

采空区上方大面积的未垮顶板垮落时会产生较大的冲击灾害,对其下方的煤柱及采煤活动产生较大的威胁。通过人工强制放顶或者对采空区采用矸石充填,既不经济也会影响采煤工作的效率。在这种背景下,屈服煤柱技术在一些煤矿中得到工程应用[7]。该技术通过合理设计煤柱在采空区的位置及尺寸,实现煤柱的稳定破坏,从而可以有效地化解顶板大面积垮落所产生的动力灾害。屈服煤柱技术首先被提出来是用于提高房柱开采的煤炭回收率,避免顶板的灾难性破坏[8]。在实践中,屈服煤柱技术后来被用于解决长壁采区回采巷道的底鼓和刚性煤柱内由于弹性核存在所产生的冲击矿压问题[9]。

随着矿井开采强度的不断加大以及煤炭资源的逐步枯竭,进一步提高煤炭资源的回收率已成为矿井高产稳产和可持续生产的重要问题。而边角煤的开采成为提高煤炭回收率的重要手段。目前,我国煤矿的边角煤开采的重要方法之一就是短壁连采，该方法在煤炭储量巨大的神东矿区得到了快速发展。但神东矿区的煤层埋深浅、基岩薄、上覆松散、荷载层厚等特点使得短壁开采过程中面临着顶板垮落产生的动力灾害，严重威胁着开采过程的安全，从而在一定程度上限制了短壁连采的应用，降低了煤炭回收率。因此，如何防治短壁连采过程中所面临的坚硬顶板来压问题成为关键。

浅埋煤层短壁开采过程中所产生的顶板大面积来压问题的根源是关键层的开裂及失稳。通过长期的研究与应用，国内外学者在顶板移动规律方面取得了较大的进展，先后提出了悬臂梁理论、砌体梁理论、连续梁理论、关键层理论等多种分析顶板移动规律的理论，其中由钱鸣高院士等科研人员通过多年的实践和总结而提出的砌体梁理论和关键层理论广为煤矿工作者所接受，为研究坚硬顶板的移动及控制提供了坚实的理论基础。在坚硬顶板控制方面，国内外学者也提出了煤柱支撑、强度弱化及强制放顶等防治坚硬顶板动力灾害的方法，并进行了一定范围的推广与应用，取得了良好的效果。但是由于煤矿地质条件以及坚硬顶板的多变性，以上各种方法的适用条件和应用效果均有所限制。

本书将深入、系统地研究浅埋煤层短壁开采过程中关键层开裂前的变形和能量分布，进而分析在原岩水平应力作用下顶板开裂后维持的砌体梁结构稳定状态，结合数值模拟分析浅埋关键层和覆岩的开裂过程和垮落机理。通过研究相邻区段开采过程关键层的变形和垮落机理，结合屈服煤柱理论实现“关键层-屈服煤柱”稳定破坏的工程设计和方案优化，缓解或消除由于关键层大面积垮落所产生的动力灾害，同时提高煤炭回收率。

第二节 国内外研究现状

一、短壁连采研究现状

世界主要采煤国对连续采煤机高效机械化开采十分重视，每年有超过4.0亿 t的煤炭采用连续采煤机短壁开采技术，如南非短壁机械化开采占井工开采的92%，美国占49%，澳大利亚占15%。

美国是世界上采用连续采煤机短壁机械化开采技术最早的国家。20世纪20年代，美国在房柱式开采中就开始使用截煤机、钻车、装煤机和多种运输设备，这种配套开采方式称为“普通房柱式开采”。到20世纪40年代中期，美国出现连续采煤机，它取代了普通房柱式开采中使用的多台单一性能的机械，将掏槽、钻眼、爆破和装煤等几种作业合而为一。20 世纪 60 年代，随着采煤设备的不断改进和配套设备的完善，美国已形成一套适合于房柱式采煤法的设备体系，如连续采煤机、锚杆钻车、梭车等，这种配套开采称为“连续采煤机房柱式开采”。20 世纪 70 年代，12CM 型采煤机实现了电牵引，设备性能也得到了进一步提高，因而澳大利亚、南非开始相继引进美国的连续采煤机及其配套设备[10-11]。在很长时期内，这种开采方法的采煤量占美国井工煤矿产量的 70%以上。近年来露天煤矿产量的快速增长，井工煤矿产量逐年下降，但 2004 年连续采煤机短壁开采产量仍达 1.5 亿 t，占井工煤矿产量的 49.5%。美国的连续采煤机短壁开采通常开采小的块段或薄煤层，煤炭回收率为 30%～70%，生产效率平均为 3.5 t/工时。

南非煤炭资源赋存稳定，煤质优良，开采条件良好，目前煤炭年产规模为 2.5 亿 t 左右。南非现有生产矿井近百座，60%是井工开采，其中多数采用连续采煤机短壁开采。

澳大利亚煤炭赋存较浅，采深一般不超过 200～300 m，煤层倾角一般不超过 10°，适用于连续采煤机短壁开采。1958 年，澳大利亚在传统的房柱式采煤法的基础上发展了旺格维利采煤法（简称旺采），并逐渐得到推广应用，目前多数煤矿采用旺格维利采煤法[12-13]。

20 世纪五六十年代，房式、柱式和房柱式短壁采煤方法在我国使用较为普遍，其开采工艺是：在采区内开掘平巷，将煤体切割成方形煤柱，然后在方形煤柱中开掘劈柱巷，并由劈柱巷向两侧再开煤房。开掘平巷和劈柱巷时采用锚杆管理顶板，而在煤柱中掘煤房时不再打锚杆[14]。这种开采工艺的缺点是：通风系统复杂，通风管理困难；回采率低，不到 30%。

从 1979 年开始，我国先后引进了多种型号的连续采煤机，并在条件适合的矿区进行了试验。大同矿务局大斗沟煤矿使用 JOY12CM 型连续采煤机进行刀柱式开采，年产量达 35 万 t，曾创造了月掘进 2 187 m 的全国纪录；山西大同市姜家湾矿使用连续采煤机条带式采煤法开采，月产量达 2.5 万 t，发挥了连续采煤机采掘合一、机动灵活的优点。但由于只引进了连续采煤机主机，工艺设备不配套，使用效果不理想[15]。

1999 年 7 月，神东公司从澳大利亚引进了旺格维利采煤法，并在大海则煤矿进行了开采试验。该采煤法的特点是煤房之间留设 15 m×100 m 左右的大煤柱，然后采用留设煤皮的方法支撑顶板，顺序回收煤柱，工作面回收率比切块式采煤法提高了约 10%。这种采煤方法的采空区残留煤柱变成了规则的煤皮，除回收率有所提高外，仍然没有彻底解决煤柱回收和顶板安全管理问题[16-17]。

2000—2007年,神东公司结合自身煤层地质条件,应用行走式液压支架掩护连续采煤机回收煤柱,煤炭回收率比传统的旺格维利采煤法提高了10%以上。但采用该采煤法开采时,采空区留设了大量的隔离煤柱,顶板采用了较高密度的锚杆或锚索支护,采空区顶板长期悬露,当采空区面积发展到一定程度并经历很长悬露时间后,存在着采空区顶板大面积垮落的安全隐患。

为了解决短壁机械化开采回采率较低、煤柱留设多、顶板垮落较难控制以及系统通风效果差等问题,神东公司与中国煤炭科工集团太原研究院合作,在对国外短壁开采工艺广泛考察的基础上,提出了多台履带行走支架护顶的块段房柱式短壁机械化开采工艺。该采煤工艺将开采区域划分为若干个矩形块段,形成完整的全风压通风系统。煤柱回采过程中,采用4台履带行走支架支护顶板,实现回采区内顶板有规律的垮落。该采煤工艺彻底改变了我国现有连续采煤机短壁开采技术所采用的顶板控制方式和管理理念,既保证了工作面的作业安全和避免煤柱应力集中,又减少了煤柱的留设,提高了工作面回收率。该采煤工艺在上湾煤矿、乌兰木伦煤矿、榆家梁煤矿都得到了成功应用,工作面煤炭回收率均达到了80%。

二、浅埋煤层覆岩稳定研究现状

浅埋煤层开采首先遇到的采动损害问题是采场矿山压力控制问题。浅埋煤层开采时,采场矿压非但没有因采深变浅而减少,反而出现异常强烈的矿压显现,工作面顶板出现台阶下沉,甚至压坏支架。例如,神东矿区大柳塔煤矿正式投产的第一个工作面即1203工作面,埋深50～60 m,采高3.5～4.0 m,使用YZ3500-23/45型液压支架支护顶板。初次来压期间,工作面中部91 m范围顶板出现大范围台阶下沉现象,其中中部31 m范围顶板台阶下沉量高达1 000 mm,部分支架立柱被压死,并出现溃沙现象,大量地面风积沙进入机尾。周期来压时,不少支架的立柱因动载强烈而出现胀裂,支架损坏严重[18]。矿区周围几个煤矿,如郭家湾、大砭窑煤矿曾经设计和应用了长壁工作面开采方式,但因为难以控制工作面来压时出现的顶板台阶下沉,严重影响了生产和安全,因此又改回各种方式的柱式开采。这说明在神东煤田浅埋深、薄基岩、厚上覆松散沙层的条件下,工作面顶板岩层破断运动具有特殊性。

国外在浅埋煤层顶板岩层控制方面做了大量的研究工作[19-47]。较早的研究有苏联秦巴列维奇根据莫斯科近郊煤田浅埋深条件提出的台阶下沉假说[48-49]。该假说指出当煤层埋深较浅时，上覆岩层可视为均质。随着工作面推进，顶板将呈斜方六面体沿煤壁斜上方垮落直至地表，支架上所受的荷载应考虑整个上覆岩层重力的作用。

在浅埋煤层矿压显现方面，苏联布德雷克研究认为，在埋深 100 m 且存在厚黏土层条件下，工作面放顶时支架出现动载现象，约 12% 的采区煤柱出现动载现象。出现动载现象说明浅埋煤层顶板来压迅猛，与普通采场顶板逐层次垮落以及基本顶回转失稳形成的比较缓和的来压特征有明显区别。澳大利亚霍勃尔瓦依特等对新南威尔士浅埋煤层长壁开采的矿压现象进行了实测[50]。

20 世纪 90 年代初，随着神东矿区的开发，我国许多学者开始了浅埋煤层采场矿压问题的研究，其中尤为突出的是西安科技大学石平五、侯忠杰、黄庆享等学者所开展的卓有成效的研究工作[51-63]。他们先后开展了神东矿区大柳塔煤矿 C202 工作面、1203 工作面等浅埋煤层开采采场矿山压力的工程实测研究工作。在此基础上，在实验室开展了大量的浅埋煤层采场矿山压力的相似材料模拟试验研究，掌握了神东矿区浅埋煤层长壁开采采场矿压显现的主要特点。

三、坚硬顶板变形及破断研究现状

工作面开采之后，上覆岩层在重力作用下运动，从而引起各种矿压现象。针对顶板变形，国内外学者早在 20 世纪初期就开始进行研究，并形成了大量用于分析顶板移动规律的理论假说。具有代表性的包括德国学者 K. Stoke 于 1916 年提出的悬臂梁假说，该假说将顶板视为一端固定在煤体上方，一端悬于采空区上方的梁，悬臂梁随着悬伸的长度变化而发生周期性破断，从而很好地解释了垮落法开采工作面的周期来压、超前支承压力、支架荷载小、煤壁处顶板变形小等现象；德国学者 W. Hack 和 G. Gillitzer 提出了压力拱假说，认为在采空区上方，由于上覆岩层在自重作用下形成了一个相对平衡的自然“压力拱”，对回采工作面前后的应力分布规律及控顶范围内空间所处的卸压范围作出了粗略的解释；1950—1954 年，苏联库兹涅佐夫提出了铰接岩块假说，根据采空区上覆岩层的移动破坏特征对覆岩进行了分带，并初步对采空区覆岩内部的力学关系及形成的结构进行了探讨；20 世纪 50 年代初比利时学者拉巴斯提出了预成裂隙假说，认为回采工作面上覆岩层在开采过程中受到连续性的破坏，从连续体变为非连续体，提出为了控制回采空间内顶板的下沉量，应确保支架具有足够的初撑力和工作阻力[64]。以上假说均在特定条件下可以解释部分工作面岩层移动现象，但是都存在一定的局限性。

Sterling 等[65]首先于 1980 年提出了岩梁的破断模式假设，并通过实验室测试验证了自己的假设。他认为岩梁的主要破坏模式有屈曲失稳、跨中和岩梁两侧支撑端的水平挤压破坏失稳、切落失稳和岩梁内部的三角形开裂失稳。当岩梁的厚跨比较大（厚梁）时容易发生沿两侧支承端的切落失稳或受压破坏失稳，当岩梁的厚跨比较小（薄梁）时，容易发生屈曲失稳。Ran 等[66]通过分析大量的数据发现，如果贯穿岩梁的竖向节理面与垂直岩梁水平轴的平面的夹角小于开裂面摩擦角的 1/3，通过砌体梁理论求解是合理的。Stimpson 等[89]通过物理实验发现，当给较厚岩梁表面施加一定的竖向荷载时，可以让岩梁产生起源于两侧支承端下侧并逐渐延伸到跨中上侧的斜裂缝，与压力拱轴线平行。但是这种破坏模式是通过给岩梁加载而产生的，可能适用于岩梁内部存在微裂隙或薄弱的情况。

在分析坚硬顶板变形规律方面，苏联鲍里索夫等对板模型的应用进行了研究，提出当岩板厚度与岩板短边长度之比不大于 1/3 时，符合薄板受力模型，而岩板厚度与岩板短边长度之比大于 1/3 时，应将顶板视为厚板；美国学者阐述了坚硬顶板工作面的岩层移动特征及造成的危害，并采用数值模拟方法分析了坚硬顶板的断裂规律，得出断裂距离与坚硬顶板的厚度、位置、强度以及工作面长度、采高等因素密切相关[68]。

我国学者在工作面顶板移动规律方面也进行了大量的研究与实践，尤其是以钱鸣高院士为首的科技工作者，自 20 世纪 60 年代初先后提出了砌体梁理论和关键层理论，并在岩层移动控制、地表沉陷控制、保水开采、急倾斜煤层开采、大采高煤层开采以及浅埋煤层开采等方面得到了迅速的发展与应用[69-72]。砌体梁理论认为顶板断裂之后的岩块在相互回转时能够形成挤压，由于各岩块之间摩擦力的作用，会形成形如砌体的平衡结构，即砌体梁结构[73-76]；该理论为顶板来压预计提供了理论依据，并通过给出岩块的滑落与转动变形失稳条件即“S-R”稳定条件[77-78]，建立了支架与围岩关系的整体力学模型，为支架选型和设计提供了有力支撑。关键层理论认为部分岩层会对上覆岩体的活动起决定性作用，这部分岩层称为关键层[79-81]；该理论对顶板移动及地表变形控制技术的发展起到了重要推动作用。宋振骐院士等提出了上覆岩层结构的“传递岩梁”理论，认为煤体开采过后上覆岩层在断裂过程中相互咬合，始终向工作面前方煤体与采空区垮落矸石传递作用力，从而形成相对稳定的平衡结构；该理论注重通过矿压显现推测上覆岩层的运动，预测采场来压的时刻和强度[82-85]。

针对坚硬顶板移动规律，康立勋等[86]将大同矿区坚硬顶板总结为三类端面块体，并运用赤平投影判别法、矢量分析方法对其进行分析，得出了坚硬顶板的平衡、失稳判据。朱德仁等[87]将坚硬顶板简化为弹性基础上的板，通过对主结构块的受力、活动与平衡的分析，得出坚硬顶板工作面来压时具有较强烈的冲击荷载，冲击荷载的强度与顶板断裂线至工作面煤壁的相对距离有关。刘传孝[88]分别从三维离散单元法和非线性动力学方法两个角度研究了坚硬顶板的运动规律，并根据混沌度不同，将坚硬顶板变形分为四个阶段，认为第二个阶段是控制坚硬顶板变形的最好时机。唐晓玲等[89]利用薄板理论分析了白腊坪煤矿煤层坚硬顶板的应力分布规律，根据最大拉应力强度理论建立了顶板初次及周期来压步距的计算公式，并在现场进行了验证。王高利[90]对综采工作面厚硬顶板条件下顶板破断规律、采场围岩特性、支架与围岩关系、合理支护方式、强制放顶的合理方式等问题进行了系统研究。王开等[91-92]利用类似方法系统研究了普采坚硬顶板工作面的问题。史红等[93-94]针对综放采场顶板运动稳定性的特点，研究了初次来压阶段综放采场厚层坚硬顶板的运动规律及其关键性，以及初次来压阶段和正常推进阶段顶煤放出率的变化对厚层坚硬顶板结构稳定性的影响。任智敏等[95-103]分别对不同坚硬顶板工作面矿压显现规律进行了现场实测，总结得出了对应工作面的矿压显现规律。魏锦平等[104-108]采用数值模拟和物理模拟等方法对坚硬顶板工作面设备选型进行了研究。

在坚硬顶板变形过程中能量的变化规律方面，李新元等[109]通过建立覆岩均布应力和增量应力作用的坚硬顶板初次断裂力学结构模型，推导得出弹性基础梁的能量分布计算公式，分析了工作面前方坚硬顶板断裂前后的能量积聚和能量释放分布规律。潘岳等[110-112]在此基础上优化了增量应力的分布，建立了受超前隆起分布荷载作用的坚硬顶板超静定挠度微分方程组，得出了初次来压和周期来压前坚硬顶板弯矩、挠度和剪力的解析解，并分析了初次断裂期间超前工作面坚硬顶板挠度、弯矩和能量变化。

四、坚硬顶板破断导致动力灾害研究现状

自 20 世纪 50 年代，国内外学者对坚硬顶板动力灾害的成因进行了大量的研究，总结得出坚硬顶板工作面容易发生冲击矿压（冲击地压）、采空区飓风等动力灾害，并分析了坚硬顶板的存在对工作面发生动力灾害的影响。

1. 冲击矿压

国内外学者在对冲击矿压直观认识或试验研究基础上，提出了多种冲击矿压理论，主要包括强度理论、刚度理论、能量理论、冲击倾向性理论等。1965年Cook将冲击矿压研究引入以试验为基础的理论研究领域，首次采用刚性试验机研究了岩石峰后强度性质及稳定性，奠定了能量理论、刚度理论的基础[113-114]。佩图霍夫[115]在此基础之上对冲击地压危险进行了分类。Bieniawski[116]通过试验研究提出了冲击倾向性指标，并建立了冲击倾向性理论，指出煤层是否发生冲击矿压与其自身力学性质有很大关系。

针对坚硬顶板引发冲击矿压机理方面，国内外学者进行了研究[117]。波兰的Goszcz、Antoni建立了顶板型冲击矿压的地质模型，分析得出岩层部分横断面摩擦力的减小导致顶板岩层产生不可控制的变形位移，坚硬顶板的突然错动失稳是引发冲击矿压的主要原因；波兰的Nawricki将顶板简化为剪切梁，求解出煤层实际变形区域的应力分布，当静力平衡状态失稳超过煤岩体应力极限产生动力破坏时，即发生冲击矿压；德国的Huwe认为冲击矿压发生的主要影响因素除了应力状态之外，还包括周围岩体的组成、岩体的厚度和与煤层之间的距离。

窦林名等[118-119]认为煤层上方坚硬厚层顶板是导致冲击矿压发生的主要因素之一。据波兰发生冲击矿压的统计分析结果，冲击矿压仅发生在具有坚硬顶板岩层的工作面；而在我国三河尖煤矿通过试验研究、现场实测、冲击矿压现象分析等，说明了顶板坚硬岩层运动、破断对冲击矿压的发生有巨大的影响，并采用顶板厚度参数描述了影响程度。牟宗龙等[120-121]在此基础上应用突变理论，采取拓扑变换的方法，建立了坚硬顶板断裂的突变模型，解释了坚硬顶板断裂和发展的机制，并提出了防治坚硬顶板引发冲击矿压所应采取的措施。吴兴荣等[122-123]通过三河尖煤矿组合煤岩试验，分析组合煤岩具有强冲击性是矿井发生冲击矿压的主要原因，同时验证了坚硬顶板厚度越大，冲击倾向性越强。姚精明等[124]通过理论分析及现场实测，证明坚硬顶板突然断裂导致煤体内部裂隙不稳定发育，容易引起冲击灾害。方新秋等[125]采用现场分析、实验室试验、数值模拟的方法对古城煤矿工作面冲击矿压发生机理进行了研究，得出冲击矿压与煤岩性质、采深、坚硬顶板厚度及顶板的周期来压有密切关系。郭惟嘉等[126]、娄金福等[127]也通过不同研究方式得出坚硬顶板是引发工作面冲击矿压的主要因素之一。

2. 采空区飓风

息金波[128]深入研究了采场顶板动力冲击机理，并利用流体力学理论和能量理论，建立了反映坚硬顶板大面积垮落时动力冲击和采场压缩空气冲击气浪灾害并存的数理模型，给出了在运输平巷与回风平巷中形成飓风的流速的理论公式，以及处于飓风中的物体所受作用力的理论公式。严国超等[129]采用采场顶板动力冲击理论和数值模拟的方法，研究了坚硬顶板大面积垮落飓风灾害形成的机理。张修玉等[130]根据流体力学理论对采空区坚硬顶板大面积冒落时巷道空气冲击灾害进行了研究，并对坚硬顶板大面积冒落所造成的巷道局部风速、风力进行了理论推导和实例计算。顾铁凤[131]采用理论分析和工程实践方法，用能量守恒观点和气体动力学理论，推导得出了飓风冲击周围煤壁和巷道时的冲击荷载及总压力，建立了飓风对煤壁和巷道冲击破坏的评价体系。

以上研究结果和相关理论均证明了坚硬顶板是引发工作面冲击矿压和矿井飓风等动力灾害的主要因素之一，研究人员也根据分析的动力灾害机理，提出了控制坚硬顶板的关键主要是降低坚硬顶板强度、减小坚硬顶板悬顶面积，并据此提出了相关的技术措施，极大地丰富了坚硬顶板动力灾害防治理论体系。

五、坚硬顶板垮落防治研究现状

根据国内外学者对坚硬顶板控制技术的大量研究和实践，可将坚硬顶板控制技术总体归纳为四种：煤柱支撑法、强度弱化法、强制垮落法和屈服煤柱法。

1. 煤柱支撑法

煤柱支撑法是在采空区留设煤柱用于支撑坚硬顶板，使顶板不发生冒落，它分为房柱式开采、掘巷开采和条带开采三种。这种方法简单、经济、效率高，20 世纪六七十年代在苏联、美国、南非、澳大利亚以及中国等均有应用。但是由于在采空区留设大量的煤柱，煤炭资源采出率较低，严重影响煤炭资源的利用率；并且，如果留设较小煤柱支撑坚硬顶板，则存在大面积失稳垮落的隐患，我国挖金湾矿、马脊梁矿、晋华宫矿、雁崖矿、大斗沟矿、白洞矿等均发生过留设煤柱失稳造成的顶板大面积垮落而引发的采空区飓风灾害[132]。

2. 强度弱化法

强度弱化法是对采空区顶板采取一定的措施，使坚硬顶板的岩石强度减弱，成为易垮落岩层，包括注水弱化、高压致裂和钻孔爆破三种方法[133-140]。这种方法对地质和技术条件适应性强，简单易行，能有效减小坚硬顶板的强度，在苏联和我国许多矿井进行了成功应用。但是，该方法仍存在施工量和炸药消耗量大、污染井下空气、不适用于高瓦斯矿井、爆破间距控制难度大、顶板弱化效果差等缺点。

3. 强制垮落法

强制垮落法是指在工作面开采之后，采用强制方法使坚硬顶板垮落，它分为强制爆破放顶法和强力支护切顶法两种。顶板强度弱化法均在超前工作面的巷道内实施，而顶板强制垮落法是在工作面开采之后的采空区内实施[141-150]。

4. 屈服煤柱法

屈服煤柱概念首先由 Holland 在 1963 年提出，之后很多科研人员对他的理论进行了深入研究[151]。尽管人们对屈服煤柱的理论没有广泛接受，但在美国的一些煤矿已经展开了屈服煤柱的工程应用[152]。通过工程应用，总结了以下几个屈服煤柱设计方法：平行煤房法、时间控制法和时间控制复合法。

(1) 平行煤房法。该方法要求开挖一条新的煤房与相邻已经屈服的煤房平行设置，两个煤房之间通过一个屈服煤柱来保护。新的煤房的安全回采是通过形成所谓的"第二应力圈"来完成的，该应力圈把两个相互平行的煤房包含在内。

(2) 时间控制法。该方法主要通过控制开采顺序来实现一组巷道的安全回采。开掘两条相互平行的"控制巷道"，同时让这两条巷道发生破坏。由于两条"控制巷道"中间的煤柱具有应变硬化特性，并且煤柱的应变硬化过程是一个以时间作为变量的函数，因此在两条"控制巷道"中间开掘第三条"保护巷道"，使得中间的"保护巷道"和两侧的"控制巷道"之间的煤柱很快产生屈服破坏。

(3) 时间控制复合法。该方法是时间控制法的一种，与上述时间控制法不同的是，在两侧"控制巷道"中间的"保护巷道"为多条。

根据 Serata 的研究成果，平行煤房法主要适用于围岩比较软弱且岩层为层状分布的环境。而时间控制法和时间控制复合法多适用于极其软弱的围岩环境。

后来，屈服煤柱在美国大采深煤层中得到了广泛的应用。用原来煤柱支撑法布置回采巷道时，经常发生由于巷道底板应力集中所造成的底鼓问题，以及煤柱内部存在较大的弹性核，弹性核里面存储了大量的由超前支承压力引起的弹性能，容易产生冲击矿压。为了解决这些问题，屈服煤柱设计方法得到了应用。除此之外,传统的回采巷道煤柱设计方法的煤柱尺寸留设过大,造成了较大的煤炭资源浪费,而屈服煤柱设计方法可以实现更高回收率和更高效率的煤炭回收。大量的研究和测试表明,屈服煤柱设计方法能够实现多煤柱回采巷道的安全回采,大大提高了煤炭回收率。

六、煤柱稳定研究现状

房柱式开采有简单灵活、顶板易维护的优点,美国、澳大利亚等80%以上的煤矿采用房柱式开采体系[153]。房柱式开采应用连续采煤机,配合梭车、转载机、锚杆支护机,生产过程连续,产量高,顶板易于维护。煤柱回收主要采用劈柱式、开端式、外进式、肋条式、旺格维利采煤法等方法,而且每种方法都在各自不同的条件下取得了较好的技术经济效益[154]。

Mohan等[155]通过对印度浅埋煤层短壁回采工作面中的煤柱尺寸、间距和强度进行监测,获得大量关于稳定煤柱和破坏煤柱的数据,结合 $FLAC^{3D}$ 软件建立相应煤柱单轴受压力学模型,对煤柱应力-应变全曲线进行了研究,并通过模拟和理论计算与现场测试进行了对比分析。Wilson方法[156]是对长壁回采巷道煤柱的合理长度进行设计的重要方法之一,该方法从力学机理的角度解释了煤柱的长宽比对其强度的影响,即"约束核"概念。

一些研究人员发现煤柱强度与煤柱的尺寸有关,通过现场测试和理论计算获得了较多强度计算方法。基于实验室测试和弹性考虑,Obert和Duvall[157]给出煤柱强度计算公式。根据实验室测试结果,Holland[158]发现煤柱强度与煤柱宽度的平方根与侧向压力成正比。1967年,Salamon和Munro[8]对南非煤矿进行了现场测试,基于测试结果提出了煤柱强度计算方法。研究人员发现实验室获得的煤块强度与现场处于不同围岩环境下的煤柱强度有较大的差别,为进一步考虑这方面的影响,Bieniawski[159]提出了煤柱强度计算方法。

鲍凤其[160]采用UDEC数值模拟分析了3种不同开采参数下的煤柱塑性区分布,指出当煤柱尺寸留设合理时,煤柱中间处于弹性区内,稳定性较好;当煤柱尺寸留设过小时,煤柱全部处于塑性区,易发生剪切破坏失去稳定性。当煤柱尺寸留设足够大时,其中间应力值较小;当煤柱尺寸较小时,整个煤柱都处于高应力区,煤柱因承载能力降低而失去稳定性。

刘文涛等[161]运用 $FLAC^{3D}$ 软件研究了浅埋煤层走向煤柱对近距离下部煤层工作面开采时支承压力的影响,指出由于工作面上部煤柱的存在,超前支承压力因煤柱下应力集中而变得很大,加之煤层埋藏较浅,其作用结果最大仅相当于不足 650 m 采深时的原岩应力状态，仅煤柱下片帮较为严重，总体对生产影响较小，但若煤层间距变小或采深加大，这种作用产生的影响将加剧。

侯忠杰等[162]根据南梁煤矿浅埋煤层顶板条件，研究采用长壁间隔式开采方法代替原采用的房柱式和刀柱式采煤法，采用相似材料模拟、数值模拟、理论分析和现场试验确定间隔开采工作面合理开采段长度为 50 m，煤柱宽度为 10 m，实现了刚性隔离煤柱间的小面积无灾害垮落，使南梁矿成为榆神府矿区中小型矿井首先成功采用长壁布置单体支柱开采的矿井。

第三节　研究内容与技术路线

一、研究内容

本书重点对浅埋煤层短壁开采关键层失稳产生的大面积来压机理进行系统分析，并结合屈服煤柱理论实现“关键层-屈服煤柱”系统稳定破坏的目的，主要对以下几个方面进行研究。

1. 超前支承压力分布与关键层开裂前的挠度和能量分布机理研究

根据坚硬顶板的变形特征和已有的弹性地基梁模型，结合短壁回采过程中关键层接近极限跨距时的超前支承压力分布特点以及来压前发生煤壁片帮等现象，分析煤壁不同塑性区宽度下的超前支承压力分布特征，进而系统分析不同塑性区宽度下的关键层挠度、弯矩、能量分布和能量储存规律。

2. 关键层及覆岩的垮落机理分析

浅埋煤层上覆关键层及覆岩开裂后形成横跨采空区上方的砌体梁，砌体梁稳定主要取决于旋转过程中形成的压力拱结构。通过深入分析原岩水平应力与压力拱平衡之间的关系，将原有的砌体梁理论进行了完善。建立包含原岩水平应力作用的砌体梁稳定求解流程，并通过 FISH 语言编程成功实现了砌体梁稳定计算，结合神东矿区浅埋煤层覆岩特点进行了相应的参数分析。借助数值模拟软件，分析覆岩及关键层开裂过程、应力分布和整体垮落特征，并结合理论分析结果进一步分析两者共同作用下的系统垮落机理。

3. 相邻区段回采关键层变形及破断机理研究

根据神东矿区短壁连采工作面布置特点和尺寸，利用物理模拟和数值模拟着重分析本区段回采过程对已采相邻区段关键层稳定的影响。系统分析相邻区段不同开挖空间和关键层不同稳定状态（稳定和垮落）对隔离煤柱另一侧区段支巷回采过程中顶板稳定的影响，为实现关键层稳定垮落的工程设计奠定了基础。

4. 屈服煤柱稳定破坏机理

总结屈服煤柱和局部刚度等相关理论，根据已有局部刚度计算方法中存在的不足，在充分考虑屈服煤柱自身力学特性基础上，将屈服煤柱与围岩变形有机结合，提出更加符合工程实际和可操作性更强的局部刚度计算方法。系统分析围岩与屈服煤柱之间的受力和变形作用机理，分析采空区跨度与屈服煤柱荷载、围岩变形量和局部刚度之间的关系，以及关键层垮落前屈服煤柱不同位置的上述参数之间的影响关系。

5. “关键层-屈服煤柱”系统稳定破坏工程方案优化设计

根据相邻区段关键层的稳定状态，对本区段回采过程中关键层变形和极限跨距影响情况，结合本区段最后一条支巷（末采支巷）位置对区段的最大可采范围进行分析，对末采支巷两侧其他支巷回采过程的相互影响进行分析和简化，并对区段支巷回采宽度、支巷回采顺序对围岩局部刚度的影响进行系统分析。按照相邻区段关键层的稳定状态对其进行分类，根据末采支巷位置、区段内屈服煤柱数量和位置、区段内可回采的支巷数量等参数变化，建立不同区段回采方案。为了进一步简化屈服煤柱设计方案，结合上述参数变化过程中的规律，将所有屈服煤柱设计方案简化为 6 个最基本的刚度单元。从屈服煤柱设计方案中包含的刚度单元的种类和数量、末采支巷的安全回采以及有利于“关键层-屈服煤柱”稳定破坏等多个角度对不同的方案进行筛选和优化，在保证区段支巷安全回采和关键层稳定破坏的基础上增加区段的可采面积和区段煤炭回收率。

二、技术路线

本书的研究框架和技术路线如图 1-2 所示。

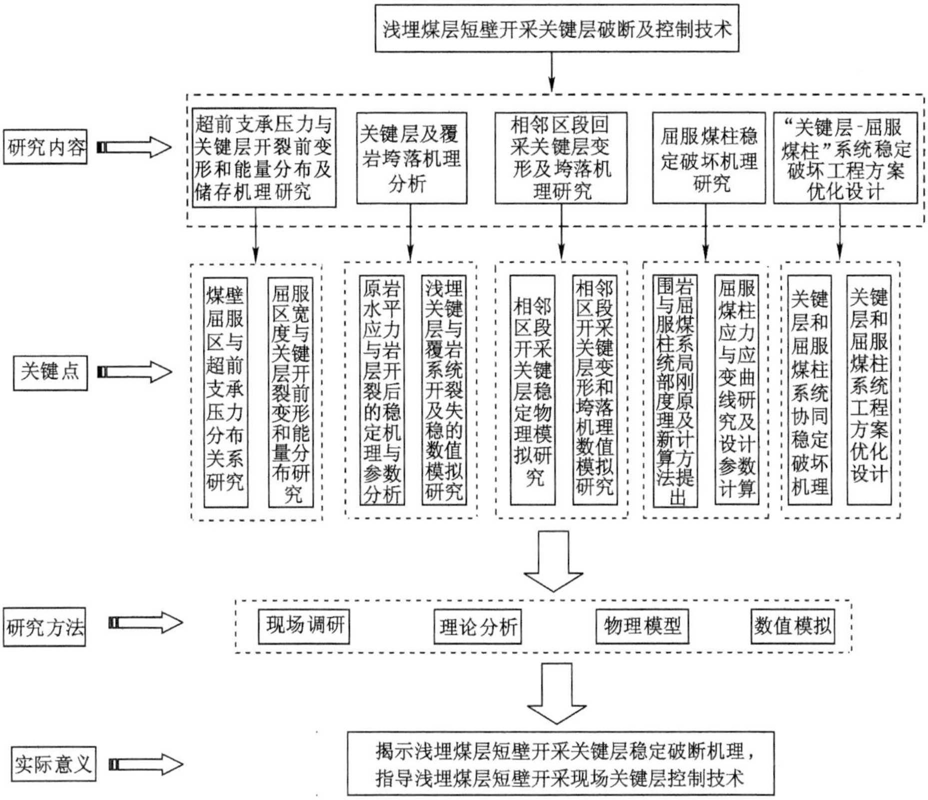

图 1-2 本书研究框架和技术路线

第二章　连续采煤机短壁回采工艺研究

第一节　工 程 概 况

一、矿井概况

1. 地理位置与交通

哈拉沟井田位于神府东胜矿区中部，地处陕西省神木市北部，陕西与内蒙古交界处的乌兰木伦河东侧，南距矿区中心区大柳塔镇 5 km，距神木县城 63 km。

包(头)神(木)铁路及大柳塔—石(圪台)二级环线公路从井田西缘纵贯南北，包神铁路瓷窑湾车站位于井田西侧，包(头)—神(木)—府(谷)二级公路由井田东部通过。

矿区北部运输通道包神铁路于 1989 年 4 月建成通车，矿区东部运输通道神朔铁路于 1996 年 7 月建成通车，神朔铁路复线于 2004 年 11 月建成通车，矿区第二个东部运输大通道朔(州)—黄(骅港)铁路全线双线电气化于 2004 年 9 月建成通车。

2. 井田面积、含煤地层及资源储量

哈拉沟煤矿井田面积 72.4 km^2，截至 2013 年 6 月 30 日，哈拉沟煤矿保有资源储量为 66 233.5 万 t，可采储量为 37 590.3 万 t。

井田内含煤地层为侏罗系中、下统延安组，属湖泊三角洲沉积，可采及局部可采煤层有 8 层，主采煤层为 22 煤、31 煤、42 煤，均为近水平煤层。各煤层的煤炭储量分别为：$12_上$煤层 2 663.2 万 t；$12_下$煤层 2 249 万 t；22 煤层 25 115.3万 t；31 煤层 19 545 万 t；42 煤层 9 686 万 t；43 煤层 4 120 万 t；44 煤层 2 553 万 t；52 煤层 302 万 t。

二、工程地质情况

哈拉沟煤矿 02104L 旺采工作面开采 2^{-2}煤层，该煤层有伪顶，为泥岩，厚度变化为 0.25～0.5 m，平均厚度为 0.4 m；直接顶为粉砂岩，厚度变化范围为 2.25～8.5 m，平均厚度为 5.8 m；基本顶为细砂岩，厚度变化范围为 3.5～10.5 m，平均厚度为 6.6 m；直接底为泥岩，厚度变化范围为 4.2～10.4 m，平均厚度为 6.0 m。煤层底部有一层夹矸，夹矸厚度与其下煤层厚度相当，一般为 0.2～0.3 m。结合矿井生产情况，矿方将这两层留作底板。2^{-2}煤层上覆基岩厚度为 68～100 m，松散层厚度为 0～10 m。

三、工作面位置及开采范围

哈拉沟煤矿 02104L 旺采工作面东南方向为 02102P 工作面采空区，西南部为火烧边界保护煤柱，东北部为 02102L 工作面和 02104L 工作面采空区，西北部为 02106L 工作面和 02108L 工作面采空区。02104L 旺采工作面地表位于井田西南部，地表标高为 1 176～1 212 m。

第二节　短壁开采巷道布置及工艺

一、短壁开采巷道布置方案分析

连续采煤机短壁机械化开采工作面正确的巷道布置方式对提高掘进与开采的可靠性有重要的影响。根据地质条件情况以及开采配套设备的特点，共提出了三种巷道布置方案进行分析比较[163]，进而最终确定最佳的工作面巷道布置方式。

1. 主巷单巷开采布置

如图 2-1 所示，主巷采用单巷开采布置，巷道布置宽度为 4.5 m、高度为 3 m；采用连续运输系统工艺，在主巷两侧直接布置采硐工作面进行回采，采硐与主巷成 35°～45°夹角，采硐之间留设 2.0～2.5 m 的小煤柱，采区间设有 20 m 的煤柱。这种布置的优点是整体系统简单，不需要另外掘进支巷，巷道掘进率低，投产快，便于掌握工作面地质情况；缺点是工作面配套设备搬家较频繁，损失煤柱过多，通风系统存在一定的不完善，只能采用局部通风机通风，并且一次采煤宽度仅为 20～30 m。

2. 主巷单巷支巷两翼开采布置

如图 2-2 所示，主巷采用单巷支巷两翼开采布置。支巷根据现场实际条件布置在主巷两侧或单侧，与主巷形成 60°或 90°夹角。采硐布置在支巷两翼，与支巷形成 45°夹角。对采硐工作面进行回采时，采用斜切进刀方式，采

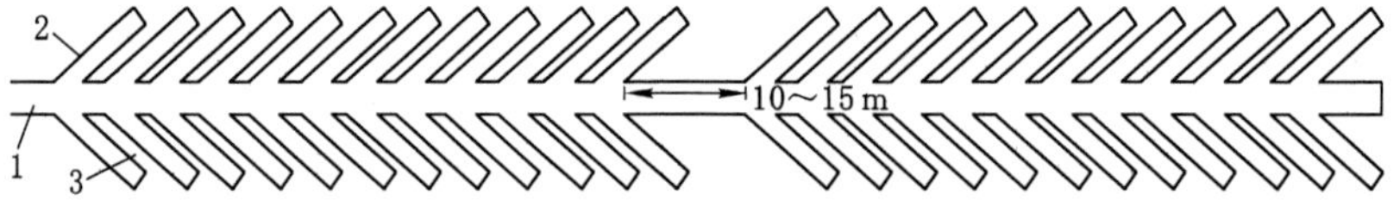

1—主巷；2—采硐；3—煤柱。

图 2-1 主巷单巷开采布置图

硐与采硐之间留设 0.3～1.5 m 的小煤柱。这种布置方式的优点是工作面配套设备搬迁少，有利于工作面组织生产；缺点是通风系统复杂，工作面的地质情况不易提前探测清楚。

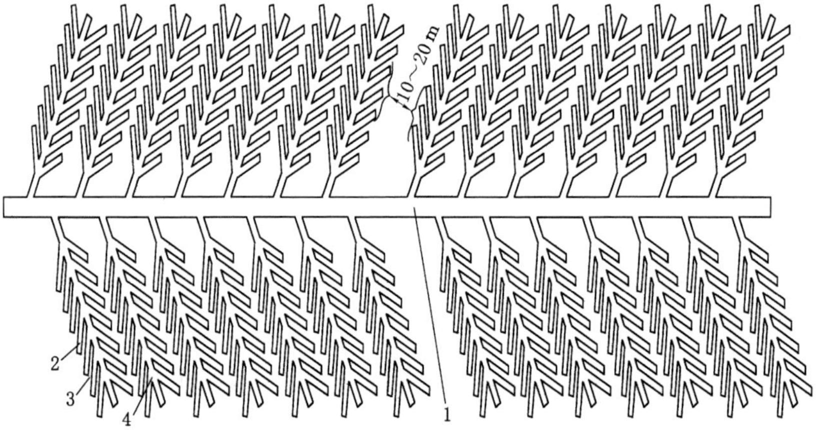

1—主巷；2—采硐；3—煤柱；4—支巷。

图 2-2 主巷单巷支巷两翼开采布置图

3. 主巷双巷支巷两翼开采布置

如图 2-3 所示，主巷采用双巷支巷两翼开采布置，一条为主运输巷，进行煤炭运输，一条为辅助运输巷。根据现场的地质条件，支巷布置在主巷的两侧或单侧，与主巷成 60°或 90°夹角。支巷单翼布置时，上一区段的一条平巷作为下区段的回风平巷。在支巷两翼均布置采硐工作面时，采硐与支巷成 45°夹角，采硐间根据实际情况留设 0.3～1.5 m 小煤柱。这种采煤方法的辅助运输和通风系统顺畅，煤炭回收率大大提高，各项技术指标均可达到长壁开采要求；缺点是巷道的掘进率较高。

根据对上述三种布置方案的分析，结合哈拉沟煤矿的地质条件情况以及开采配套设备的特点，选择方案三的巷道布置方式，即主巷双巷支巷两翼开采

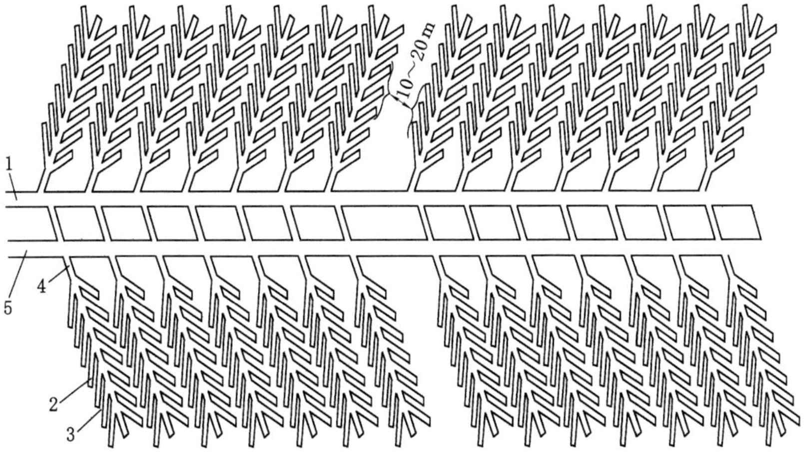

1—主巷；2—采硐；3—煤柱；4—支巷；5—辅运主巷。

图 2-3　主巷双巷支巷两翼开采布置图

布置。哈拉沟煤矿的不规则块段的一些区域，由于条件限制，可以采用主巷双巷支巷单翼开采布置，这种布置方法将上一区段的两条巷道作为下一区段的回风平巷，使通风系统更加的顺畅。

二、短壁开采工艺

短壁开采工艺流程主要包括以下两个方面。

1. 巷道掘进

根据连续采煤机及其后配套运输设备的特点，工作面主要运输巷及辅助运输巷采用双巷掘进工艺，不仅能实现掘进与支护平行作业，加快施工进度，而且两巷道能形成全负压通风，避免了局部风机通风效果差的特点。

短壁工作面主要运输巷、辅助运输巷及支巷采用连续采煤机配合其后配套设备快速掘进。巷道掘进工程为双巷掘进，设备布置完毕后，由连续采煤机、连续运输系统组成快速掘进系统，配备四臂锚杆钻机进行锚杆支护，连续采煤机掘进与锚杆钻机支护交替作业。即连续采煤机在主要运输巷掘进一个循环，然后退出，锚杆钻机进行支护，连续采煤机倒至辅助运输巷进行掘进，待连续采煤机掘完一个循环，锚杆钻机也支护完毕，连续采煤机和连续运输系统进入已支护好的巷道掘进，锚杆钻机进入刚掘进完毕的巷道进行支护，此时，完成一个掘进和支护循环，进入下一个循环作业。

2. 回采工艺

与长壁开采一样，短壁开采回采工艺包括破煤、装煤、运煤、支护顶板和处理采空区。但是由于工作面的回采设备不同，短壁开采工艺与长壁开采工艺略有不同。其破煤采用连续采煤机，利用连续采煤机的装载机构、运输机构自行完成装煤工序，再通过连续运输系统上的转载机构将煤转运到带式输送机，最后将煤运出工作面。通常情况下，短壁开采中采硐不进行支护，可留设小煤柱作隔离煤柱。

巷道准备好后，采用2台履带行走支架与连续采煤机双翼斜切进刀后退式采煤法相互配合进行支巷和采硐的回采，支巷与主巷呈60°或90°度夹角，采硐与支巷呈45°夹角。

区段内支巷回采顺序为：自里向外后退式回采，即由主巷最里的支巷向巷道口支巷进行后退式回采。支巷内采硐回采顺序为：自支巷里向支巷开口后退式对采硐回采。当支巷回采完后，对采硐进行回采，具体工艺如下（如图2-4所示）：

(1) 行走液压支架平行布置在支巷掘进面。支架1布置在距1号采硐口前500 mm处，支架2则布置在与1号采硐口齐平处，采煤机斜切45°进刀回采1号采硐，进刀深度(6±0.5)m[图2-4(a)]。

(2) 回采完1号采硐后，采煤机退出，然后将行走支架1布置在距离2号采硐口500 mm处，用以支护刚采出的采硐口顶板。待行走支架1稳定后，行走支架2布置在2号采硐口前500 mm处[图2-4(b)]。

(3) 在距离行走支架2前500 mm处，采煤机斜切45°进刀回采2号采硐[图2-4(c)]。

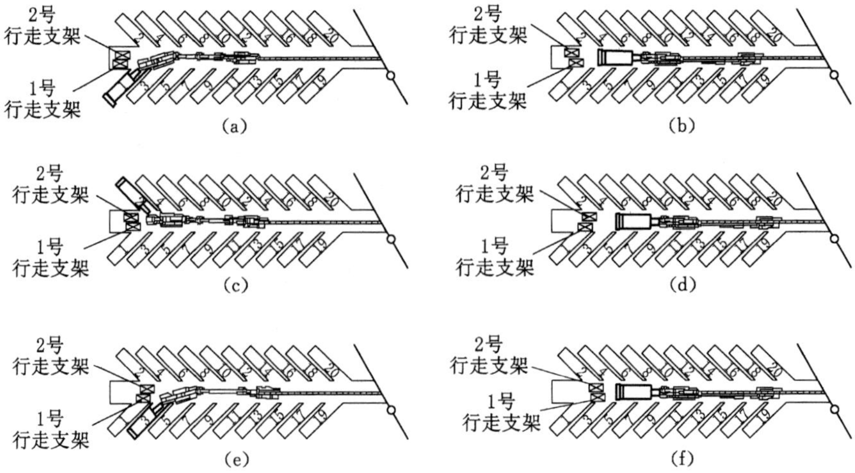

图2-4 采硐回采工艺示意图

(4) 回采完 2 号采硐后，退出采煤机，将行走支架 2 布置在与 3 号采硐口平齐处，用以支护顶板，将行走支架 1 布置于 3 号采硐口前 500 mm 处[图 2-4(d)]。

(5) 在行走支架 2 前 500 mm 处，采煤机斜切 45°进刀回采 3 号采硐，进刀深度(6±0.5)m[图 2-4(e)]。

(6) 回采完 3 号采硐后，退出采煤机，将行走支架 1 布置在与 4 号采硐口平齐处，用以支护刚采出的采硐口顶板，移动行走支架 2 至 4 号采硐口前 500 mm 处[图 2-4(f)]。

第三节　短壁开采工作面参数分析

一、支巷长度的确定

一般来讲，在连续采煤机开采区域内，影响支巷长度的主要因素有主巷掘进长度、能满足设备运输的距离和巷道维护工程量等，这些因素将直接影响开采费用。因此，支巷长度可采用吨煤费用最低的原则计算。吨煤费用可采用下列计算公式[15]：

$$Z = \frac{a}{l} + (b + c)l + \Delta \tag{2-1}$$

式中　Z——吨煤费用，元/t；

l——支巷长度，m；

a——掘进费系数，m·元/t；

b——运输费系数，元/(m·t)；

c——维护费系数，元/(m·t)；

Δ——辅助费，元/t。

根据式(2-1)可得出满足最低吨煤费用的支巷长度 $l = \sqrt{\frac{a}{b+c}}$。根据哈拉沟煤矿的开采条件，支巷长度初步确定为 80～140 m。

二、煤房极限跨度计算

短壁开采工作面在布置时，煤房两侧一般布置一定宽度的煤柱，因此，煤房极限跨度可根据岩梁所受荷载计算分析[165]。岩梁上荷载计算公式如下：

$$(W_n)_1 = \frac{E_1 h_1^3(\rho_1 h_1 + \rho_2 h_2 + \cdots + \rho_n h_n)}{E_1 h_1^3 + E_2 h_2^3 + \cdots + E_n h_n^3} \tag{2-2}$$

式中　$(W_n)_1$——第 n 层岩层对第 1 层岩层产生影响时形成的荷载；

$E_1, E_2, \cdots, E_n$ ——顶板各岩层的弹性模量；

$h_1, h_2, \cdots, h_n$——顶板各岩层的厚度；

$\rho_1, \rho_2, \cdots, \rho_n$ ——顶板各岩层的质量密度。

将哈拉沟矿相关参数代入式(2-2)中，可得岩梁上的岩层对岩梁产生影响时形成的荷载值为$(W_2)_1=0.89\ \mathrm{kg/cm^2}$。根据简支梁力学模型分析，假设岩梁的许用正应力为$[\sigma]$，抗拉强度为 σ_c，则

$$[\sigma] = \frac{\sigma_c}{N} \tag{2-3}$$

式中，N 为安全系数，一般取 2～4；σ_c 取 2.02 MPa，那么可得

$$[\sigma] = \frac{\sigma_c}{N} = \frac{2.02}{3} = 0.673\ (\mathrm{MPa}) \tag{2-4}$$

岩梁因最大拉应力超过其抗拉强度而破坏的极限跨距为：

$$L = \sqrt{\frac{4h_1^2[\sigma]}{3(W_2)_1}} \tag{2-5}$$

式中　L——煤房的极限跨度，m；

h_1——岩梁上岩层的厚度，m；

$(W_2)_1$——岩梁上的岩层对其产生影响时形成的荷载，MPa。

将相关岩性参数代入式(2-5)，可得煤房的极限跨度为 9.53 m。考虑煤矿现场工艺、设计等因素，一般可取煤房极限跨度为 5～6 m 较为合理。

三、煤柱留设尺寸分析

1. 区段隔离煤柱

为了避免已回采区域顶板因悬顶面积过大而突然垮落形成飓风对人员和设备造成灾难性的伤害，建议回采一定数量的支巷后留设一定宽度的区段隔离煤柱。目前主要采用经验公式计算区段隔离煤柱宽度 W_p，如

英国的经验公式：$W_p = \frac{h}{10} + 13.7(\mathrm{m})$　　(2-6)

美国的经验公式：$W_p = 6.1 + 4H + 0.1h(\mathrm{m})$

欧洲的经验公式：$W_p = 0.15h + 18.3(\mathrm{m})$

式中　H——煤层埋深，m；

h——煤柱高度，m。

综合分析确定哈拉沟煤矿区段隔离煤柱留设尺寸为 12 m 左右可满足要求。

2. 支巷间煤柱

行走支架支护顶板的块段式采煤法将煤柱切割成长方形，顶板施加给煤柱的荷载可按辅助面积理论考虑，即在大面积开采水平煤层的情况下，当煤柱的形状都相同时，每个煤柱将均匀地承受煤柱上方及煤柱周围 1/2 跨度范围内的巷道上覆岩层的重量[166]。其煤柱上的平均荷载为：

$$\sigma = \frac{(W_0 + W_p)(W_0 + L_p)}{W_p L_p}\gamma_h h = (1 + \frac{W_0}{W_p})(1 + \frac{W_0}{L_p})\sigma_v \tag{2-7}$$

式中　σ——作用在煤柱上的平均荷载，MPa；

σ_v——深度为 h 的地层处开采前的原岩应力，MPa；

γ_h——顶板岩层的平均容重，N/m^3。

W_0——煤房宽度，m；

W_p——煤柱宽度，m；

L_p——煤柱长度，m。

由开采比 R（即采出面积与煤层原有总面积之比）计算 σ 为：

$$\sigma = \frac{1}{1-R}\sigma_v \tag{2-8}$$

根据极限强度理论，煤柱的破坏准则为：

$$\sigma F \leqslant \sigma_p \tag{2-9}$$

式中　σ——作用在煤柱上的应力，MPa；

F——安全系数，一般取 2；

σ_p——煤柱极限强度，MPa。

考虑应力集中现象产生的应力增量系数 k，即：

$$\sigma_p = \frac{1}{1-R}Fk\sigma_v \tag{2-10}$$

将哈拉沟煤矿的相关参数代入式(2-10)，可确定其支巷间煤柱宽度为15～20 m。

3. 采硐间煤柱

连续采煤机块段式开采工艺采用斜切进刀采硐的方式截割煤，在支巷采用行走支架支护顶板，相邻采硐间一般留设 300～1 500 mm 的刀间煤柱。这样，一方面可以辅助连续采煤机装煤，减少采空区内的浮煤堆积；另一方面利用小煤柱的临时支撑作用，控制顶板短时间不冒落。

结合哈拉沟煤矿02104L旺采工作面地质条件和施工要求，确定工作面的基本参数，即：巷道、支巷宽5.4 m，采高3.8 m；采硐深11 m，宽3.5 m，高4.6 m；采硐与支巷成60°夹角。

第四节　设备配套方式

目前，连续采煤机机械化开采工作面主要配备两种较为典型的工艺系统：一种是连续式运输系统，即连续采煤机＋连续运输系统；另外一种是间断式运输系统，即连续采煤机＋梭车＋给料破碎机。

一、连续式运输工艺系统设备及特点

连续式运输工艺系统是采用连续运输系统实现煤炭的受料、破碎、转载和运输，并将煤炭运至胶带输送机上。

该工艺系统的运输能力大，能够适应连续采煤机的快速掘进与高效回采，对工作面的角度变化适应性强，工作面产量也较高（年平均产量达80～120万t）；并且实现煤炭从破碎、转载直至胶带输送机的连续运输，使得工作面回采速度快。该工艺系统的不足之处是对巷道断面要求较大，巷道之间需有一定角度，否则拐角太大，顶板悬露面积大，不利于围岩控制；并且连续运输系统单元数量较多，人工成本较大。连续式运输工艺系统设备布置方式如图2-5所示。

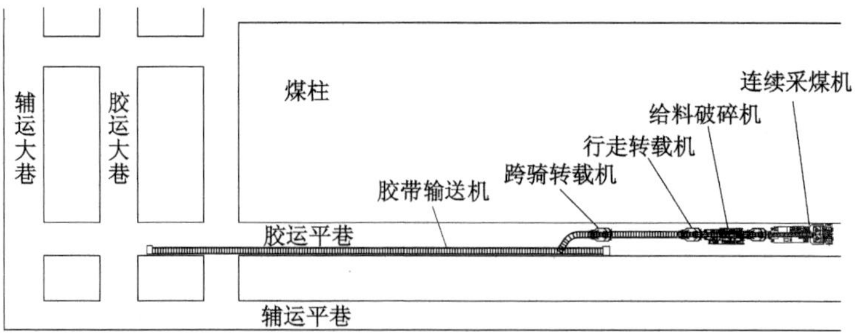

图2-5　连续式运输工艺系统设备布置方式

二、间断式运输工艺系统设备及特点

与连续式运输工艺系统相比较，间断式运输工艺系统采用梭车与给料破碎机取代连续运输系统，梭车往返于连续采煤机和给料破碎机之间，将连续采

煤机割下的煤运送至给料破碎机，随后由给料破碎机运输至胶带输送机。

图 2-6 所示为间断式运输工艺系统设备布置方式。该方式运输设备运行灵活、方便、容易操作，对巷道断面适应性强，巷道断面宽度一般在 4.5～6.0 m即可满足其生产要求，支巷与主、辅运输巷的开口夹角可以增大到 90°。

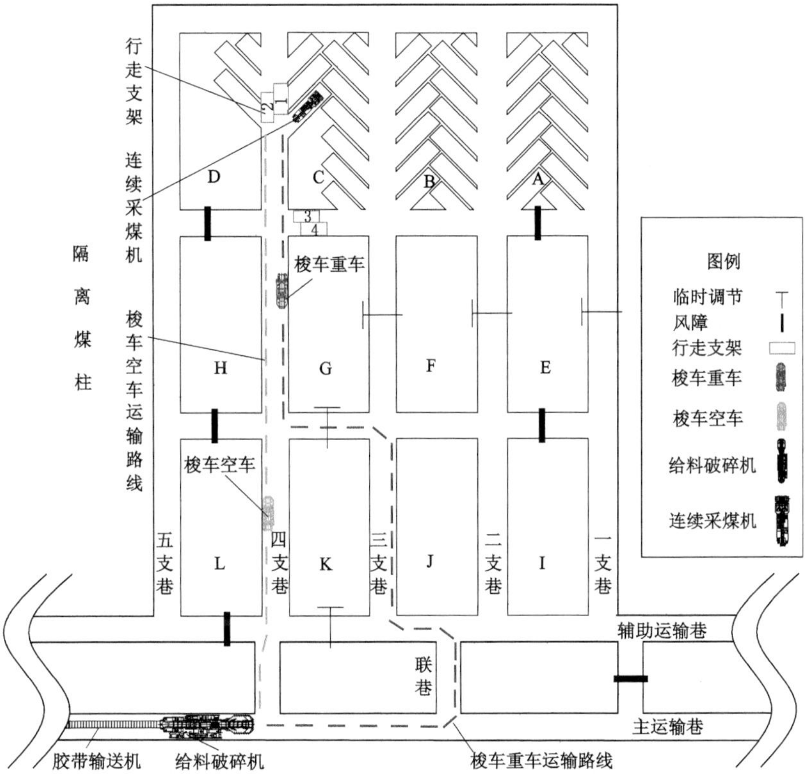

图 2-6　间断式运输工艺系统设备布置方式图

由于块段式开采区域面积较小，采煤机推进速度快，要求间断式运输系统运行灵活，同时其运输能力能够满足生产要求。

针对哈拉沟煤矿的煤层赋存条件、地质条件，结合工作面巷道掘进时的地质状况，分析连采设备与采场条件最佳结合点[23]，选择采用间断式运输工艺系统进行块段式工作面的回采。

第三章　关键层致灾机理及力学分析

本章以关键层变形规律为基础，分析了顶板揭露至破断过程的能量演化规律和动力灾害类型；总结了煤壁前方超前支承压力分布的主要特征，以超前支承压力峰值点为分界点，将煤系地基沿工作面推进方向分为煤壁屈服区和弹性区两部分，建立包括屈服区在内的坚硬顶板 5 段连续岩梁力学模型；借助 Matlab 辅助计算，获得初次来压前和周期来压前关键层满足全部连续条件和自然边界条件的挠度表达式中的系数，通过循环逼近的方式，获得不同屈服区宽度对应的连续超前支承压力分布，并给出对应岩梁连续的弯矩、挠度曲线和岩梁在煤壁前方弯曲应变能分布曲线；计算关键层初次来压前和周期来压前存储的弹性能，为掌握坚硬顶板超前断裂位置、释放弹性能的量化分析奠定基础。

第一节　关键层失稳致灾原因

一、关键层致灾机理

本节分析了坚硬顶板的变形特征，阐述了顶板揭露至破断过程中涉及的能量演化规律，分析了坚硬顶板引发动力灾害的类别及机理。

1. 坚硬顶板的垮落特征

在采用垮落法开采的工作面，煤层开挖之前，煤岩体均处于原岩应力的平衡状态。随着煤岩层开挖，顶板被逐渐揭露，原始平衡状态被打破，顶板悬露在开采空间上方，并在其自重及上覆软弱岩层压力作用下出现弯曲变形，顶板的弯曲变形引起采动空间的应力重新分布。由于此时煤体受到顶板与底板的夹持作用，造成应力集中，使得煤壁处出现一定范围的屈服区，影响了工作面超前支承压力分布。同时，浅埋煤层中关键层在整个覆岩中起到稳定覆岩的关键支撑作用，使得关键层破断前产生如图 3-1 所示的横跨采空区上方的支承压力分布。

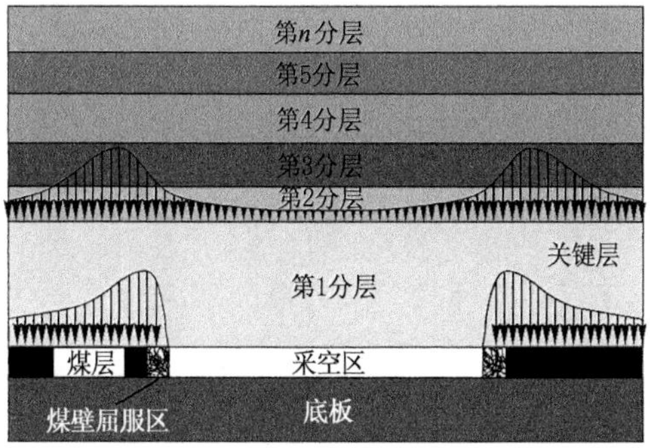

图 3-1 关键层破断前弯曲变形示意图

随着顶板悬露长度的增加，其弯曲变形程度逐渐增加，当弯曲变形产生的拉应力超过其抗拉强度时，关键层发生断裂并垮落，其上覆岩层失去了坚硬顶板的支撑也随之垮落，工作面发生初次来压显现。随煤层的继续开采，顶板会发生较为规律的周期破断，造成工作面周期来压。

由于坚硬顶板的存在，工作面岩层移动及矿压显现有以下特点。

(1) 垮落步距大

浅埋煤层关键层具有厚度大、强度高、整体性强等特点，煤层采出后，顶板不易垮落，只有当悬顶面积达到极限时才一次性垮落。初次来压步距一般在50～140 m，最大甚至可达160 m以上，周期来压步距也能达40 m以上，极限悬顶面积为10 000～30 000 m^2，甚至更大。

(2) 工作面矿压显现明显，来压突然

由于坚硬顶板的垮落步距和悬顶面积较大，工作面来压时出现煤壁片帮、板炮、支架压力上升等非常明显的矿压显现现象，动载系数达到1.5～3.5。当工作面来压时，顶板突然断裂，顶板下沉量急剧增大，以至于支架泄压阀来不及打开，甚至出现支架支柱压死、顶板台阶切落以及采空区飓风等现象。

2. 坚硬顶板变形至断裂过程中的能量演化特征

(1) 顶板变形至断裂过程中能量类型综述

顶板自揭露至发生弯曲变形到断裂的整个过程，也是能量聚积、转化和释放的过程，涉及的能量类型主要包括应变能、重力势能、动能、表面能和辐射能等。

① 应变能：势能的一种，是弹性势能与塑性势能的总和。弹性势能是物体发生弹性变形而具有的能量，是可逆的，当煤岩体受到的引起弹性势能的压力消失时，煤岩体会恢复原来的形状，释放掉弹性势能；如果煤岩体发生了不

可恢复的变形，可以认为进入塑性变形阶段，此时所消耗的能量为塑性势能，塑性势能是不可逆的。

② 重力势能：在物体受重力情况下，由于相对空间位置的不同而具有的能量。重力势能的大小主要取决于物体的重力以及相对高度。

③ 动能：由于物体运动而具有的能量即动能，岩层的断裂以及煤岩体抛射等均会产生动能。动能具有瞬间性，与物体的速度和质量有关。

④ 表面能：煤岩体内部原始存在一部分微裂隙，在外力作用下，微裂隙发育、扩展、相互汇聚成较大的裂隙，同时又有新生的裂隙出现。原有微裂隙发育及新裂隙发展伴随着新的表面出现，这些产生新表面所消耗的能量，称为表面能。煤岩体内部微裂隙发育及新裂隙发展的前提是释放能量大于出现新表面需要消耗的表面能。

⑤ 辐射能：在煤岩体变形及破坏过程中，会以弹性波、电磁辐射或者热交换的形式向外释放能量。弹性波在岩层或煤层中传播产生"煤炮"或"板炮"，这种形式称为声发射；电磁波形成电磁辐射和红外辐射，热交换则向外界进行热辐射，这些通过辐射释放的能量称为辐射能。

（2）坚硬顶板变形至断裂过程中的能量变化

物体能量变化可以分为耗散和积聚两个部分，耗散的能量是物体变形或对外做功的消耗，积聚的能量可以在特定的条件下再次释放出来对外做功。坚硬顶板变形至断裂过程中的能量转化过程如下：

① 煤层刚开挖时，顶板下部失去了支撑，出现弯曲下沉，坚硬顶板及上覆软弱岩层的重力势能转化为顶板的应变能，此时，由于顶板的变形使煤壁产生压缩，煤体内部也储存了应变能。

② 随着开挖距离的增大，顶板弯曲度增加，应变能也随之增加，此时，顶板和煤体均出现裂隙发育，部分应变能转化为表面能和辐射能释放，当释放速度达到一定程度时，会出现片帮、"煤炮"和"板炮"等现象。如果此时应变能较大，且表面能和辐射能的释放速度不能满足应变能的转化速度，则多余的应变能会转化为煤岩体的动能释放出来，可能会引起冲击地压及煤与瓦斯突出灾害。

③ 当坚硬顶板的弯曲变形达到极限时会发生断裂，重力势能以及顶板和煤层内部的应变能快速释放，转化为动能、表面能及辐射能，顶板出现大面积来压，此时，工作面前方顶板和煤体由于受力改变会出现反弹，造成其内部积聚的应变能大部分转化为表面能和辐射能释放出来。如果应变能较多且释放量大，就会有发生冲击地压及煤与瓦斯突出等灾害的危险；坚硬顶板垮落时，瞬间压缩采空区气体，部分应变能会转化为气体的动能向采场和巷道内释放，

可能形成采空区飓风灾害。

④ 坚硬顶板断裂后会出现振动和反弹，部分重力势能和应变能转化为辐射能，以震动波的形式传递至前方顶板和煤体中。如果前方煤岩体内应变能积聚处于临界状态，这些辐射能的扰动会造成煤岩体失稳，引发动力灾害。

由以上分析可知，煤层的开采引发坚硬顶板变形及采场能量的积聚、转化和释放，当能量积聚的总量过大或者转化和释放的较多时，有可能引发动力灾害。

二、关键层变形受超前支承压力分布影响分析

由上述分析可知，关键层开裂前的变形和能量分布直接决定了其破断后所释放能量的大小和类型，因而建立更加合理的关键层力学模型进行分析和计算，对掌握和治理坚硬顶板大面积垮落所造成的动力灾害显得尤为重要。

但在建立坚硬顶板力学模型时，多数将煤系地基视为弹性体。吴志刚等[167]将煤层-直接顶视为弹性地基，对受同一均布荷载的周期来压模型单位宽度坚硬顶板（连续梁）的弯矩和挠度进行分析。钱鸣高等[168]对关键层上的荷载分布进行有限元分析，表明关键层上存在隆起分布的增压荷载。李新元等[109]建立煤壁前方单位宽度坚硬顶板初次来压前受弹性地基支承和超前隆起荷载作用的力学模型，并对坚硬顶板初次来压过程中弹性能量积聚与释放的分布规律进行了理论分析。潘岳等[110-112]对周期来压和初次来压前坚硬顶板在弹性地基支承、超前隆起荷载和支护阻力作用下，煤壁前方和采空区上方单位宽度坚硬顶板挠度和弯矩进行求解，分析隆起荷载、地基系数、支护阻力等参数对岩梁弯矩和挠度的影响，对初次来压期间坚硬顶板的能量变化进行了理论分析。而马庆云等[169]则认为，当采深比较大时，在超前支承压力作用下，靠近煤壁附近的煤层一般要发生塑性破坏，基于此，采用损伤基础梁力学模型分析基本顶岩梁超前破断对支承压力及其运动状态的影响。

综上所述，在分析坚硬顶板的受力状态时，通常将煤系地基视为两类，一类为弹性体，另一类为考虑在超前支承压力作用下发生屈服破坏的非弹性体。因此，建立相对合理的煤系地基力学模型成为分析坚硬顶板受力和变形的一个亟待解决的问题，而工作面前方的超前支承压力分布状态能够较为直接地反映煤系地基的力学行为。图 3-2 所示为实测工作面附近的支承压力分布数据经整理后获得的典型特征曲线[22]。从图中可以看出，支承压力在煤层压碎区与完整区之间达到峰值，在压碎区由双向受力状态向三向受力状态转变的临界点处突降为 0，煤壁压碎区范围内的支承压力几乎呈线性分布，与彭赐灯(Syd S. Peng)等关于超前支承压力的描述基本相符[15]。总结超前支承压力

的分布特点有：① 超前支承压力分为两部分，第一部分为峰值点与煤壁之间的屈服区（压碎区），第二部分为峰值点前的弹性区（完整煤系地基）；② 超前支承压力在弹性区与屈服区之间的临界点（简称弹屈临界点）处达到峰值，在煤壁处消失，屈服区内的超前支承压力呈线性分布。针对上述超前支承压力分布特点，以超前支承压力峰值点为分界点，沿工作面推进方向将煤系地基分为两部分：屈服区和弹性区。

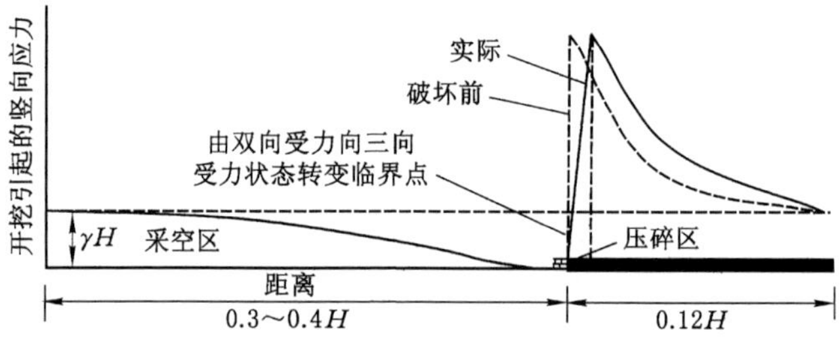

图 3-2　工作面附近支承压力重新调整模型

第二节　关键层受超前支承压力影响的弯矩、挠度和能量分布分析

本节拟建立工作面中间单位宽度坚硬顶板 5 段力学模型，利用各段岩梁间的连续边界条件，获得挠度曲线的相关系数。采用循环逐步逼近的方式得到连续的超前支承压力分布曲线，进而获得不同超前支承压力作用下关键层初次来压前和周期来压前的弯矩、挠度和煤壁前方弯曲应变能分布函数。

一、关键层初次来压前的弯矩、挠度和能量分布分析

根据文献[22]和图 3-3 所示超前支承压力分布特征，建立如图所示的超前压力（包括超前支承压力和原岩竖向均布压力 γH）分布力学模型。沿工作面推进方向，将坚硬顶板下的煤系地基分为屈服区和弹性区两部分，超前压力在屈服区和弹性区之间位置 C（弹屈临界点）达到峰值 P_c，在煤壁处的压力为 0；超前压力在屈服区近似按线性分布，在弹性区按弹性地基梁模型计算。

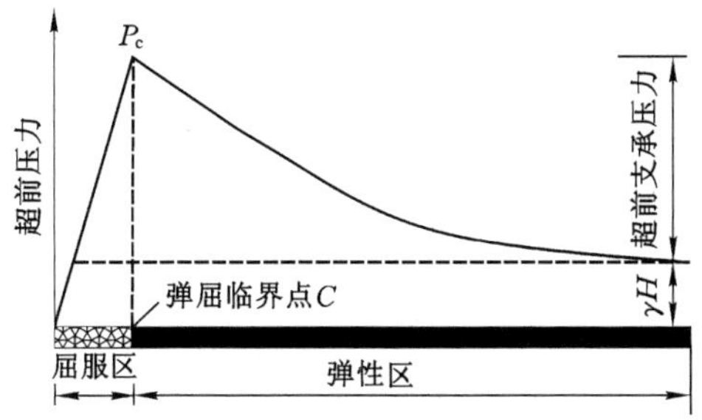

图 3-3　超前压力分布力学模型

1. 整个岩梁的力学模型

根据超前支承压力的分布特点，借鉴潘岳等[111]关于初次来压前坚硬顶板的弯矩和挠度求解力学模型，建立如图 3-4 所示的初次来压前岩层结构及荷载分布状态图，其对应的关键层半结构模型如图 3-5(a) 所示。

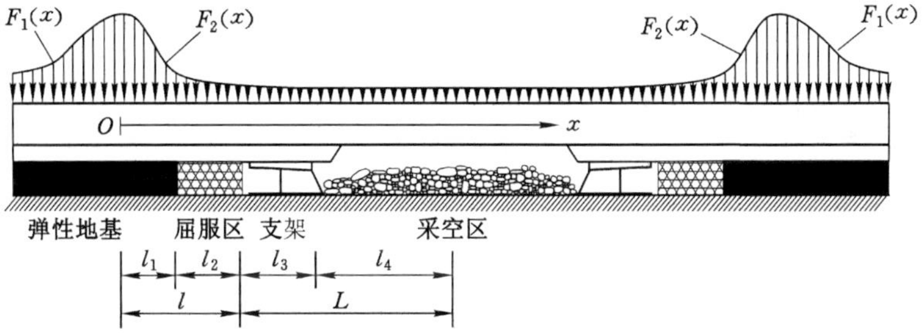

图 3-4　坚硬顶板初次来压前岩层结构及荷载分布状况

基于图 3-3 所示屈服区超前压力模型，依据作用力与反作用力原理，屈服区煤层所受超前压力也就是煤层对坚硬顶板的支承反力，建立与如图 3-5(b) 所示的关键层力学模型。以坚硬顶板上方超前隆起荷载峰值点为原点 0，原点以左为弹性地基支撑的半无限弹性地基梁；原点与弹屈临界点之间为有限长弹性地基梁，宽度为 l_1；弹屈临界点与煤壁之间为屈服区，宽度为 l_2，一般在 0.45～2.25 H(H 为采高)。屈服区的宽度沿整个工作面的分布有所不同，在工作面中间达到最大[22]。当屈服区宽度为 0 时，整个煤系地基被视为完全弹性地基。屈服区在弹屈临界点处的支承反力为 P_c，保证超前压力在弹屈临界点连续性的具体方法将在本章第四节详细讨论。

图 3-4 和图 3-5 中压力曲线为坚硬顶板层位所承受的荷载曲线，隆起部分的增压荷载大于远方均布荷载。采用潘岳等[111-112]关于顶板承受的超前隆

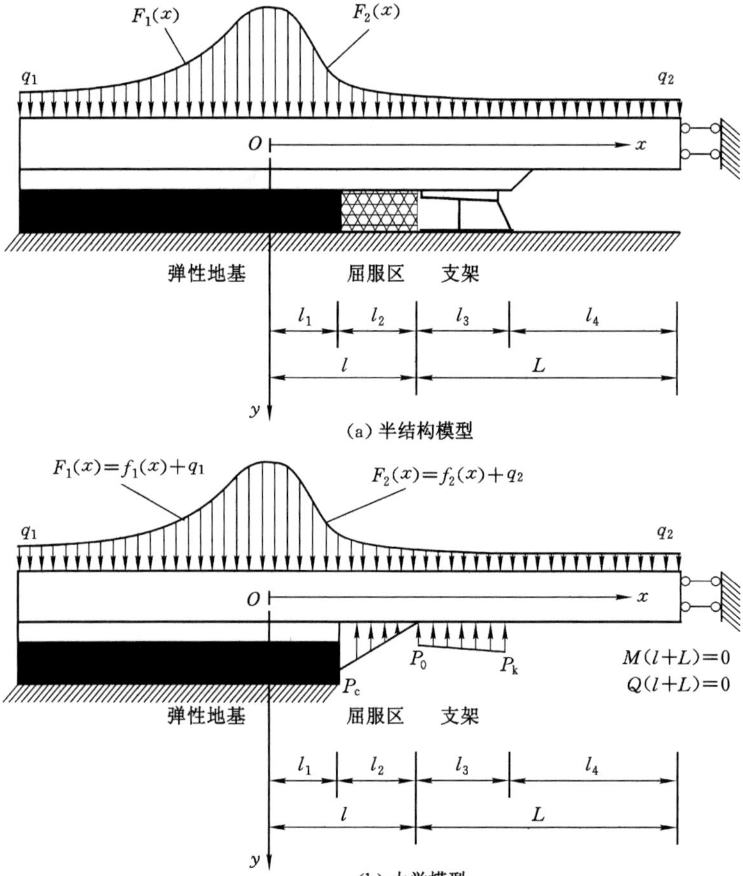

(b) 力学模型

图 3-5 初次来压前关键层半结构模型和力学模型

起增压荷载数学模型：

$$f_1(x)=\frac{f_{c1}e}{x_{c1}}(x_{c1}-x)e^{\frac{x-x_{c1}}{x_{c1}}}\quad x\leqslant 0 \tag{3-1}$$

$$f_2(x)=\frac{f_{c2}e}{x_{c2}}(x+x_{c2})e^{-\frac{x+x_{c2}}{x_{c2}}}\quad 0\leqslant x\leqslant l+L \tag{3-2}$$

式中，当 $x=0$ 时，$f_1(0)$ 和 $f_2(0)$ 分别为隆起荷载峰值 f_{c1} 和 f_{c2}；x_{c1} 和 x_{c2} 分别为峰值点前后隆起荷载分布范围的影响系数。以图 3-4 中荷载峰位置为原点，隆起荷载峰值点前后荷载分布的表达式分别为：

$$F_1(x)=q_1+k_1(x_{c1}-x)e^{\frac{x-x_{c1}}{x_{c1}}}\quad x\leqslant 0 \tag{3-3}$$

$$F_2(x)=q_2+k_2(x+x_{c2})e^{-\frac{x+x_{c2}}{x_{c2}}}\quad 0\leqslant x\leqslant l+L \tag{3-4}$$

式(3-3)、式(3-4)中，$k_1 = f_{c1}e/x_{c1}$ ($\mathrm{N/m^2}$)，$k_2 = f_{c2}e/x_{c2}$ ($\mathrm{N/m^2}$)；q_1 为原点以左部分，在覆岩自身重力作用下的竖向均布荷载；q_2 为原点以右部分，在受岩梁自身重力作用下的均布荷载。

为了保证坚硬顶板所受荷载分布的光滑和连续性，则

$$q_1 + f_{c1} = q_2 + f_{c2} \tag{3-5}$$

$$F_1(-\infty) = q_1 \tag{3-6}$$

$$F_2(l+L) \approx q_2 \tag{3-7}$$

由结构力学知，正对称体系跨中截面反对称内力为 0，即 $Q(l+L)=0$；跨中截面转角为 0，即 $y_{23}(L+l)=0$ 。故由半结构法，将图 3-4 中悬空岩梁跨中截断后可用定向支承来代替。

2. 连续岩梁挠度曲线微分方程

图 3-6 为图 3-4 与图 3-5 中各个区段对应的半无限弹性地基梁、有限长弹性地基梁以及屈服区、控顶区和采空区岩梁的分段受力分析图。

将图 3-6(a)、(b) 中 $(-\infty, 0]$ 和 $[0, l_1]$ 段岩梁的挠度方程分别记为 $y_{11}(x)$、$y_{12}(x)$；将图 6(c)～(e)中$[l_1, l]$、$[l, l+l_3]$和$[l+l_3, l+L]$段岩梁的挠度方程分别记为 $y_{21}(x)$、$y_{22}(x)$和 $y_{23}(x)$。

以图 3-4 中隆起荷载的截面位置为原点 0，则原点以左的隔离体图如图 3-6(a)所示，为受分布荷载 $F_1(x)$作用的半无限弹性地基梁，梁右端作用剪力 Q_0 和弯矩 M_0。在 $F_1(x)$、Q_0 和 M_0 作用下地基反力 q_c 与梁的竖向位移 y 成正比[169]，即

$$q_c = -Cy \tag{3-8}$$

式中，C 为地基刚度系数；负号表示地基反力 q_c 与位移 y 的方向相反。弹性地基梁微段 $\mathrm{d}x$ 的挠度曲线微分方程为：

$$y_{11}^{(4)}(x) + 4\beta^4 y_{11}(x) = \frac{q_1}{EI} + \frac{k_1}{EI}(x_{c1} - x)\mathrm{e}^{\frac{x-x_{c1}}{x_{c1}}} \quad x \leqslant 0 \tag{3-9}$$

式中　E——平面应变条件下顶板的弹性模量；

　　I——单位宽度顶板的惯性矩。

图 3-6(b)为原点与煤壁弹塑性临界点截面之间的岩梁隔离体图，长为 l_1 的有限长弹性地基梁上有分布荷载 $F_2(x)$，梁左、右端分别作用内力 Q_0、M_0 和 Q_1、M_1。其微段 $\mathrm{d}x$ 的挠度曲线微分方程为：

$$y_{12}^{(4)}(x) + 4\beta^4 y_{12}(x) = \frac{q_2}{EI} + \frac{k_2}{EI}(x + x_{c2})\mathrm{e}^{-\frac{x+x_{c2}}{x_{c2}}} \quad 0 \leqslant x \leqslant l_1 \tag{3-10}$$

图 3-6(c)为煤壁弹塑性临界点到跨中截面的岩梁隔离体图，梁上各分布

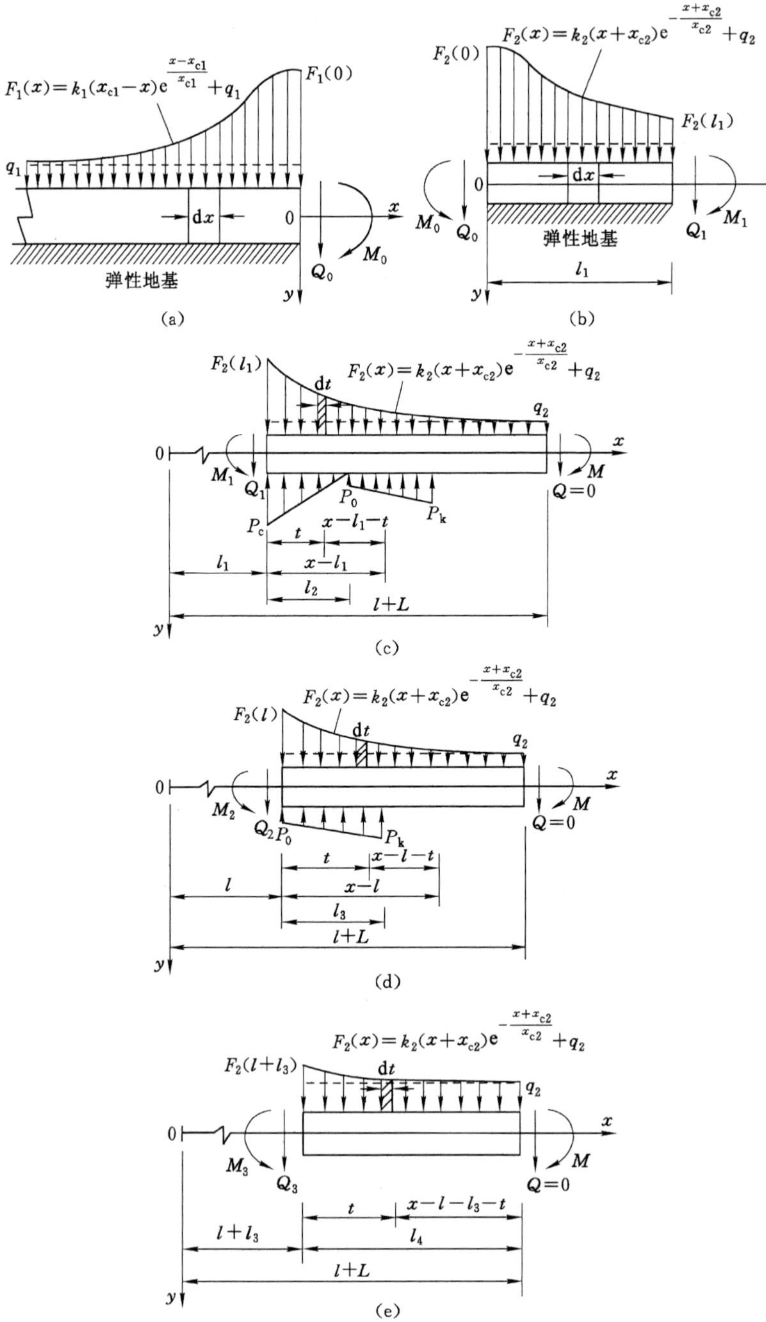

图 3-6　初次来压前关键层的隔离体图

荷载对 x 截面取矩，可得煤层屈服区岩梁的挠度曲线微分方程：

$$EIy''_{21}(x)=M_1-Q_1(x-l_1)+\frac{1}{2}q_2(x-l_1)^2+$$
$$\int_0^{x-l_1}k_2(l_1+t+x_{c2})e^{-\frac{l_1+t+x_{c2}}{x_{c2}}}(x-l_1-t)dt-$$
$$\int_0^{x-l_1}P_c(1-\frac{t}{l_2})(x-l_1-t)dt$$
$$0\leqslant t\leqslant l_2, l_1\leqslant x\leqslant l \tag{3-11}$$

式中　P_c——煤壁前方屈服区在弹塑性临界点处对顶板的支承反力；

l_2——沿工作面推进方向的煤壁屈服区宽度；

Q_1, M_1——岩梁 $x=l_1$ 截面内力。

图 3-6(d)所示为煤壁弹塑性临界点到跨中截面的岩梁隔离体图，梁上各分布荷载对 x 截面取矩，可得支架支承区岩梁的挠度曲线微分方程：

$$EIy''_{22}(x)=M_2-Q_2(x-l)+\frac{1}{2}q_2(x-l)^2+$$
$$\int_0^{x-l}k_2(l+t+x_{c1})e^{-\frac{l+t+x_{c2}}{x_{c2}}}(x-l-t)dt-$$
$$\frac{1}{2}P_0(x-l)^2-\int_0^{x-l}gt(x-l-t)dt$$
$$0\leqslant t\leqslant l_3, l\leqslant x\leqslant l+l_3 \tag{3-12}$$

式中　l——悬空步距；

l_3——控顶距；

Q_2, M_2——岩梁 $x=l$ 截面内力；

P_0——初撑力；

g——支承力斜率，$g=(P_k-P_0)/l_3$；

P_k——控顶区末排支架的支承力。

图 3-6(e)为采空区无支护段岩梁隔离体图，梁上各分布荷载对 x 截面取矩，可得该段岩梁的挠度曲线微分方程：

$$EIy''_{23}(x)=M_3-Q_3(x-l-l_3)+\frac{1}{2}q_2(x-l-l_3)^2+$$
$$\int_0^{x-l-l_3}k_2(l+l_3+t+x_{c2})e^{-\frac{l+l_3+t+x_{c2}}{x_{c2}}}(x-l-l_3-t)dt$$
$$0\leqslant t\leqslant l_4, l+l_3\leqslant x\leqslant l+L \tag{3-13}$$

式中　Q_3, M_3——岩梁 $x=l+l_3$ 截面内力。

连续梁的自然边界条件及连续条件较复杂，从左到右全部列出为：

$$\left.\begin{aligned}
&y_{11}(-\infty)=q_1/C,\ y'_{11}(-\infty)=0,\ y_{11}(0)=y_{12}(0)\\
&y'_{11}(0)=y'_{12}(0),\ y''_{11}(0)=y''_{12}(0),\ y'''_{11}(0)=y'''_{12}(0)\\
&y_{12}(l_1)=y_{21}(l_1),\ y'_{12}(l_1)=y'_{21}(l_1),\ y''_{12}(l_1)=M_1/EI\\
&y'''_{12}(l_1)=-Q_1/EI,\ y_{21}(l)=y_{22}(l),\ y'_{21}(l)=y'_{22}(l)\\
&y''_{21}(l)=M_2/EI,\ y'''_{21}(l)=-Q_2/EI\\
&y_{22}(l+l_3)=y_{23}(l+l_3),\ y'_{22}(l+l_3)=y'_{23}(l+l_3)\\
&y''_{22}(l+l_3)=M_3/EI,\ y'''_{22}(l+l_3)=-Q_3/EI\\
&y'_{23}(l+L)=0,\ y'''_{23}(l+L)=-Q(l+L)/(EI)=0
\end{aligned}\right\}\tag{3-14}$$

3. 初次来压前连续岩梁弯矩、挠度、弹性应变能求解

微分方程式(3-9)关于图 3-6(a)中半无限弹性地基梁的解为：

$$y_{11}(x)=e^{\beta x}[d_1\cos(\beta x)+d_2\sin(\beta x)]+\frac{q_1}{4\beta^4EI}+\frac{k_1}{EI}\frac{x_{c1}^4}{1+4\beta^4x_{c1}^4}\left(x_{c1}-x+\frac{4x_{c1}}{1+4\beta^4x_{c1}^4}\right)e^{\frac{x-x_{c1}}{x_{c1}}}\tag{3-15}$$

式中　d_1,d_2 ——系数。

相应于式(3-10)的齐次线性微分方程，由通解 $Y_{12}(x)$ 和特解 $Y_{12}^*(x)$ 组成

$$y_{12}(x)=Y_{12}(x)+Y_{12}^*(x)\tag{3-16}$$

特解方程为：

$$Y_{12}^*(x)=\frac{q_2}{4\beta^4EI}+\frac{k_2}{EI}\frac{x_{c2}^4}{1+4\beta^4x_{c2}^4}\left(x_{c2}+x+\frac{4x_{c2}}{1+4\beta^4x_{c2}^4}\right)e^{-\frac{x+x_{c2}}{x_{c2}}}\tag{3-17}$$

因为是有限长弹性地基梁，式(3-10)关于下列齐次方程

$$y_{12}^{(4)}+4\beta^4y_{12}=0\tag{3-18}$$

的通解采用双曲函数形式，其中：

$$\begin{aligned}Y_{12}(x)=&e^{\beta x}[d_3\cos(\beta x)+d_4\sin(\beta x)]+\\&e^{-\beta x}[d_5\cos(\beta x)+d_6\sin(\beta x)]\end{aligned}\tag{3-19}$$

将式(3-17)和式(3-19)代入式(3-16)可得有限长弹性地基梁微分方程式(3-10)的解为：

$$\begin{aligned}y_{12}(x)=&e^{\beta x}[d_3\cos(\beta x)+d_4\sin(\beta x)]+\\&e^{-\beta x}[d_5\cos(\beta x)+d_6\sin(\beta x)]+\frac{q_2}{4\beta^4EI}+\\&\frac{k_2}{EI}\frac{x_{c2}^4}{1+4\beta^4x_{c2}^4}\left(x_{c2}+x+\frac{4x_{c2}}{1+4\beta^4x_{c2}^4}\right)e^{-\frac{x+x_{c2}}{x_{c2}}}\end{aligned}\tag{3-20}$$

对式(3-11)～式(3-13)二次积分可得屈服区、支架支承区和采空区上方

岩梁的挠度曲线方程式分别为：

$$y_{21}(x)=\frac{1}{EI}\Bigg\{\frac{M_1x^2}{2}+\frac{Q_1x^2(3l_1-x)}{6}+\frac{P_cx^5}{120l_2}\left[1-\frac{5(l_1+l_2)}{x}+\frac{10l_1(l_1+2l_2)}{x^2}-\frac{10l_1^2(l_1+3l_2)}{x^3}\right]+\frac{q_2x^4}{24}\left(1-\frac{4l_1}{x}+\frac{6l_1^2}{x^2}\right)+k_2x_{c2}^5\Bigg\{\left(5+\frac{x}{x_{c2}}\right)e^{-\frac{x+x_{c2}}{x_{c2}}}-\left[\frac{3x^2}{2x_{c2}^2}+\frac{x^2(9l_1-2x)}{6x_{c2}^3}+\frac{l_1x^2(3l_1-x)}{6x_{c2}^4}\right]e^{-\frac{l_1+x_{c2}}{x_{c2}}}+c_1x+c_2\Bigg\}\Bigg\} \tag{3-21}$$

$$y_{22}(x)=\frac{1}{EI}\Bigg\{\frac{M_2x^2}{2}+\frac{Q_2x^2(3l-x)}{6}-\frac{P_0x^4}{24}\left(1-\frac{4l}{x}+\frac{6l^2}{x^2}\right)+\frac{q_2x^4}{24}\left(1-\frac{4l}{x}+\frac{6l^2}{x^2}\right)-\frac{9x^5}{120}\left(1-\frac{5l}{x}+\frac{10l^2}{x^2}-\frac{10l^3}{x^3}\right)+k_2x_{c2}^5\Bigg\{\left(5+\frac{x}{x_{c2}}\right)e^{-\frac{x+x_{c2}}{x_{c2}}}-\left[\frac{3x^2}{2x_{c2}^2}+\frac{x^2(9l-2x)}{6x_{c2}^3}+\frac{lx^2(3l-x)}{6x_{c2}^4}\right]e^{-\frac{l+x_{c2}}{x_{c2}}}+c_3x+c_4\Bigg\}\Bigg\} \tag{3-22}$$

$$y_{23}(x)=\frac{1}{EI}\Bigg\{\frac{M_3x^2}{2}+\frac{Q_3x^2[3(l+l_3)-x]}{6}+\frac{q_2x^4}{24}\left[1-\frac{4(l+l_3)}{x}+\frac{6(l+l_3)^2}{x^2}\right]+k_2x_{c2}^5\Bigg\{\left(5+\frac{x}{x_{c2}}\right)e^{-\frac{x+x_{c2}}{x_{c2}}}-\Bigg\{\frac{3x^2}{2x_{c2}^2}+\frac{x^2[9(l+l_3)-2x]}{6x_{c2}^3}+\frac{(l+l_3)x^2[3(l+l_3)-x]}{6x_{c2}^4}\Bigg\}e^{-\frac{l+l_3+x_{c2}}{x_{c2}}}+c_5x+c_6\Bigg\}\Bigg\} \tag{3-23}$$

将方程(3-15)和方程(3-20)～方程(3-23)代入方程(3-14)中，联立方程组可获得系数 $d_1\sim d_6$ 和 $c_1\sim c_6$。限于本书篇幅，各系数的具体表达式这里没有给出。

4. 弯矩、超前压力和弯曲应变能求解

岩梁弯矩表达式为：

$$M(x)=EIy''(x) \tag{3-24}$$

煤壁前方的支承反力由屈服区和弹性区两部分组成，以坚硬顶板上覆超前隆起荷载峰值点为原点将弹性地基分为两部分，其支承反力可通过弹性地基梁模型计算得：

$$P(x) = Cy_{11}(x) \quad x \leqslant 0 \tag{3-25}$$

$$P(x) = Cy_{12}(x) \quad 0 \leqslant x \leqslant l_1 \tag{3-26}$$

如图 3-3 所示，令弹屈临界点左侧弹性支承反力 $P_c^* = Cy_{12}(l_1)$，屈服区在该点的支承反力为 P_c。对于给定的 P_c 和 l_2，可以计算对应的 P_c^*，通过循环逐步逼近的方式使得 $P_c = P_c^*$，从而获得煤壁前方连续的支承反力曲线。根据图 3-3 和图 3-5(b)可以获得屈服区范围内的支承反力为：

$$P(x) = P_c\left(1 - \frac{x - l_1}{l_2}\right) \quad l_1 \leqslant x \leqslant l \tag{3-27}$$

根据作用力与反作用力原理，即可获得连续分布的超前压力曲线。

岩梁的弯曲应变能密度分布函数 $U(x)$ 与岩梁弯矩之间有如下关系：

$$\frac{\mathrm{d}U(x)}{\mathrm{d}x} = \frac{M^2(x)}{2EI} \tag{3-28}$$

将岩梁的弯矩方程代入式(3-28)，即可获得岩梁的弯曲应变能密度分布函数。

二、关键层周期来压前的弯矩、挠度和能量分布分析

基于图 3-3 所示屈服区超前压力模型，依据作用力与反作用力原理，屈服区煤层所受超前压力也就是煤层对坚硬顶板的支承反力，建立如图 3-7 所示的周期来压前关键层结构及荷载分布状态图。

以关键层上方超前隆起荷载峰值点为原点 0，原点以左为弹性地基支撑的半无限弹性地基梁；原点与弹屈临界点之间为有限长弹性地基梁，宽度为 l_1；弹屈临界点与煤壁之间为屈服区，宽度为 l_2；屈服区在弹屈临界点处的支承反力为 P_c。图 3-7 中压力曲线为关键层所承受的荷载曲线，其函数与初次来压的相同。

图 3-8 为图 3-7 中各区段对应的半无限弹性地基梁、有限长弹性地基梁以及屈服区、控顶区和采空区岩梁的分段受力分析图。通过与初次来压前的关键层力学模型(参见图 3-6)进行对比可以发现，两者的分段依据和分段数量完全相同，唯一不同的是图 3-8(e)与图 3-6(e)在结构右端的受力不同，前者(周期来压前)在图示右端为自由端，而后者在图示右端有未知弯矩作用。通过比较周期来压和初次来压的力学模型相同和不同之处可以发现，初次来压前的关键层在跨中端受未知弯矩约束，而周期来压前的相应位置为自由端，无任何约束，即初次来压相对周期来压的求解多一个约束。但由于关键层所受荷载函数、支承压力分布基本特征和求解过程中分段数量及分段依据完全相同，所以周期来压前的关键层变形求解过程与初次来压前的相同。由于初次

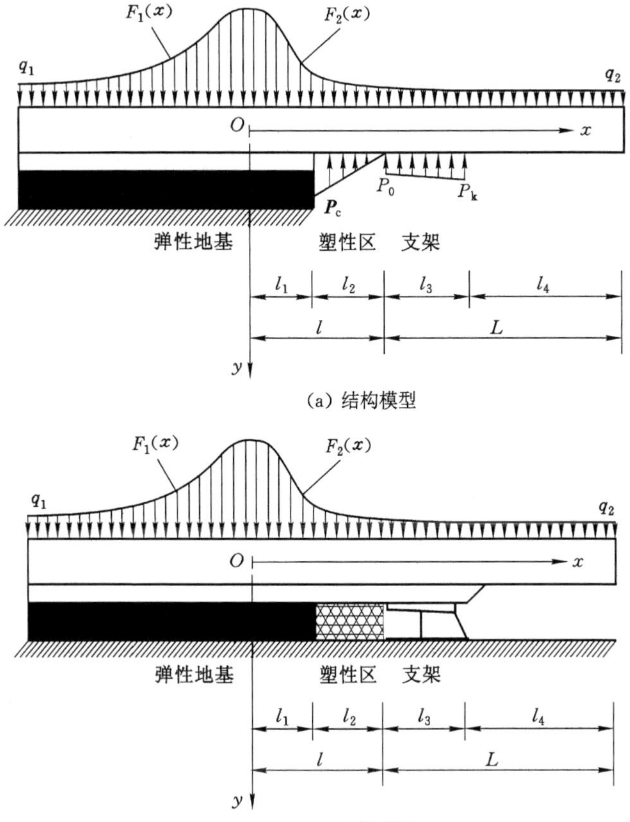

(b) 力学模型

图 3-7　周期来压前关键层结构模型和力学模型

来压相对周期来压在跨中端多一个约束，造成两者的边界条件不同，所以相对应初次来压的边界条件[式(3-14)]，周期来压的边界条件为：

$$\left.\begin{array}{l}
y_{11}(-\infty)=q_1/C,\ y'_{11}(-\infty)=0,\ y_{11}(0)=y_{12}(0)\\
y'_{11}(0)=y'_{12}(0),\ y''_{11}(0)=y''_{12}(0),\ y'''_{11}(0)=y'''_{12}(0)\\
y_{12}(l_1)=y_{21}(l_1),\ y'_{12}(l_1)=y'_{21}(l_1),\ y''_{12}(l_1)=M_1/EI\\
y'''_{12}(l_1)=-Q_1/EI,\ y_{21}(l)=y_{22}(l),\ y'_{21}(l)=y'_{22}(l)\\
y''_{21}(l)=M_2/EI,\ y'''_{21}(l)=-Q_2/EI\\
y_{22}(l+l_3)=y_{23}(l+l_3),\ y'_{22}(l+l_3)=y'_{23}(l+l_3)\\
y''_{22}(l+l_3)=M_3/EI,\ y'''_{22}(l+l_3)=-Q_3/EI\\
y''_{23}(l+L)=0,\ y'''_{23}(l+L)=0
\end{array}\right\}\tag{3-29}$$

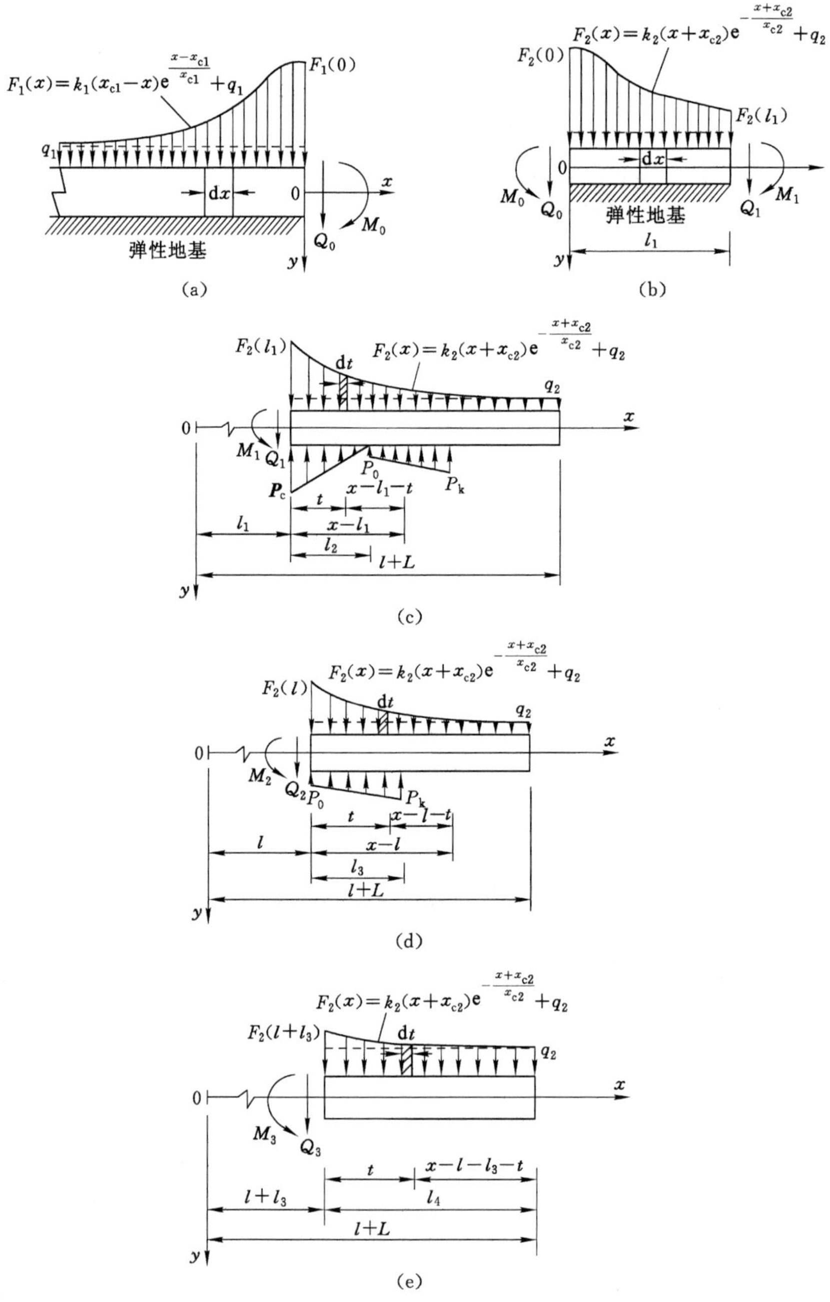

图 3-8　周期来压前关键层的隔离体图

将方程(3-15)和方程(3-20)～方程(3-23)代入方程(3-29)中，联立方程组便可获得与周期来压相对应的系数 $d_1 \sim d_6$ 和 $c_1 \sim c_6$ 。由于系数表达式过长，这里没有给出相应具体的表达式。相应的弯矩、支承压力和应变能密度函数计算，周期来压与初次来压相同。限于本书篇幅，这里将周期来压求解过程中与初次来压相同的部分省略。

第三节　受超前支承压力影响关键层破断前能量分布算例

为了更加直观地分析关键层破断前的弯矩、挠度和能量分布等情况，按照哈拉沟煤矿 22407 工作面的基本条件选取参数，代入第二节介绍的计算公式中，进一步分析坚硬顶板工作面围岩的能量积聚与释放规律。

一、关键层初次来压前的弯矩、挠度和能量分布算例

根据哈拉沟煤矿 22407 工作面的基本情况，关键层初次来压基本参数选择如下：关键层厚度 8 m，覆岩平均容重 $\gamma=25\ \text{kN/m}^3$，关键层平面应变模量 14 GPa，采空区跨度 $2L=60$ m(根据哈拉沟矿 22407 工作面关键层的初次来压步距)，$q_1=2.5\times10^6$ N/m(原岩竖向均布压力 γH，煤层埋深 100 m)，$f_{c1}=5.5\times10^6$ N/m，$q_2=0.2\times10^6$ N/m(关键层自身质量)，$f_{c2}=7.8\times10^6$ N/m，$x_{c1}=6$ m，$x_{c2}=3.2$ m，隆起荷载峰值点到煤壁的距离 $l=7$ m，$l_3=2$ m，工作面支架支撑力 $P_0=5\times10^5$ N/m，$P_k=5\times10^5$ N/m，煤系地基刚度 $C=0.65$ GPa。

根据计算公式，采用 Matlab 计算与绘图，获得煤壁屈服区宽度 l_2 变化时岩梁弯矩、挠度、弯曲应变能和超前支承压力分布曲线，通过变化煤壁屈服区宽度这一参数，分析超前支承压力分布与岩梁弯矩、挠度和弯曲应变能分布之间的关系。

1. 煤壁屈服区宽度对超前支承压力和关键层弯矩、挠度的影响

图 3-9 所示为不同屈服区宽度下岩梁在煤壁前方的超前支承压力分布曲线。各超前支承压力曲线在 −44 m 处趋于水平，逐渐接近均布荷载 $q_1=\gamma H=2.5\times10^6$ N/m，超前支承压力消失，超前支承压力影响范围为煤壁前方 44 m左右。超前支承压力峰值点位于弹屈临界点 x_c，峰值点与煤壁之间的距离恰为屈服区宽度 $l-x_c=l_2$，通过循环逼近法实现了超前支承压力在峰值点前后的连续。结合表 3-1 可知，随着屈服区宽度的不断增加，超前支承压力峰

值点不断前移的同时峰值不断增大，这一结果与 Shen[170] 等的煤柱支承压力分布实测结果相符。当煤壁屈服区宽度为 0 时，超前支承压力峰值点出现在煤壁处，此时，整个煤层为弹性地基。在煤壁前方 12.5 m 处各支承压力曲线交叉。

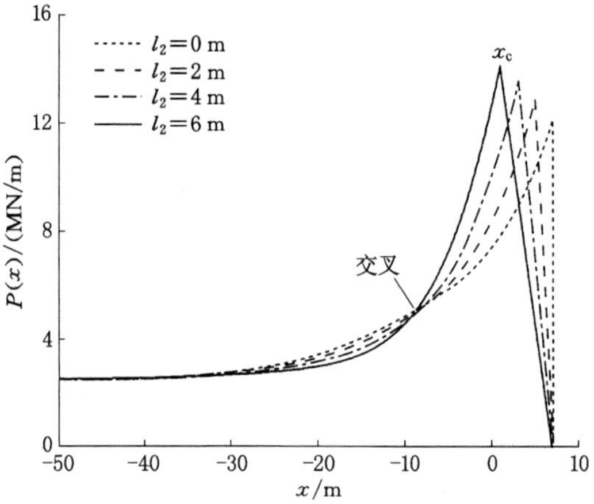

图 3-9　煤壁屈服区宽度对关键层初次来压前超前支承压力的影响

表 3-1　计算结果

l_2/m	0	2	4	6
P_c/(N/m)	12.1×10^6	12.9×10^6	13.6×10^6	14.1×10^6
$M(x_p)$/(N·m)	0.86×10^8	0.98×10^8	1.12×10^8	1.33×10^8
l_p/m	1.7	3.1	4.9	6.6
$M(l+L)$/(N·m)	-0.66×10^8	-0.76×10^8	-0.88×10^8	-1.01×10^8
$y(l)$/mm	18.7	23.8	30.4	39.4
$y(l+L)$/mm	56.1	68.9	84.4	103.4
$dU(x_p)/dx$/(J/m)	6 310	8 185	10 755	14 812
$dU(l)/dx$/(J/m)	4 022	2 910	1 875	965
$dU(x_a)/dx$/(J/m)	14	18	8	19
U/J	39 143	64 345	101 417	152 635

图 3-10 所示为煤壁屈服区宽度 l_2 变化时岩梁连续的弯矩曲线图。从总体看，各曲线在煤壁前方 $x=-50$ m(超前荷载峰值前 50 m)处趋于 0，在跨中为 0，这是因为初次来压时关键层在采空区是一个类似于悬臂梁的结构，自由

端不受力，因而周期来压弯矩曲线只有在煤壁前方一个峰值点。若煤壁前方弯矩峰值点位置为 x_p，则弯矩峰值点距煤壁的距离 $l_2=l-x_p$，可计算煤壁与弯矩峰值点之间的距离。

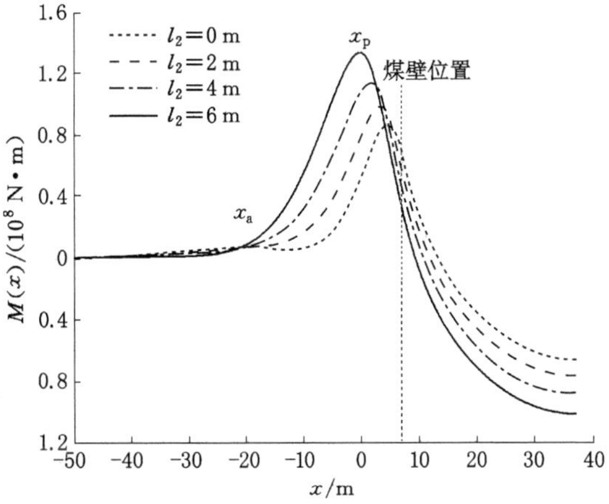

图 3-10　煤壁屈服区宽度对关键层初次来压前弯矩的影响

从表 3-1 中可以看出，当煤壁屈服区宽度为 0 时，弯矩峰值点在煤壁前方 1.7 m处达到峰值 $M(x_p)=0.86\times10^8$ N·m。随着煤壁屈服宽度由 0 增长到到 6 m 时，煤壁前方的弯矩峰值变为 $M(x_p)=1.33\times10^8$ N·m，煤壁前方弯矩峰值点距煤壁的距离增长到 6.6 m。这说明在煤壁前方和跨中的两个弯矩峰值均呈逐渐增长的趋势。随煤壁屈服宽度的增加，煤壁前方弯矩峰值点不断向前移动，按最大拉应力理论确定顶板的初次破断，则煤壁前方的开裂位置随屈服区宽度不断增加而远离煤壁。各曲线在 $x_a=-20.1$ m 附近交叉。

设岩梁挠度向下为正，与图 3-10 对应的岩梁挠度曲线如图 3-11 所示。各挠度曲线在荷载峰值前 50 m 和跨中切线处均趋于水平，满足第 2 个连续条件。各挠度曲线 $y_{11}(-50)\approx y_{11}(-\infty)=3.9$ mm，仅与 q_1（原岩竖向均布荷载）和 C 值有关。如表 3-1 所示，当不考虑煤壁屈服区存在时（屈服区的宽度为 0），岩梁在煤壁和跨中的挠度分别为 18.7 mm 和 56.1 mm。当屈服区宽度增加到 6 m 时，煤壁和跨中的挠度分别为 39.4 mm 和 103.4 mm，分别增长了 20.7 mm 和 47.3 mm。这说明煤壁屈服区的宽度增加，煤壁和跨中的挠度均不断增加，且跨中的挠度增加幅度要大于煤壁处。挠度曲线在煤壁前方 12.5 m 处交叉，交叉位置与超前支承压力分布曲线相同，其原因是弹性地基部分超前压力与挠度成正比关系。

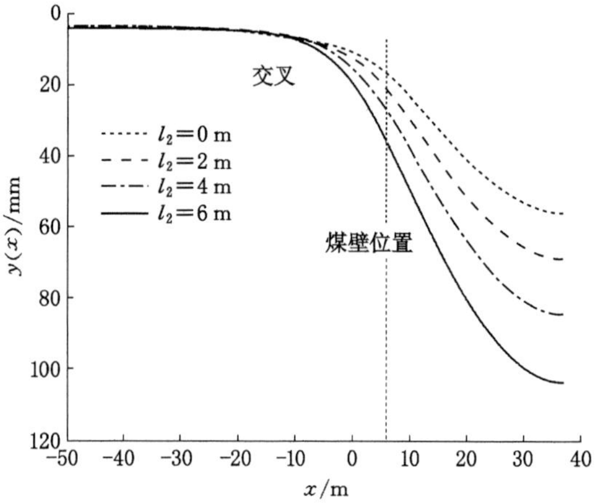

图 3-11　煤壁屈服区宽度对关键层初次来压前挠度的影响

2. 煤壁屈服区宽度对岩梁储存能量的影响

关键层在煤壁前方初次破断过程伴随巨大的能量释放，释放能量的大小取决于初次来压前煤壁前方岩梁储存的弹性能和破断后剩余的弹性能。本节将对关键层初次来压前弯曲应变能密度分布和积聚的弹性能与屈服宽度之间的关系进行计算和分析。

图 3-12 所示为不同屈服区宽度对应的煤壁前方岩梁弯曲应变能密度分布曲线。从图中可以看出，所有的弯矩曲线在峰值点前方 x_a 处相交，总体趋

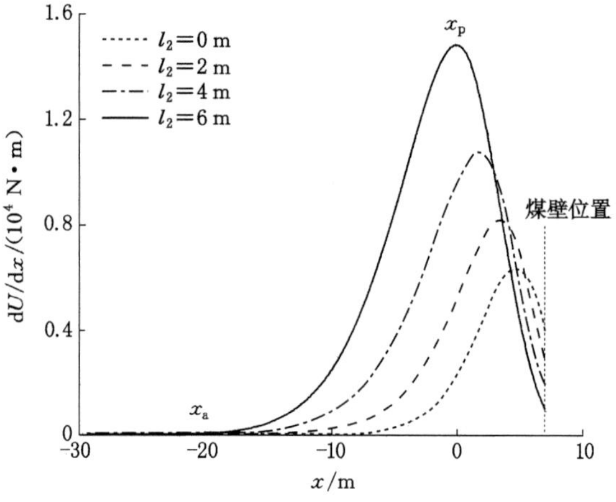

图 3-12　煤壁屈服区宽度对关键层初次来压前弯曲应变能密度分布关系

势与图 3-10 所示的弯矩曲线相似，这是因为弯曲应变能密度分布与弯矩之间存在公式(3-28)所示的关系。随着屈服区宽度的增加，弯曲应变能密度峰值不断增加，如表 3-1 所示。峰值点与煤壁之间的距离随着屈服区宽度的增加而增加，这一特点也与图 3-10 相似。因此，随着屈服区宽度的增加，岩梁内部的弯曲应变能密度不断增加，同时岩梁的能量积聚区不断向煤壁前方移动。

如图 3-12 所示，不同煤壁屈服区宽度对应弯曲应变能密度在弯矩曲线交叉点 x_a 处彼此接近，且在该点以前逐渐趋于 0。基于此，取煤壁到点 x_a 之间的距离($l-x_a=27.1$ m)作为煤壁前方弯曲应变能密度曲线分布范围，小于超前支承压力范围。如图 3-13 所示，$\mathrm{d}U(x)/\mathrm{d}x$ 与 x 轴之间所包围的面积即为岩梁初次来压前存储的弹性能 U，即

$$U=\int_0^{x_a}\frac{\mathrm{d}U(x)}{\mathrm{d}x}\mathrm{d}x \tag{3-30}$$

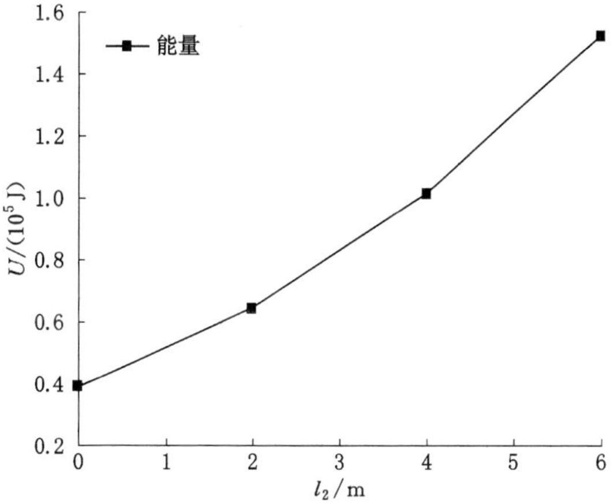

图 3-13　煤壁屈服区宽度对关键层初次来压前存储能量的影响

利用 Origin 软件计算各曲线在弯曲应变能密度分布范围内的面积，不同煤壁屈服区宽度对应的岩梁的弹性能如表 3-1 所示。当煤壁屈服区宽度为 0 时，弹性能为 39 143 J，当煤壁屈服区增加到 6 m 时，弹性能为 152 635 J，是前者的 3.9 倍。结合图 3-11 中可以看出，随着煤壁屈服区宽度不断增加，弹性能呈非线性增长。

上述分析表明，超前支承压力峰值点与煤壁之间的距离 l_2 不断增加，在超前支承压力峰值不断增长的同时，岩梁在煤壁前方的弯曲应变能集聚区不断向前移动，且储存的能量随之迅速增长，初次断裂期间将释放出更大的弹性能。

二、关键层周期来压前的弯矩、挠度和能量分布算例

根据哈拉沟煤矿 22407 工作面的基本情况，关键层周期来压基本参数选择如下：关键层厚度 8 m，覆岩平均容重 $\gamma=25\ \mathrm{kN/m^3}$，关键层平面应变模量 14 GPa，初次来压步距 $L=20$ m（根据哈拉沟矿 22407 工作面关键层的周期来压步距），$q_1=2.5\times10^6$ N/m（原岩竖向均布压力 γH，煤层埋深 100 m），$f_{c1}=3.5\times10^6$ N/m，$q_2=0.2\times10^6$ N/m（关键层自身质量），$f_{c2}=5.8\times10^6$ N/m，$x_{c1}=6$ m，$x_{c2}=3.2$ m，隆起荷载峰值点到煤壁的距离 $l=7$ m，$l_3=2$ m，工作面支架支撑力 $P_0=5\times10^5$ N/m，$P_k=5\times10^5$ N/m，煤系地基刚度 $C=0.65$ GPa。

根据相应计算公式，采用 Matlab 计算与绘图，获得煤壁屈服区宽度 l_2 变化时岩梁弯矩、挠度、弯曲应变能和超前支承压力分布曲线，通过变化煤壁屈服区宽度这一参数，分析超前支承压力分布与岩梁弯矩、挠度和弯曲应变能分布之间的关系。

1. 煤壁屈服区宽度对超前支承压力和关键层弯矩、挠度的影响

图 3-14 所示为不同煤壁屈服区宽度下岩梁在煤壁前方的超前支承压力分布曲线。各超前支承压力曲线在 47 m 处趋于水平，逐渐接近均布荷载 $q_1=\gamma H=2.5\times10^6$ N/m，超前支承压力消失，超前支承压力影响范围为煤壁前方 47 m 左右。超前支承压力峰值点位于弹屈临界点 x_c，峰值点与煤壁之间

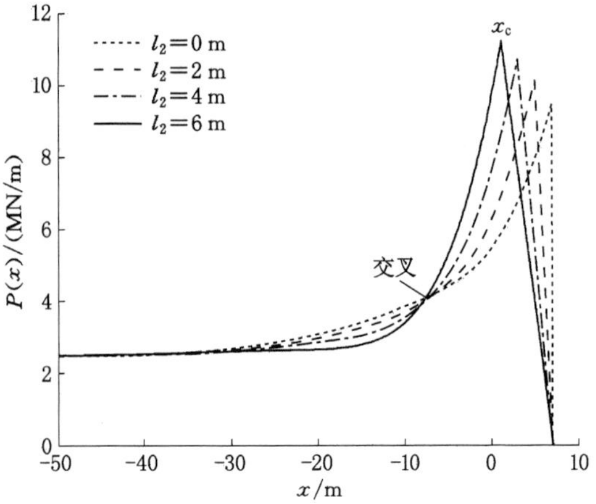

图 3-14　煤壁屈服区宽度对关键层周期来压前超前支承压力的影响

的距离恰为屈服区宽度 $l-x_c=l_2$，通过循环逼近法实现了超前支承压力在峰值点前后的连续。结合表 3-2 可知，随着屈服区宽度的不断增加，超前支承压力峰值点不断前移的同时峰值不断增大。当煤壁屈服区宽度为 0 时，超前支承压力峰值点出现在煤壁处，此时，整个煤层为弹性地基。在煤壁前方 12.8 m 处各支承压力曲线交叉。

图 3-15 所示为煤壁屈服区宽度 l_2 变化时岩梁连续的弯矩曲线图。从总体看，各曲线在煤壁前方 $x=-50$ m(超前荷载峰值前 50 m)处趋于 0，在跨中

表 3-2　计算结果

l_2/m	0	2	4	6
P_c/(N/m)	9.5×10^6	10.1×10^6	10.7×10^6	11.3×10^6
$M(x_p)$/(N·m)	0.83×10^8	0.98×10^8	1.16×10^8	1.37×10^8
x_p/m	1.7	2.8	4.4	6.2
$y(l)$/mm	11.6	19.1	25.3	34.1
$y(l+L)$/mm	51.5	66.4	85.2	109.1
$dU(x_p)/dx$/(J/m)	5 799	8 084	11 204	15 752
$dU(l)/dx$/(J/m)	4 410	4 410	4 410	4 410
$dU(x_a)/dx$/(J/m)	2	5	3	1
U/J	36 728	62 953	10 311	16 401

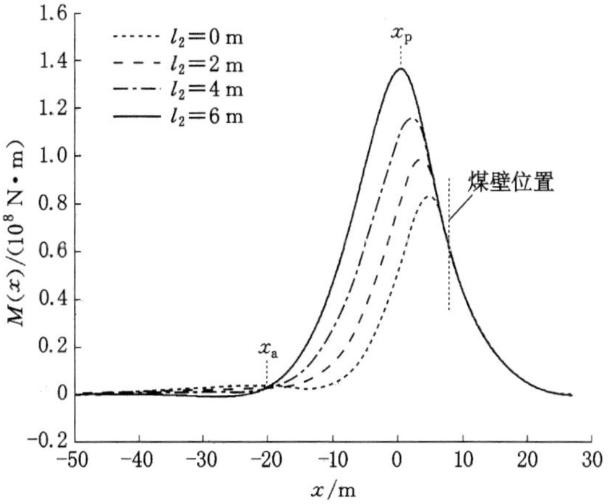

图 3-15　煤壁屈服区宽度对关键层周期来压前弯矩的影响

为 0，这是因为周期来压时关键层在采空区是一个类似于悬臂梁的结构，自由端不受力，因而周期来压弯矩曲线只有在煤壁前方一个峰值点。若煤壁前方弯矩峰值点位置为 x_p，则弯矩峰值点距煤壁的距离 $l_2=l-x_p$，由式(3-30)可计算煤壁与弯矩峰值点之间的距离。从表 3-2 中可以看出，当煤壁屈服区宽度为 0 时，弯矩峰值点在煤壁前方 1.7 m 处达到峰值 $M(x_p)=0.83\times10^8$ N·m。随着煤壁屈服区宽度由 0 增长到 6 m，煤壁前方的弯矩峰值 $M(x_p)=1.37\times10^8$ N·m，煤壁前方弯矩峰值点距煤壁的距离增长到 6.2 m。这说明在煤壁前方和跨中的两个弯矩峰值均呈逐渐增长的趋势。随煤壁屈服区宽度的增加，煤壁前方弯矩峰值点不断向前移动，按最大拉应力理论确定顶板的初次破断，则煤壁前方的开裂位置随屈服区宽度不断增加而远离煤壁。各弯矩曲线在 $x_a=-20$ m 附近交叉。

设岩梁挠度向下为正，与图 3-15 对应的岩梁挠度曲线如图 3-16 所示。各挠度曲线在荷载峰值前 50 m 趋于水平。各挠度曲线 $y_{11}(-50)\approx y_{11}(-\infty)=3.9$ mm，仅与 q_1（原岩竖向均布荷载）和 C 值有关。如表 3-2 所示，当不考虑煤壁屈服区存在时(屈服区的宽度为 0)，岩梁在煤壁和跨中的挠度分别为 11.6 mm和 51.5 mm。当屈服区宽度增加到 6 m 时，煤壁和跨中的挠度分别为 34.1 mm 和 109.1 mm，分别增长了 22.5 mm 和 57.6 mm。这说明煤壁屈服区的宽度增加，煤壁和跨中的挠度均不断增加，且跨中的挠度增加幅度要大于煤壁处。挠度曲线在煤壁前方 12.8 m 处交叉，交叉位置与超前支承压力曲线相同，其原因是弹性地基部分超前压力与挠度成正比关系。

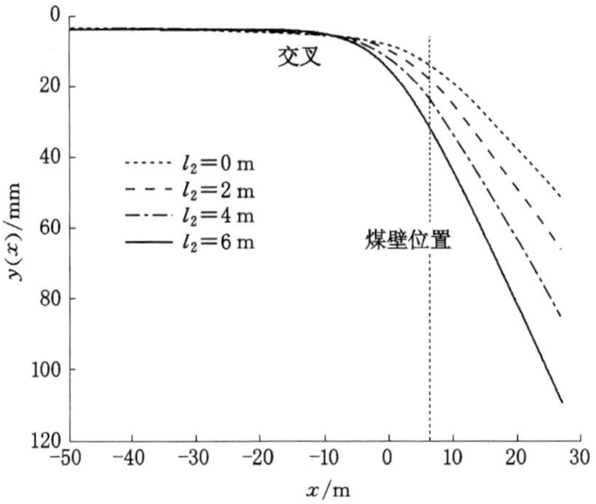

图 3-16　煤壁屈服区宽度对关键层周期来压前挠度的影响

2. 煤壁屈服区宽度对岩梁储存能量的影响

关键层在煤壁前方周期破断过程伴随巨大的能量释放，释放能量的大小取决于周期来压前煤壁前方岩梁储存的弹性能和破断后剩余的弹性能。本节将对关键层周期来压前弯曲应变能密度分布和积聚的弹性能与屈服宽度之间的关系进行计算和分析。

图 3-17 所示为不同屈服区宽度对应的煤壁前方岩梁弯曲应变能密度分布曲线。从图中可以看出，所有的弯矩曲线在峰值点前方 x_a 处相交，总体趋势与图 3-15 所示的弯矩曲线相似，这是因为弯曲应变能密度分布与弯矩之间存在式(3-29)所示的关系。随着屈服区宽度的增加，弯曲应变能密度峰值不断增加，如表 3-2 所示。峰值点与煤壁之间的距离随着屈服区宽度的增加而增加，这一特点也与图 3-15 相似。因此，随着屈服区宽度的增加，岩梁内部的弯曲应变能密度不断增加，同时岩梁的能量积聚区不断向煤壁前方移动。

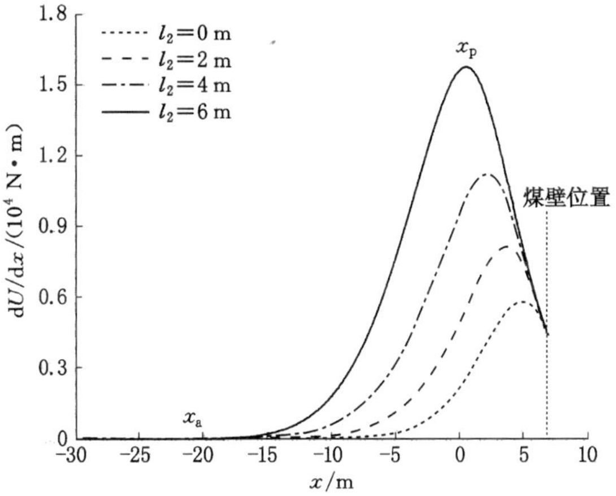

图 3-17　煤壁屈服区宽度对关键层周期来压前弯曲应变能密度分布关系

工作面的周期来压仅在垮落步距上稍微区别于初次来压，其余性质基本相同。如图 3-18 所示，不同煤壁屈服区宽度对应弯曲应变能密度在弯矩曲线交叉点 x_a 处彼此接近，且在该点以前逐渐趋于 0。基于此，取煤壁到点 x_a 之间的距离($l-x_a=27.1$ m)作为煤壁前方弯曲应变能密度曲线分布范围，小于超前支承压力范围。

利用 Origin 软件计算各曲线在弯曲应变能密度分布范围内的面积，不同煤壁屈服区宽度对应的岩梁的弹性能如表 3-2 所示。当煤壁屈服区宽度为 0 时，弹性能为 103 113 J，当煤壁屈服区增加到 6 m 时，弹性能为 164 015 J，是

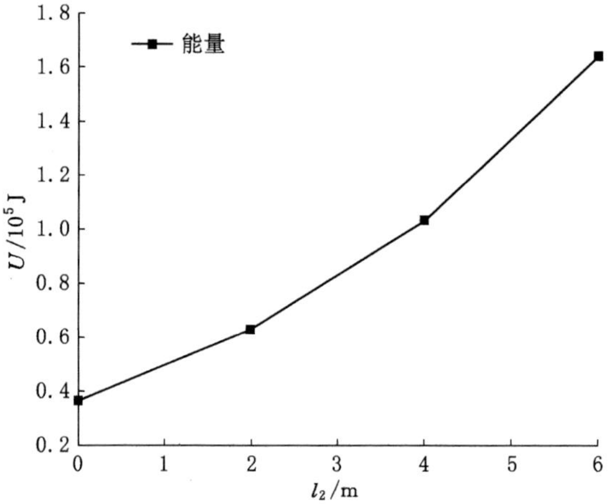

图 3-18　煤壁屈服区宽度对关键层周期来压前存储能量的影响

前者的 1.6 倍。结合图 3-18 中可以看出，随着煤壁屈服区宽度不断增加，弹性能呈非线性增长。

上述分析表明，超前支承压力峰值点与煤壁之间的距离 l_2 不断增加，在超前支承压力峰值不断增长的同时，关键层在煤壁前方的弯曲应变能积聚区不断向前移动，且储存的能量随之迅速增长，周期断裂期间将释放出更大的弹性能。

第四章　浅埋关键层开裂及垮落机理研究

第一节　关键层及覆岩垮落机理的理论分析

层状岩层的稳定是地下空间围岩控制面临的主要情况，这些层状岩层内会出现一定量分布不均匀的竖向节理面，这些节理面可能是原岩形成过程中产生的，也有部分是地下空间开挖后岩层变形产生的受拉开裂所致。这些含有一定量竖向节理面的层状岩层的稳定通常是地下空间或煤层顶板所面临的主要问题。

在很少的情况下岩层只有一个主要界面，就是岩层与岩层的软弱面。这种情况下顶板的稳定和变形可以用传统的弹性梁理论来计算。但在很多情况下，顶板内会存在一定量由各种原因引起的竖向开裂面，这些开裂面贯通整个岩层，使得顶板不能简单地用连续的弹性梁进行假设和分析。如图 4-1 所示，当节理面倾角较大时，可以用压力拱结构来求分析岩层的稳定。

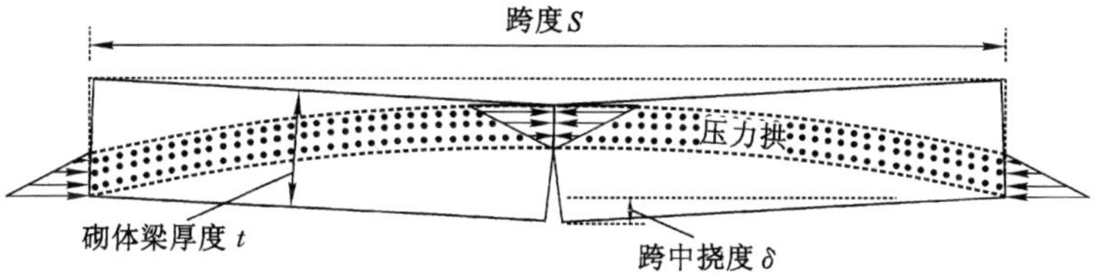

图 4-1　压力拱结构简图

Sterling[65] 于 1980 年首先假设了岩梁的破断模式，并通过实验室测试验证了自己的假设。他认为岩梁的主要破坏模式有屈曲失稳、跨中和岩梁两侧支撑端的水平挤压破坏失稳、切落失稳和岩梁内部的三角形开裂失稳，如图 4-2 所示。当岩梁的厚/跨比较大(厚梁)时，容易发生沿两侧支承端的切落失稳或挤压破坏失稳；当岩梁的厚/跨比较小(薄梁)时，容易发生屈曲失稳。

Ran 等[66]通过分析大量的数据发现，如果贯穿岩梁的竖向节理面与垂直岩梁水平轴的平面的夹角小于开裂面摩擦角的 1/3，通过砌体梁理论求解是

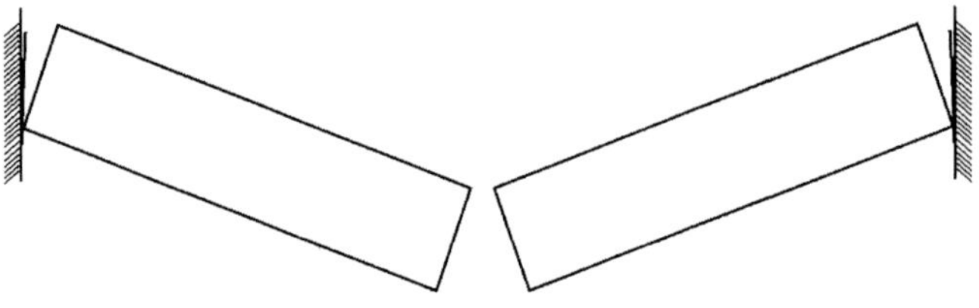

(a) 屈曲失稳

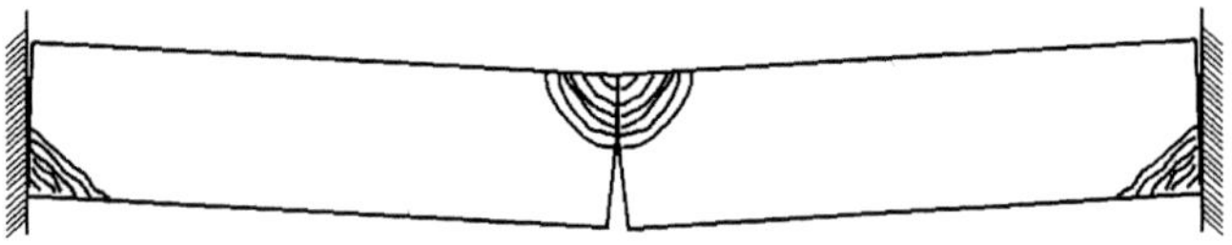

(b) 挤压破坏失稳

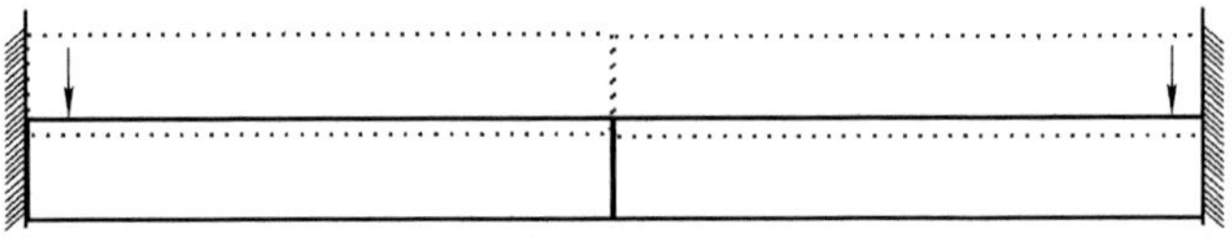

(c) 切落失稳

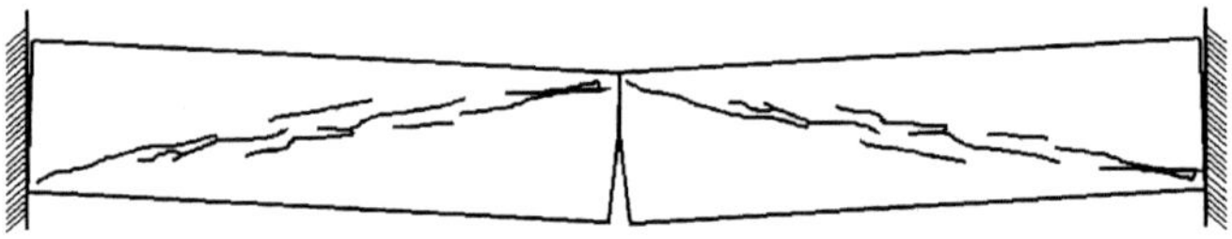

(d) 岩梁内部三角形开裂失稳

图 4-2　砌体梁失稳模式

合理的。Stimpson 等[67]通过物理实验发现，当给较厚岩梁表面施加一定的竖向荷载时，可以让岩梁产生起源于两侧支承端下侧并逐渐延伸到跨中上侧斜裂缝，与压力拱的轴线平行。但这种破坏模式是通过给岩梁加载而产生的，可能适用于岩梁内部存在微裂隙或薄弱的情况。

下面将总结归纳通过迭代循环计算方法计算砌体梁稳定的推导过程，该计算方法首先由 Lorig 等[171]提出，后经 Diederichs 等[172]进一步完善。

一、砌体梁理论回顾

假设在采空区上方水平分布的层状岩梁的跨度为 S，单个岩梁的厚度为 t；岩梁是弹性体，岩梁内部没有节理面的分割且截面形状保持不变；分布在岩梁内部的拉应力和压应力沿岩梁的中轴线呈对称分布（见图 4-3）。由下面方程[式(4-1)、式(4-2)]的解可以知道，弹性梁的最大弯矩点产生在两侧支撑端岩梁的上侧，则岩梁的最大拉应力产生在同一个位置，岩梁的最大挠度产生在跨中。那么，可通过下式分别计算岩梁的最大拉应力值 σ_{max} 和跨中最大挠度

值 δ 分别为[215]：

$$\sigma_{\max} = \frac{\gamma S^2}{2T} \tag{4-1}$$

$$\delta = \frac{\gamma S^2}{32E t^2} \tag{4-2}$$

式中　E——岩梁的弹性模量；

γ——岩梁的容重。

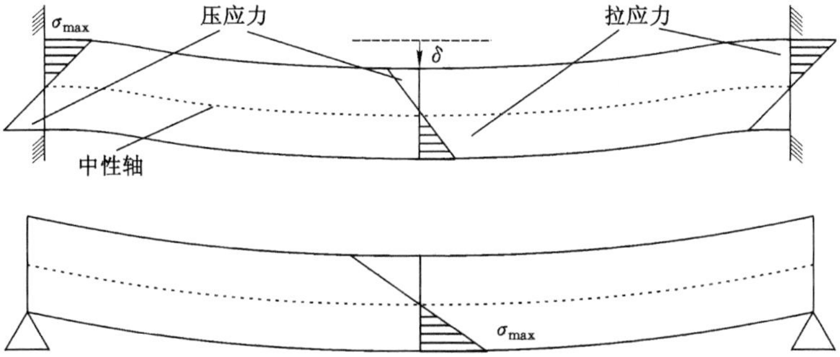

图 4-3　压力拱结构简图

当分布在两侧固支端岩梁上侧的最大拉应力超过其抗拉强度时，将在该点产生竖向受拉开裂面，此时岩梁可简化为两端铰支的简支梁结构(假设岩梁没有沿支撑端发生切落失稳)，如图 4-3 所示。那么，岩梁的最大拉应力发生在跨中下侧。

$$\sigma_{\max} = \frac{2\gamma S^2}{3T} \tag{4-3}$$

当跨中下侧最大拉应力超过岩梁的抗拉强度时，岩梁将沿跨中产生新的竖向开裂面。岩梁的开裂过程会伴随着弹性能的释放，释放的弹性能会促成覆岩的微震事件发生。特别是岩层埋深较浅时，坚硬岩层的破断主要为受拉开裂。随着岩层的埋深逐渐增加，坚硬岩层的破坏由受拉逐渐转化为受剪破坏。因此，对于神东浅埋煤层的覆岩稳定分析，坚硬岩梁的初始破断以受拉破坏为主，覆岩中的微震事件也多由坚硬岩梁的受拉开裂所释放的弹性能所致。

随着采空区范围不断增加，上覆岩层很难保持连续的弹性梁，因而，在很多情况下岩层是由连续的弹性梁转化为含有竖向开裂节理的砌体梁。在这个转化过程中，岩梁的开裂是不可避免的。此时，岩梁的抗拉强度几乎消失，岩梁的稳定是通过砌体梁在两侧支座的岩梁下侧和跨中岩梁上侧形成的压力拱结构来维持平衡的。

如图 4-4 所示，对于半跨砌体梁结构来说，在一侧支座处岩梁下侧和跨中岩梁上侧产生的水平挤压反力所形成的力矩，用来抵抗由岩梁自重作用所产生的垮落力矩。如果岩梁内对称分布的水平反力未知，为了使平衡方程可解，则需要假设压力拱的厚度 Nt。在求解时假设 N 值为 0.5，通过数值模拟发现极限平衡 N 值为 0.7。为了简化求解取 N 值为 0.5。本书认为 N 值是不断变化的，当 N 值在 0.75 左右时岩梁是稳定的，当 N 值低于 0.5 时岩梁接近临界失稳的状态。

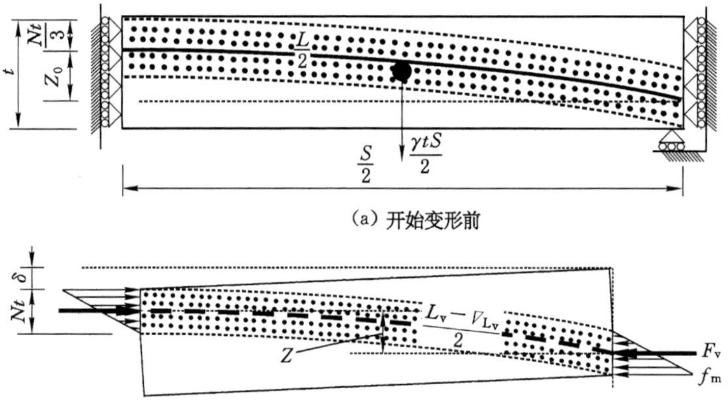

(a) 开始变形前

(b) 开始变形后

图 4-4　砌体梁压力拱结构力学分析图

压力拱的平均厚度 Nt 在初始阶段是未知的，在支座处和跨中的水平应力之间的最大力臂 Z_0 也是未知的。根据 Lorig 等[171]所采用的计算方法，在岩梁产生挠曲变形之前，假设砌体梁的初始力臂 Z_0 为：

$$Z_0 = t(1 - \frac{2}{3}N) \tag{4-4}$$

压力拱在岩梁内的拱轴线长度为

$$L_v = S + \frac{8}{3S}Z_0^2 \tag{4-5}$$

方程(4-5)是假设压力拱的拱轴线形状为抛物线。Ran 等[66]的数值模拟和 Stimpson 等[67]的物理相似模拟结果证实了该假设的合理性。之后该方程又被 Beer 等[173]进行了矫正。

为了使得压力拱结构力学模型可解，需要假设岩梁在自身重力作用下能够形成稳定的压力拱结构，则其自重所产生的失稳力矩为：

$$M_w = \frac{\gamma tS^2}{8} \tag{4-6}$$

要想保持砌体梁结构的稳定，压力拱结构在跨中和支座处的水平应力能够形成一个足够大的反力矩来维持其稳定。假设梁的跨中挠度为 δ，则压力拱所形成的反力矩 M_R 力臂为：

$$M_R = FZ = \frac{f_m NtZ}{2} \tag{4-7}$$

$$Z = Z_0 - \delta \tag{4-8}$$

式中　f_m——压力拱结构在跨中和支座处的最大水平应力(该应力在支座处岩梁的底部，在跨中岩梁的顶部)，MPa。

在方程(4-1)中，岩梁的容重 γ 可以用有效比重 γ_e 来代替，即

$$\gamma_e = \gamma\cos\alpha \tag{4-9}$$

式中　α——岩层与水平面之间的夹角，(°)。

式(4-9)仅考虑岩层沿垂直于岩层方向的分力。由上面的公式可知，对于倾斜的梁来说，倾角越大岩梁越容易稳定，这与工程实际较为符合。

此外，其他结构对岩梁的支承作用也可以通过调整有效比重来计算：

$$\gamma_e^* = \gamma_e - \frac{p}{t} \tag{4-10}$$

式(4-10)是针对岩梁所受下侧支承反力 p 沿整个岩梁均匀分布这种情况计算而来的，如图 4-5 所示。

如果支承反力是如图 4-5 所示的三角形分布，则岩梁的有效比重为：

$$\gamma_e^* = \gamma_e - \frac{2p}{3t} \tag{4-11}$$

这个关系式的计算是根据岩梁受到外荷载后沿支座处产生的失稳力矩等于岩梁在新的有效比重作用下沿支座处产生的失稳力矩计算而来。

类似地，岩梁受图 4-5(c)所示沿抛物线分布的支承反力作用和沿抛物线分布的竖向压力作用的有效比重如下。

对于沿抛物线分布的支承反力作用：

$$\gamma_e^* = \gamma_e - \frac{7p}{9t} \tag{4-12}$$

对于沿抛物线分布的竖向压力作用：

$$\gamma_e^* = \gamma_e + \frac{7p}{9t} \tag{4-13}$$

对于神东浅埋煤层的关键层来说，它除了承担自身重力外，还要承担其上部部分失去稳定或接近失去稳定岩梁的压力作用。根据本章和第五章的数值模拟结果，关键层所受的竖向压力分布大体形状为三角形，在煤壁上方所受的

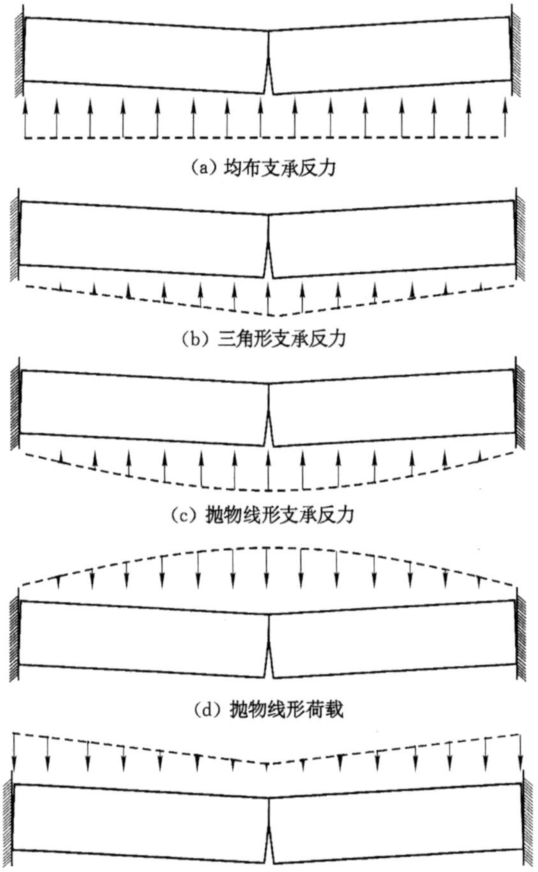

(a) 均布支承反力

(b) 三角形支承反力

(c) 抛物线形支承反力

(d) 抛物线形荷载

(e) 关键层倒三角形荷载

图 4-5　砌体梁荷载形式

压力最大，在跨中所受的压力最小。因而，为了方便计算，关键层所受的竖向荷载分布形状如图 4-5(e)所示。在煤壁上方的压力为 p，在跨中的压力为 0，则关键层的有效比重为：

$$\gamma_e^* = \gamma_e + \frac{p}{3t} \tag{4-14}$$

假设压力拱结构在砌体梁跨中截面和支座上方截面的水平方向应力分布为三角形[图 4-4(b)]，可以获得关于最大水平应力的方程：

$$f_m = \frac{\gamma_e^* S^2}{4NZ} \tag{4-15}$$

为了计算砌体梁在上述跨中和支座处水平应力作用下产生的收缩变形

（可以根据该变形量间接计算岩梁跨中挠度增量），需要对水平应力在岩梁内部的分布进行假设。岩梁内全截面的平均水平应力（f_{av}）与最大水平应力（f_m）之间的关系式为：

$$f_{av} = \frac{f_m}{2}\left(\frac{3}{2} + \frac{N}{2}\right) \tag{4-16}$$

但是经过 Diederichs 等[172]的仔细检查发现这样的假设不够合理，后经 Ran 等[66]的数值模拟结果证实水平应力在岩梁内部的分布为拱形抛物线状，最后经过修改，给出岩梁截面内平均水平应力分布与最大水平应力之间的关系为：

$$f_{av} = \frac{f_m}{3}\left(\frac{3}{2} + N\right) \tag{4-17}$$

岩梁在两端水平应力作用下产生的弹性收缩变形为：

$$\nabla_{L_v} = L_v \frac{f_{av}}{E} = \frac{L_v}{E} f_m \left(\frac{2}{9} + \frac{N}{3}\right) \tag{4-18}$$

式中　E——岩体平行于岩层走向的弹性模量，GPa。

上述岩梁的收缩变形将导致岩梁在跨中的挠度进一步增加，此时需要新的反力臂来维持砌体梁结构的稳定：

$$Z = \sqrt{\frac{3S}{8}\left(\frac{8}{3S}Z_0^2 - \nabla_L\right)} \tag{4-19}$$

岩梁的跨中挠度 δ 通过 $Z-Z_0$ 来计算，如果式(4-19)中根号里的计算结果为负数，说明岩梁的跨中挠度已经超过了能够保持自身稳定所需要的临界挠度，即岩梁发生了失稳。随着岩梁跨中挠度的不断增加，维持岩梁稳定的反力矩 M_R 的最大水平应力 f_m 会不断增加，则岩梁会被进一步压缩，从而导致岩梁跨中挠度的进一步增加，使得反力矩的力臂 Z 越来越小，直到力臂小到无法形成足够的反力矩来维持岩梁的稳定而最终导致岩梁的彻底失稳。这种失稳形式叫作屈曲失稳。岩梁失稳时会有一个对应的临界压力拱厚度 Nt。如果没有一个对应的 N（取值在 0～1 之间）使得岩梁保持稳定，即认为岩梁最终失稳。

为了获得砌体梁的平衡解，压力拱假说[174]选择抵抗力矩 M_R 和力臂最大化，他这样的选择难免有些随意。在求解过程中，Lorig 等[171]采用松弛法来计算压力拱厚度 Nt 和临界抵抗弯矩所对应的力臂 Z。对应每对特定的 N 和 Z 均可获得一组解。但是 Diederichs 等[172]发现该方法在求解过程中很不稳定，且收敛较难。幸运的是在求解平衡方程的过程中可以获得所有解中最大水平应力 f_m 最小的一组解。

Diederichs 等[172]在求解过程中，将压力拱厚度计算公式中的 N 值在其有限范围内(0～1)每次增加一个很小的值(如 0.01)。而力臂 Z 是通过迭代的方式不断修正，这样可以通过相对较少的步骤获得对应每个 N 的收敛解。对于一个处于临界状态以内的稳定梁来说，岩梁的几个形状和岩体力学参数是给定的，那么就可以获得对应所有 N 值的唯一解 Z。而在岩梁的众多组解中，选取与最小的 f_m 对应的一组解。当岩梁接近失稳的临界状态时，可以获得相应的唯一一组对应 N 和 Z 的解。最后，再把 Z 和 Z_0 代入计算岩梁跨中挠度 δ 的公式中，便可获得岩梁的跨中挠度，通过建立相应的迭代循环程序可获得上述解。

二、水平应力作用下砌体梁稳定

通过前面的论述可知，已有文献大多未充分考虑在求解砌体梁稳定的过程中原岩水平应力的影响。而原岩水平应力的分布与岩层埋深、岩层自身的厚度和力学参数有着直接的关系。因而，本节将根据神东浅埋煤层覆岩分布的基本特征，充分考虑岩层水平应力随埋深变化而变化这一特征，建立岩梁在不同原岩水平应力作用下的平衡方程。

假设岩层均为层状分布，岩层之间的水平节理面将每一层岩层彼此分开，每一岩层可以单独自由变形。以单位宽度的岩梁为例，假设每个岩梁的原岩水平应力在其竖向截面的分布是均匀的，不同岩梁厚度将会产生不同的原岩总水平应力，如图 4-6 所示。

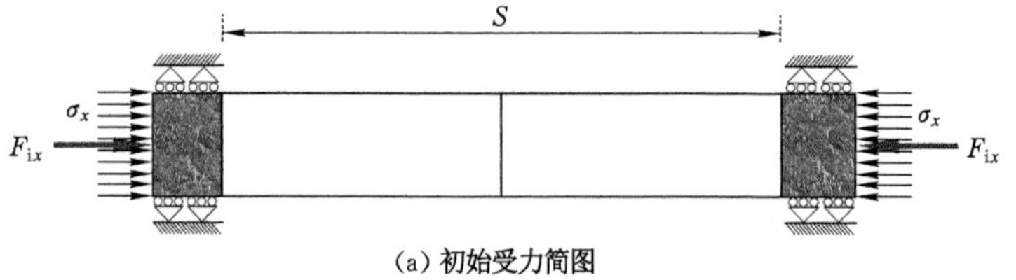

(a) 初始受力简图

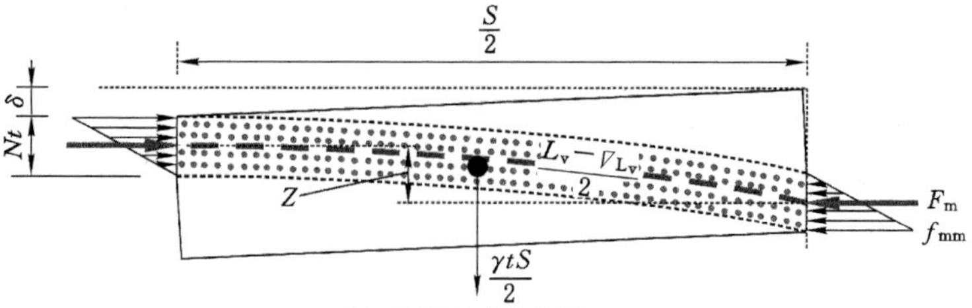

(b) 变形后力学结构简图

图 4-6　砌体梁在水平应力作用下的力学结构图

岩梁的原岩水平应力 σ_x 与整个岩梁内的原岩总水平应力 F_{ix} 之间的关系：

$$F_{ix} = \sigma_x t \tag{4-20}$$

岩梁的原岩总水平应力等于岩梁截面内原岩水平应力的总和。因而，在开挖前后岩梁在每个截面的原岩水平应力和原岩总水平应力保持不变。当煤层开挖后，坚硬顶板形成砌体梁结构，岩梁沿跨中和两侧支撑端开始旋转变形，由前面的理论分析可知，每一个 N 值均有与其对应的最小 f_m 值，则此时维持岩梁稳定的总水平应力为：

$$F_v = \frac{1}{2} f_m N t \tag{4-21}$$

在特定的压力拱厚度 Nt 范围内，原岩总水平应力 F_{ix} 对应的最大水平应力 f_{im} 为：

$$f_{im} = \frac{2\sigma_x}{N} \tag{4-22}$$

由原岩水平应力作用产生的最大水平应力 f_{im} 和由砌体梁理论求解得到的 f_m 之间存在以下两种可能：

(1) 当 $f_{dm} = f_m - f_{im} \leqslant 0$ 时，间接说明此时砌体梁维持平衡所需要的岩梁内原岩总水平应力 F_v 小于原岩水平应力作用下产生的岩梁内原岩总水平应力 F_{ix}。由前面假设和论述可知，在砌体梁失稳前的任何阶段，岩梁内原岩总水平应力 F_m 不会低于原岩水平应力作用下在岩梁内部产生的原岩总水平应力 F_{ix}，则此时岩梁内总水平应力 F_m 和最大水平应力 f_{mm} 分别为：

$$F_m = F_{ix} \tag{4-23}$$

$$f_{mm} = f_{im} \tag{4-24}$$

对于由 N 和 Z 值计算得到的压力拱平衡总水平应力 F_v 小于岩梁内原岩总水平应力 F_{ix}，若忽略岩梁由于蠕变和塑性变形等而产生的应力松弛现象，则采空区上方的砌体梁内总水平应力要大于等于原岩总水平应力 F_{ix}。因此，求解的 N 和 Z 值不变，假设此时压力拱两侧的最终水平应力按三角形力分布保持不变，则压力拱两侧最大水平应力 f_{mm} 为：

$$f_{mm} = f_m \tag{4-25}$$

这在岩梁特定的旋转变形过程中，在有效接触面 Nt 范围内，原岩总水平应力能够满足砌体梁的平衡，此时岩梁不会由 f_{im} 的存在而产生水平方向的挤压收缩变形 ∇_L。其理由是此时砌体梁结构所承受的总水平应力等于原岩总水平应力，即岩梁内的水平应力没有发生变化。因而，岩梁在原岩水平应力作用下即可以实现自身的稳定，砌体梁跨中挠度也不会进一步增加。

(2) 当 $f_{dm}=f_m-f_{im}>0$ 时，说明此时砌体梁维持平衡所需要的岩梁内总水平应力 F_v 大于原岩水平应力作用下产生的岩梁内原岩总水平应力 F_{ix}，则此时岩梁内总水平应力 F_m 和最大水平应力 f_{mm} 分别为：

$$F_m = F_v \tag{4-26}$$

$$f_{mm} = f_m \tag{4-27}$$

此时在压力拱支撑端的原岩最大水平应力 f_{im} 不能完全满足压力拱平衡所需要的最大水平应力 f_m，为了保持砌体梁的稳定，需要超出原岩总水平应力的额外的水平应力 F_d 来维持其平衡：

$$F_d = F_x - F_{ix} = \frac{1}{2}Nt(f_m - f_{im}) = \frac{1}{2}Ntf_{dm} \tag{4-28}$$

$$f_{dm} = f_m - f_{im} \tag{4-29}$$

式中，f_{dm} 为 F_d 在砌体梁旋转变形后的有效接触面 Nt 范围内的最大水平应力。此时，最大水平应力 $f_{mm}=f_m$。

由于此时压力拱稳定需要超出原岩最大水平应力 f_{im} 的 f_{dm} 来维持平衡，则 f_{dm} 会对弹性岩梁产生水平压缩量 ∇_{L_v}。由已有的研究成果可知

$$f_{av} = \frac{f_{dm}}{3}\left(\frac{2}{3} + N\right) \tag{4-30}$$

$$\nabla_{L_v} = \frac{f_{av}}{E}L_v \tag{4-31}$$

结合 Diederichs 等[172]的部分研究成果，考虑原岩水平应力作用下的砌体梁稳定求解流程图如图 4-7 所示。

对应砌体梁在跨中和两端的受压破坏的安全系数计算方法，岩石的单轴抗压强度与砌体梁模型中的最大水平应力 f_{mm} 的比值为：

$$F.S._c = \frac{\sigma_c}{f_{mm}} \tag{4-32}$$

式中，$F.S._c$——对应砌体梁在跨中和两端的受压破坏的安全系数。

对应砌体梁沿煤壁处的竖向切落的安全系数计算方法为：

$$F.S._s = \frac{f_{mm}N}{\gamma_e^* S}\tan\varphi \tag{4-33}$$

式中 φ——岩梁的内摩擦角；

$F.S._s$——对应岩梁沿煤壁处的竖向切落的安全系数。

为了定量化描述砌体梁的稳定状态，Diederichs[172] 等引入了屈曲极限 BL 的概念。即在每一组临界状态的解中，与最小 f_{mm} 相对应的 N_{max}、N_{min} 之

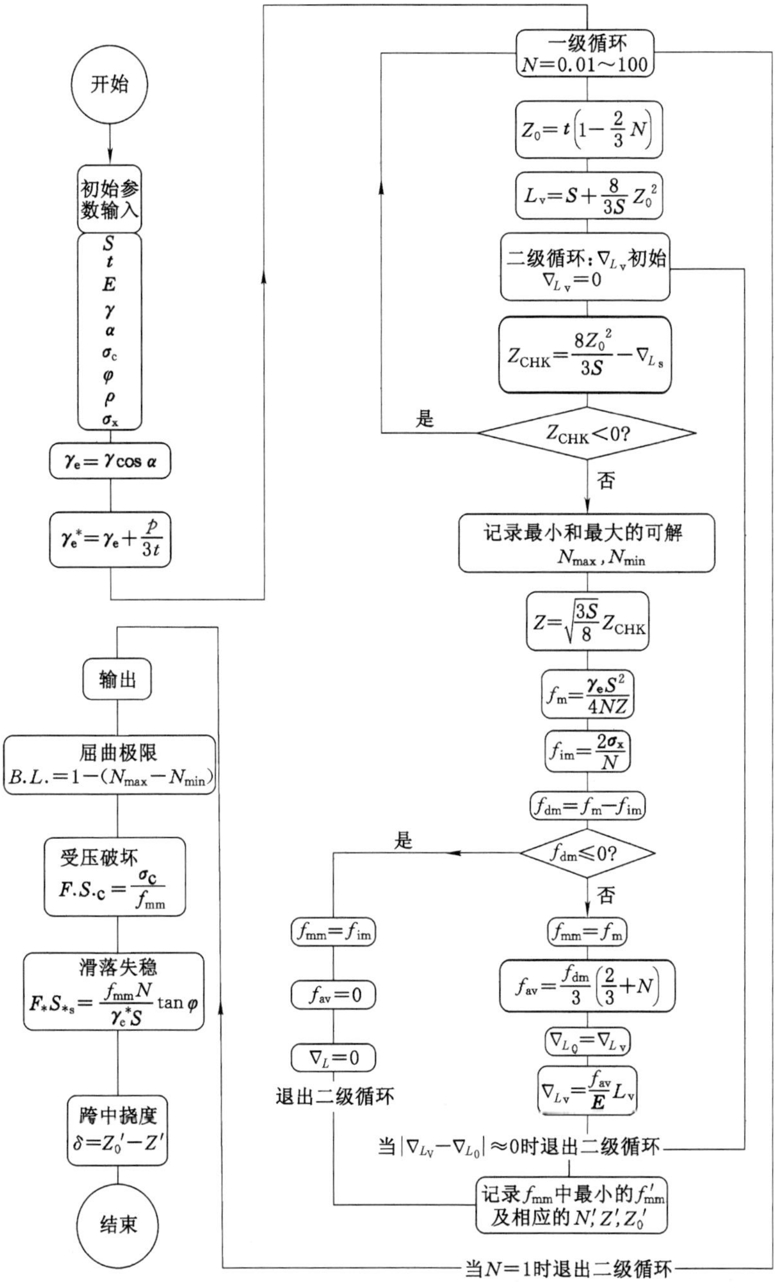

图 4-7　砌体梁稳定求解流程图

间存在如下关系：

$$BL = 1 - (N_{max} - N_{min}) \tag{4-34}$$

研究表明，当屈服极限 $BL<0.35$ 时，即接近临界失稳状态。而 Beer[173] 等认为岩梁失稳时屈曲极限 $BL=1$。也就说砌体梁无法获得足够的压力拱厚度 Nt 来维持自身平衡。而对于工程设计来说，应该留有富余量，尽量避免采用过大的屈曲极限。

为了获得合理的屈曲极限值，Diederichs 等[172] 通过综合分析跨中挠度、岩梁厚度等参数与屈曲极限之间的关系，认为岩梁最终失稳的屈曲极限为 1，此时对应岩梁的跨中挠度为岩梁厚度的 0.25 倍。而当屈曲极限为 0.35 时，跨中挠度为岩梁厚度的 0.1 倍。因此，本书采用砌体梁屈服时屈曲极限为 0.35，最终失稳时屈曲极限为 1。下面将岩梁屈曲极限 0.35 和 1 分别作为岩梁屈服和最终失稳两个临界值，综合考虑其他参数变化与岩梁稳定之间的关系进行系统的参数分析。

三、参数分析

1. 基本参数分析

假设砌体梁厚度为 1 m(单位厚度)，岩梁所受荷载为自重，重力密度为 25 kN/m³。砌体梁跨度与屈曲极限之间的关系如图 4-8 所示。从图中可以看出，当砌体梁的弹性模量不变时，随着跨度的增加，砌体梁的屈曲极限不断增加，当屈曲极限达到 1 时，整个岩梁无法形成足够的反力矩承担其在自身重力

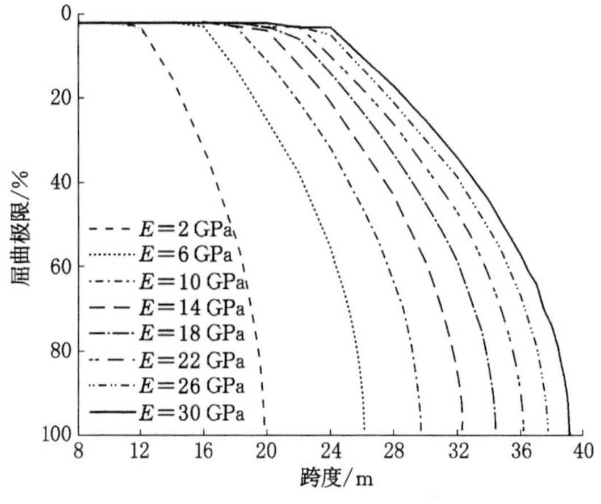

图 4-8　砌体梁跨度与其屈曲极限之间的关系

作用下产生的屈服失稳。当砌体梁弹性模量为 2 GPa 时，能够保持自身稳定的极限跨距为 19.3 m，随着砌体梁弹性模量增加至 30 GPa，极限跨距可达 38.8 m，极限跨距增加了 1 倍。

图 4-9 所示为砌体梁跨中挠度与梁内最大水平应力之间的关系。从图中可以看出，当砌体梁弹性模量保持不变时，随着砌体梁跨中挠度的增加，砌体梁在跨中和两侧支撑端处的最大水平应力几乎呈线性增加。这是因为跨中挠度越大，维持砌体梁结构稳定的反力矩力臂不断减小，则需要更大水平应力来获得岩梁的平衡。随着砌体梁弹性模量的增加，在相同挠度情况下，水平应力更大。将屈曲极限分别为 0.35 和 1 的两个阶段作为判别砌体梁屈服和垮落的标准，从图中可以看出，屈曲极限为 0.35 和 1 时的跨中挠度为 100 mm、350 mm，占砌体梁总厚度分别为 10%和 35%左右，与 Diederichs 等[172]的研究结果相同。因而可以根据砌体梁跨中挠度与总厚度的比值来判别其稳定性。

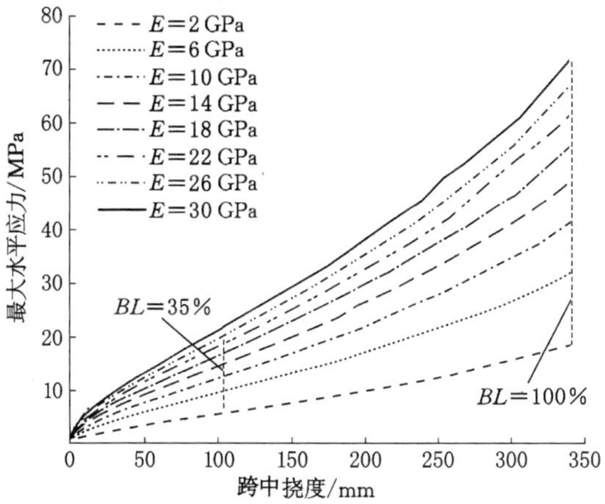

图 4-9 砌体梁跨中挠度与梁内最大水平应力之间的关系

图 4-10 所示为砌体梁跨中挠度与梁内总水平力之间的关系。由图可知，当弹性模量保持不变时，随着砌体梁跨中挠度的增加，梁内的总水平力随之增加。当砌体梁的屈曲极限小于 0.35 时，跨中挠度的增加对梁内总水平力的影响较大，随着屈曲极限进一步增加，总水平力增加幅度开始减弱。砌体梁内的总水平力随着弹性模量的增加而增加。

图 4-11 所示为砌体梁跨度与其竖向位移之间的关系。从图中可以看出，砌体梁竖向位移随跨度的增加而大幅增加。在相同跨度情况下，弹性模量越大，竖向位移越小。

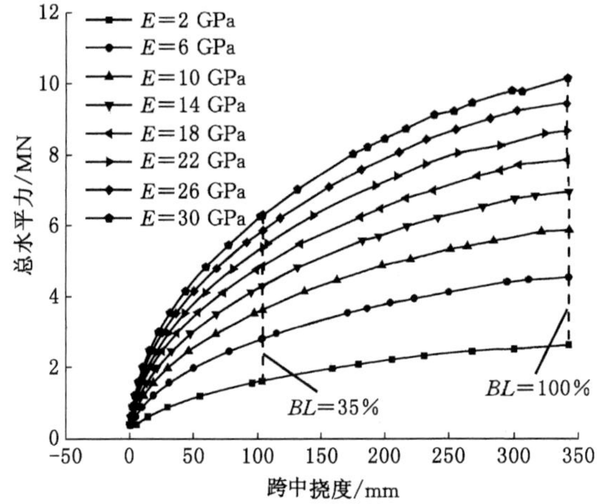

图 4-10　砌体梁跨中挠度与梁内总水平力之间关系

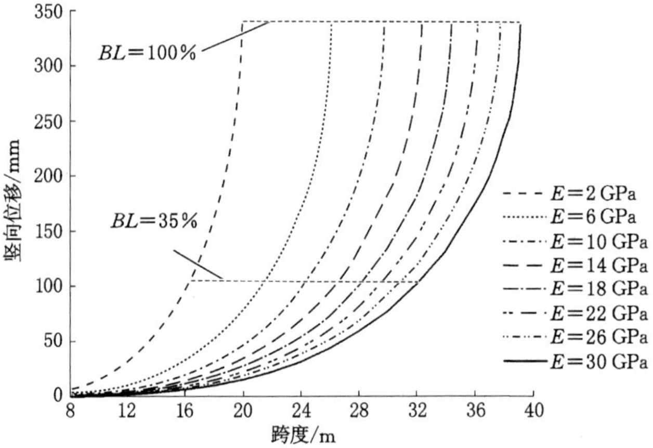

图 4-11　砌体梁跨度与其跨中挠度之间的关系

图 4-12 所示为砌体梁跨度与梁内最大水平应力之间的关系。从图中可以看出，砌体梁跨度增大，梁内的最大水平应力随之增大。在相同跨度情况下，屈曲极限越小，最大水平应力越小。弹性模量越大，砌体梁极限跨距增加的同时，最大水平应力也随之增加。

2. 考虑原岩水平应力作用的参数分析

为了进一步分析不同原岩水平应力作用下砌体梁的变形和受力情况，根据浅埋煤层不同埋深原岩水平应力的分布规律，分别取原岩水平应力为

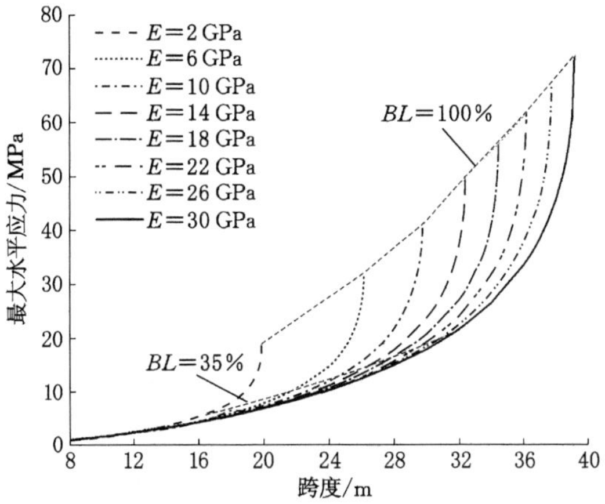

图 4-12　砌体梁跨度与梁内最大水平应力之间的关系

0 MPa、1 MPa、2 MPa、3 MPa、4 MPa 和 5 MPa 进行相应基本规律分析。砌体梁厚度仍为 1 m，弹性模量保持 14 GPa 不变。

图 4-13 所示为不同原岩水平应力作用下砌体梁跨度与屈曲极限之间的关系。从图中可以看出，当砌体梁跨度相同时，水平应力越大，屈曲极限越小。当屈曲极限保持不变时，随着水平应力的增加，梁的跨度随之增加。上述现象说明原岩水平应力越大，越有利于岩层的稳定。

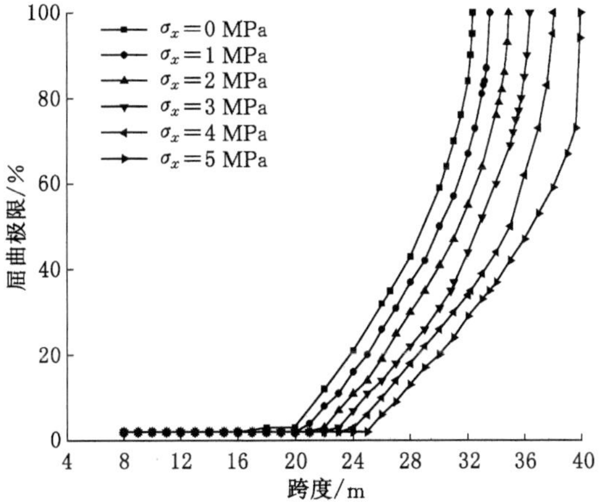

图 4-13　不同原岩水平应力作用下砌体梁跨度与屈曲极限之间关系

图 4-14 所示为不同原岩水平应力作用下砌体梁跨中挠度与梁内总水平力之间的关系。从图中可以看出，当砌体梁跨中挠度保持不变时，梁内总水平

力随原岩水平应力的增加而增加。当保持砌体梁内总水平力不变时，随着原岩水平应力的增加，跨中挠度变小。原岩水平应力越大，砌体梁达到屈服和失稳时的跨中挠度越小。上述规律说明，原岩水平应力越大，砌体梁破断时的变形量越小，增加了失稳的突然性。

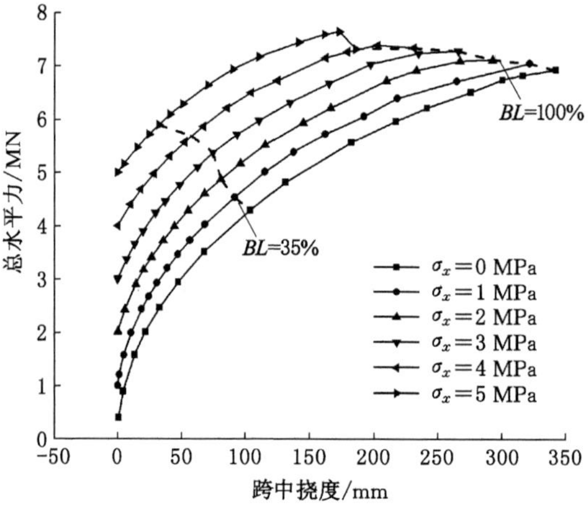

图 4-14　不同原岩水平应力作用下砌体梁跨中挠度与梁内总水平力之间的关系

图 4-15 所示为不同原岩水平应力作用下砌体梁跨度与梁内最大水平应力之间的关系。从图中可以看出，当砌体梁跨中挠度保持不变时，原岩水平应力越大，梁内的最大水平应力越大，因此，增加了砌体梁由屈曲失稳向挤压破坏失稳的转变概率。

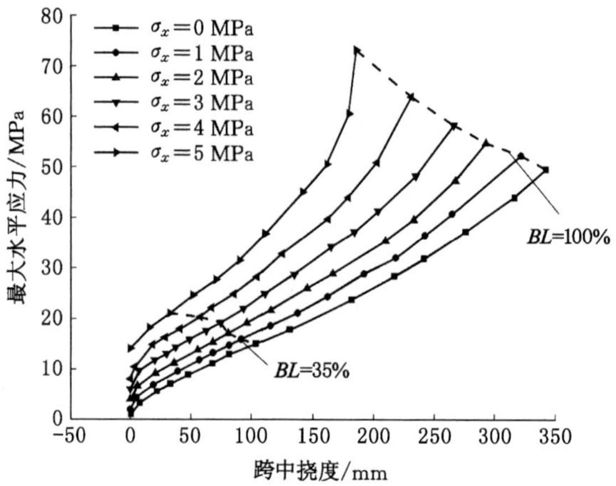

图 4-15　不同原岩水平应力作用下砌体梁跨度与梁内最大水平应力之间的关系

图 4-16 所示为不同原岩水平应力作用下砌体梁跨度与压力拱厚度（Nt）之间的关系。从图中可以看出，砌体梁跨度越大，压力拱厚度越小，即砌体梁旋转后梁与梁和梁与支撑端之间的接触面积越小。当砌体梁跨度保持不变时，随原岩水平应力的增加，压力拱厚度随之增加。

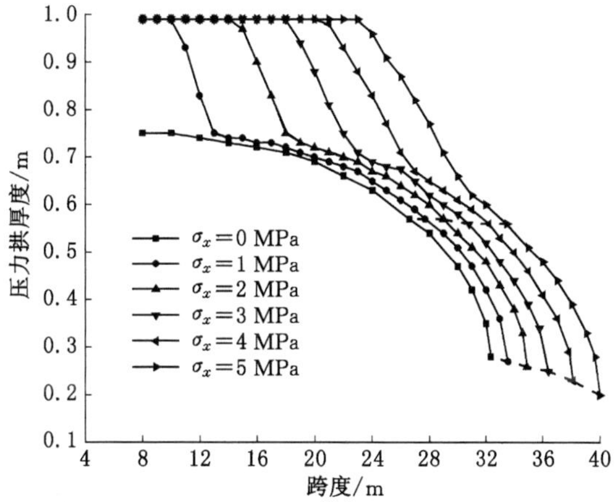

图 4-16　不同原岩水平应力作用下砌体梁跨度与压力拱厚度之间的关系

图 4-17 所示为不同原岩水平应力作用下砌体梁跨度与梁内总水平力之间的关系。从图中可以看出，总水平力不小于原岩水平应力作用下梁内的总

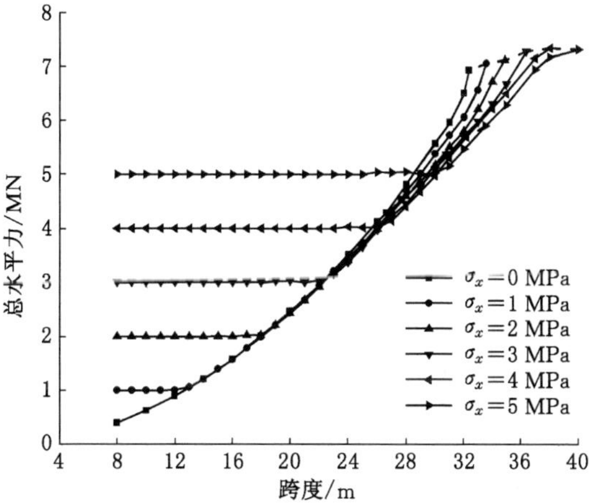

图 4-17　不同原岩水平应力作用下砌体梁跨度与梁内总水平力之间的关系

水平力，当跨度较小时，砌体梁通过原岩水平应力即可以维持自身的稳定，随着跨度的逐渐增加，各曲线会与无原岩水平应力作用下的曲线汇合，各曲线交叉后，跨度进一步增加，梁内的总水平力随原岩水平应力的增加而降低。这是由于原岩水平应力的存在使得维持相同跨度砌体梁稳定所需要的额外水平应力降低，从而降低了砌体梁水平收缩和竖向变形，则维持砌体梁稳定的反力矩力臂随之增加所致。

图 4-18 所示为不同原岩水平应力作用下砌体梁跨度与梁内最大水平应力之间的关系。从图中可以看出，原岩水平应力对梁内最大水平应力之间的关系与该图相似。其区别是当砌体梁跨度增加至 23 m 左右时，所有曲线出现交叉，之后随着跨度的增加，最大水平应力随原岩水平应力的增加而反向降低，其原因同上。

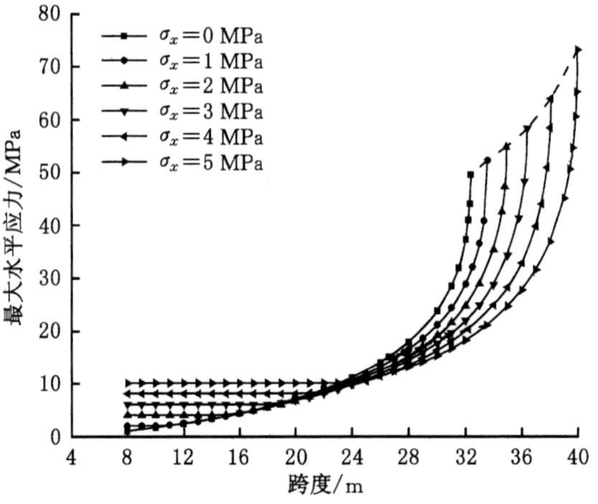

图 4-18　不同原岩水平应力作用下砌体梁跨度与梁内最大水平应力之间的关系

3. 考虑尺寸和荷载作用的参数分析

下面分析砌体梁不同尺寸情况下的变形和极限跨距。

图 4-19 所示为分别考虑原岩水平应力为 0 MPa 和 3 MPa 以及砌体梁的屈曲极限分别为 35％和 100％情况下的砌体梁厚度与跨中挠度之间的关系。当屈曲极限保持不变时，砌体梁的厚度越大，跨中挠度越大，即砌体梁失稳时可以产生更大的变形量。砌体梁在同样厚度情况下随着原岩水平应力作用的增加，跨中挠度变小，即砌体梁失稳更具突然性。

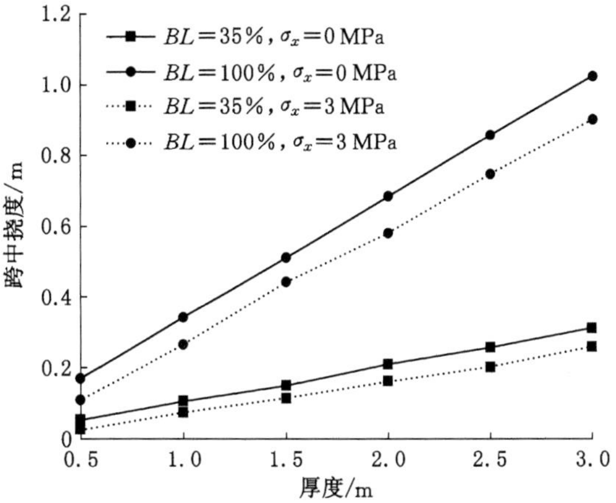

图 4-19　砌体梁厚度与跨中挠度之间的关系

图 4-20 所示为砌体梁厚度与梁内总水平力和最大水平应力之间的关系。从图中可以看出，当屈曲极限和原岩水平应力保持不变时，砌体梁厚度越大，总水平力越大。而在砌体梁厚度和屈曲极限相同的情况下，原岩水平应力越大，总水平力和最大水平应力随之增加。

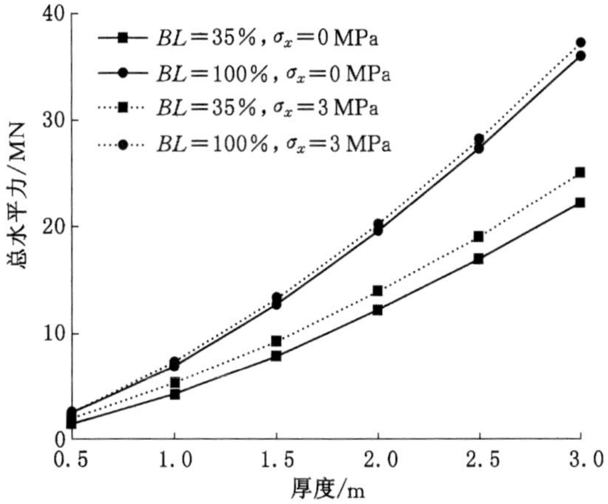

(a) 厚度与总水平力

图 4-20　砌体梁厚度与梁内最大水平应力和总水平应力之间的关系

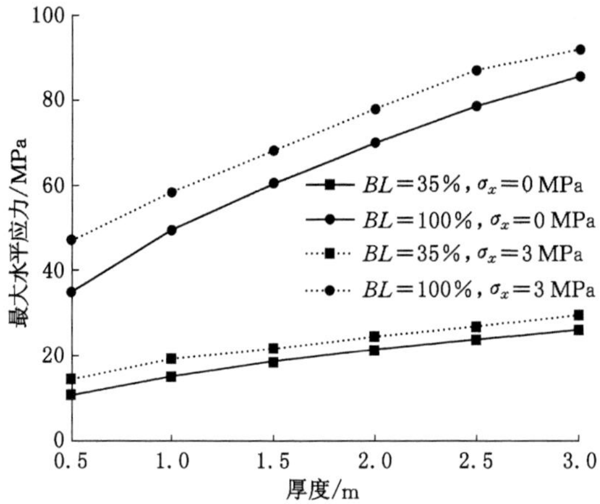

(b) 厚度与最大水平应力

图 4-20（续）

图 4-21 所示为砌体梁厚度与极限跨距之间的关系。从图中可以看出，在相同屈曲极限和原岩水平应力作用下，砌体梁厚度增加，发生屈曲失稳破坏的极限跨距大幅增加，这里没有考虑岩体内最大水平应力是否超过岩体的抗压强度。取岩体的抗压强度为 40 MPa 时，保持原岩水平应力为 3 MPa，当砌体梁内的最大水平应力超过抗压强度时，即认为发生受压破坏失稳。考虑砌体梁受压破坏失稳的厚度与极限跨距之间关系曲线与按屈曲极限为 0.35 时屈曲失稳的极限跨距关系曲线走势相似，极限跨距值接近。

浅埋煤层上覆岩层的分层厚度差距较大，岩层分层厚度多在 0.5～3.0 m 之间，而在覆岩中起关键支撑作用的关键层，其变形和破断决定整个上覆岩层的运动，因而关键层的分层厚度相对较大，其弹性模量和抗压强度等力学参数均相对较大。因此，根据神东浅埋煤层覆岩分布的基本特征，取关键层的分层厚度为 8 m，由关键层的初次来压步距可知其极限跨距在 62 m 左右。因此，关键层破断后所形成的砌体梁结构横跨采空区，并延伸至煤壁前方一定距离内，所以其极限跨距大于 62 m。再考虑到短壁回采中支巷的宽度，区段内最后一条支巷的回采可能会让关键层处于超极限跨距状态。综合考虑，分别取关键层砌体梁结构的跨距为 70 m、78 m 和 90 m。

砌体梁理论是假设整个岩梁处于完全的弹性阶段，而大量的研究表明，随着开挖跨度的增加，关键层会由于局部的拉应力和压应力集中造成局部的屈服变形；屈服变形后，屈服区通过不断扩展和延伸使得应力集中程度降低，同时关键层的变形能力大大增加。因此，为了使砌体梁理论与关键层塑性屈服

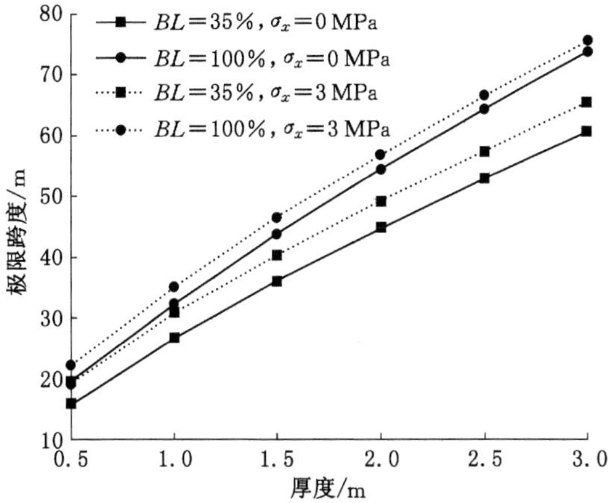

(a) 屈曲失稳的极限跨距

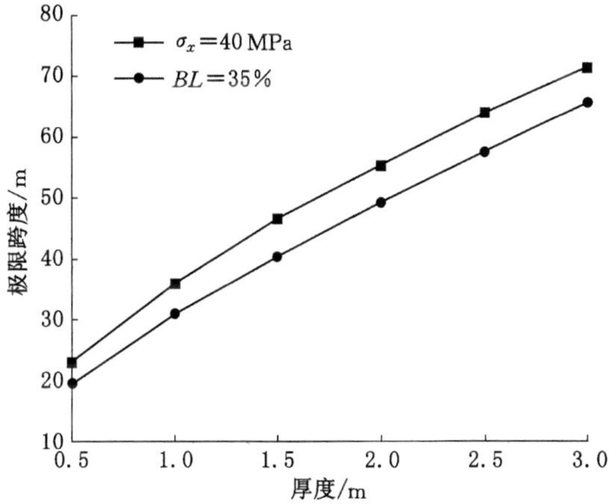

(b) 受压破坏失稳的极限跨距

图 4-21　砌体梁厚度与极限跨距之间的关系

后的受力和变形相吻合，通过对关键层的弹性模量和梁内最大水平应力进行一定的弱化处理来实现。取关键层的弹性模量为 2 GPa，砌体梁平衡过程中的最大水平应力为计算压应力的 1/2，原岩水平应力为 3.5 MPa（与后面的数值模型平衡后的原岩水平应力相同）。关键层所受荷载分为自重和上覆岩层的压应力两部分，关于上覆岩层对关键层所产生的压应力分布如前面图所示。

图 4-22 所示为关键层跨中挠度与最大水平应力之间的关系。从图中可以看出，随着关键层所受荷载的增加，关键层跨中挠度不断增加。当跨中挠度为 1.6 m 时，不同跨度关键层的最大水平应力接近其抗压强度 40 MPa，关键层的破断属于受压破坏。这说明关键层极限挠度约为 1.6 m 左右，此时挠度

与厚度的比值为 20%。

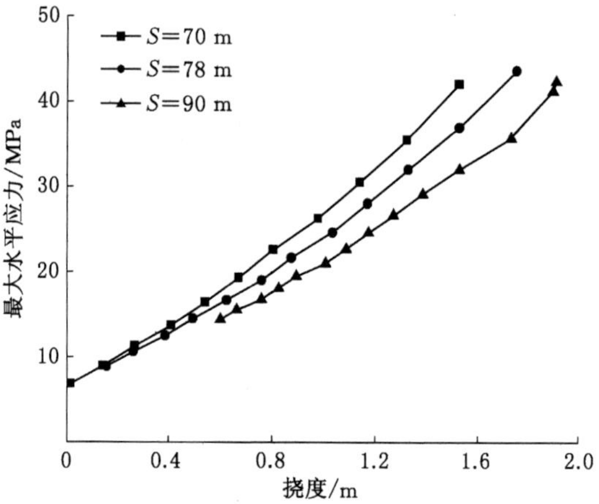

图 4-22　关键层跨中挠度与最大水平应力之间的关系

图 4-23 所示为关键层跨中挠度与上覆荷载之间的关系。从图中可以看出，上覆岩层荷载越大，关键层跨中挠度越大，当达到关键层的极限挠度 1.6 m 左右时，关键层跨度越大，所对应的荷载值越小，差距较为明显。这说明当区段的回采跨度超过关键层极限跨距后，开挖跨度越大，关键层的承载能力越低，则关键层由开裂到整体失稳的时间就越短，动力灾害的发生具有突然性。因此，在短壁回采支巷回采时，区段内最后一条支巷回采面临的安全隐患最

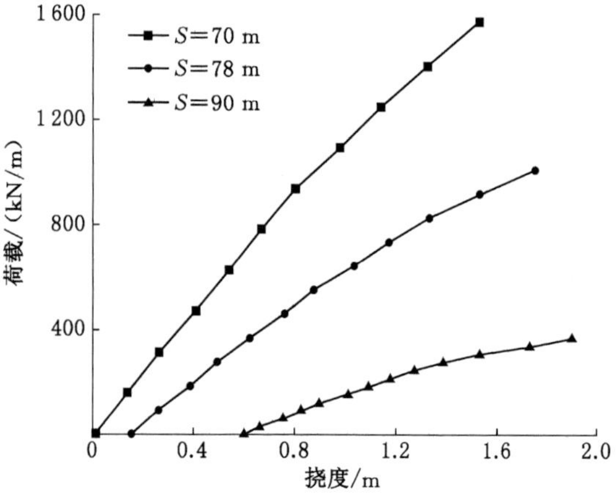

图 4-23　关键层跨中挠度与上覆岩层荷载之间的关系

大，支巷宽度越大，则越容易让关键层处于更大的超极限跨距状态，对回采活动的安全威胁就越大。

第二节　浅埋煤层关键层破坏机理数值模拟分析

一、数值模型建立

1. 工程地质概况及矿压观测

哈拉沟煤矿 22407 工作面位于 22 煤四盘区，走向长度为 3 224 m，倾向长度为 284.3 m，面积为 91.66 万 m^2，地面标高为 1 191～1 286.8 m，煤层底板标高为 1 127.8～1 147.9 m。煤层平均厚度为 5.39 m，设计采高为 5.2 m。切眼附近松散层厚度为 30～40 m，上覆基岩厚度为 89～98 m。大部分直接顶为粉砂岩，厚度为 18.47～44.1 m，基本顶为中细粒砂岩，厚度为 0.9～17.3 m。工作面上覆岩层为典型的浅埋薄基岩单关键层结构。

通过对哈拉沟煤矿 22407 工作面的综采支架阻力进行监测，工作面在初采阶段前 100 m 范围内支架（60# 和 75#）阻力曲线如图 4-24 所示。在监测过程中，重点监测了支架阻力大于 30 MPa 的数据，对于小于该值的支架阻力统一按支架初撑力（25 MPa）取值。

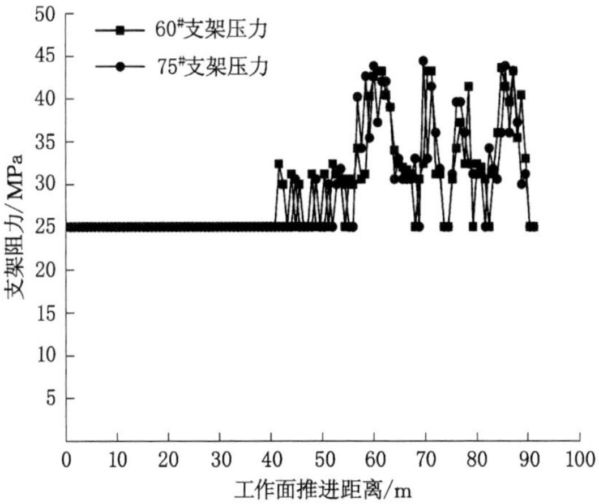

图 4-24　工作面中部初次矿压显现

由图 4-24 可以看出，随着工作面的推进，关键层的初次来压步距约为 60 m。初次来压期间，工作面中部来压强度相对较大，部分支架阻力达到 45

MPa，持续约 5 m。此后，支架阻力趋于缓和，当工作面推进至 68 m 时，发生第一次周期来压，跨中来压明显，部分跨中支架阻力达到约 44 MPa，第一个周期来压步距约为 8 m。之后，随着工作面的推进，关键层不断发生周期来压，平均来压步距约为 10 m。

2. 数值模型

为了分析 22407 工作面开采期间关键层破断运动规律，特别是关键层三维空间开裂机理，运用 FLAC^{3D}软件建立如图 4-25 所示的数值模型。模型总长度为 240 m，宽度为 160 m，煤层埋深为 100 m，上覆岩层总厚度为 50 m，其中包括 8 m 厚关键层和 42 m 厚覆岩，松散荷载层厚度为 50 m，基载比为 1∶1，满足浅埋煤层定义。

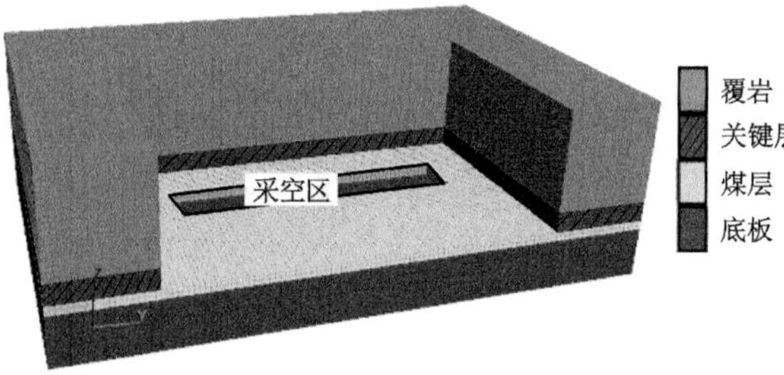

图 4-25　数值模型图

为了重点分析关键层对整个上覆岩层稳定的影响机理，特别是初次来压期间关键层的破坏过程和失稳机理，关键层的层位、分层厚度和力学模型、力学参数的选取非常重要。根据关键层的作用和神东矿区浅埋煤层单关键层特点，关键层应具备以下特征：① 关键层的分层厚度要明显大于其上覆岩层的分层厚度；② 关键层的力学参数大于其上覆岩层的力学参数；③ 关键层的极限跨距大于其上覆岩层的极限跨距；④ 关键层的垮落将伴随整个覆岩的失稳，直到地表；⑤ 由于煤层埋深浅、基岩较薄，多数关键层的位置距离煤层较近；⑥ 根据现场实测，关键层的初次来压步距为 60 m。模型中忽略了关键层与煤层之间的直接顶，将垮落的直接顶以充填采空区的自由空间来等效代替。

22407 工作面的设计采高为 5.2 m，考虑垮落后直接顶的充填作用，模型模拟采高为 4 m。通过建立系列数值模型，使得模型的运行结果符合上述关键层特征，从而反演获得各个岩层的相关参数如下：① 关键层的分层厚度为 8 m；② 覆岩分层厚度均为 2 m；③ 分层之间用“interface”隔离，在各个岩层之间起到分层作用；④ 各个岩层的力学参数如表 4-1 所示。

表 4-1　岩层力学参数

岩层	弹性模量 /GPa	泊松比	密度 /(g/cm³)	内聚力 /MPa	内摩擦角 /(°)	抗拉强度 /MPa
覆岩	2.5	0.25	2.5	0.6	30	0.4
关键层	10.0	0.25	2.5	2.4	30	0.8
煤层	5.0	0.25	2.5	2.0	30	0.6
底板	10.0	0.25	2.5	3.0	30	2.0

模型模拟长壁开采过程中关键层破坏过程和失稳机理，从开切眼开始，每次推进 4 m，模型平衡后再次推进，直到关键层和覆岩失稳。综合考虑采空区长宽比和模型运行效率，模拟工作面长度为 120 m。

二、垮落机理分析

1. 关键层变形规律

如图 4-26 所示，随着工作面推进距离的不断增加，关键层跨中挠度也不断增加，在推进距离达到 52 m 之前，推进距离与挠度几乎成正比。当工作面推进距离由 52 m 增加到 56 m 时，跨中挠度由 94.8 mm 突然增加到 273 mm，增加幅度较大。当工作面推进距离增加到 60 m 时，关键层失稳，整个覆岩随之全部垮落。这说明数值模型中的关键层符合浅埋煤层初次来压的基本特征，初次来压步距与现场实测的来压步距接近。值得注意的是，关键层失稳前，有明显的跨中挠度增加，同时伴随着煤壁处关键层的大角度旋转，部分煤壁片帮严重，这些现象均预示着大面积来压的产生。

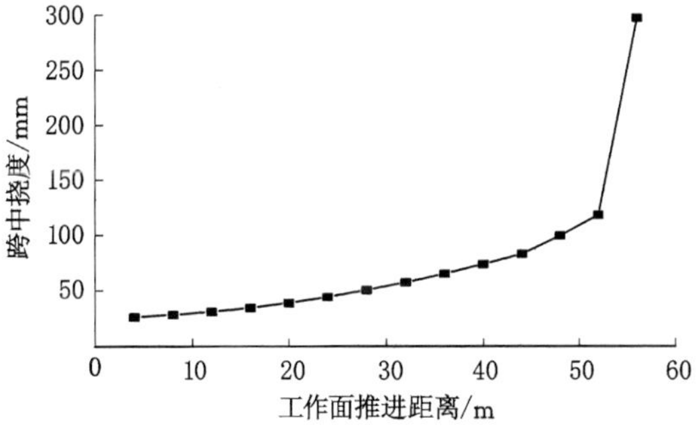

图 4-26　工作面推进距离与关键层跨中挠度关系

2. 关键层开裂过程

为了深入分析在工作面推进过程中关键层和覆岩的屈服过程，可以通过三维视图的方式加以体现。利用 FLAC^{3D} 软件具备的 FISH 语言编程功能，将模型中的屈服区分为两大类，即受拉屈服区和受剪屈服区，分别提取和记录每次推进完成后的屈服区空间分布状态。

当工作面推进距离小于 28 m 时，关键层和覆岩没有发生受拉和受剪屈服破坏，覆岩变形相对较小，覆岩整体处于稳定阶段。

如图 4-27 所示，当工作面由开切眼推进至 28 m 时，关键层首先发生受拉屈服，屈服区主要集中在关键层跨中下侧受拉区，沿工作面推进方向呈条形分布，相对工作面中轴线呈对称分布，关键层上覆岩层没有发生受拉和受剪破坏。关键层初次发生受拉破坏的区域与传统四边固支弹性薄板的开裂位置不同，后者的受拉破坏首先发生在弹性薄板固支端的长边中部，然后受拉区域进一步扩展至固支端的短边中部，进一步发展成四边简支的弹性薄板。产生这种现象的主要原因是数值模型中的关键层在煤壁上方可以自由产生一定的弯曲变形，煤壁和上覆岩层对关键层无法形成理想的固定约束，再加上关键层与煤层和覆岩之间的"interface"可以使得各层之间彼此相对运动，这些使得关键层与传统的弹性薄板的计算结果在初始开裂阶段不能完全吻合。关键层在弯曲下沉过程中，拉应力主要集中在跨中下部和两端煤壁前方的上侧，但由于关键层在跨中下部区域可以自由变形，不受其他岩层的约束，而两端煤壁上部的受拉区却受到上覆岩层和煤层竖向挤压作用和水平摩擦作用，使得关键层

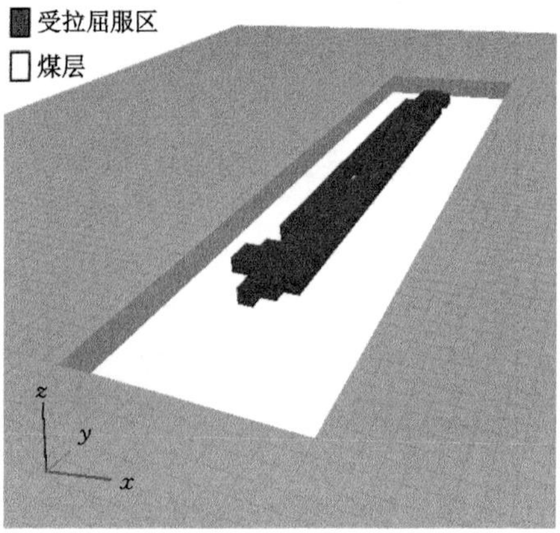

图 4-27　工作面推进至 28 m 时关键层屈服区分布图

在两端的拉应力小于跨中的拉应力，而且，由于两处的围岩应力环境不同，在相同的拉应力作用下，无约束的跨中部分更容易发生受拉屈服。

如图 4-28(a)所示，当工作面推进至 36 m 时，关键层的破坏仍以跨中下侧受拉屈服为主，且屈服区在整个采空区的中间局部有向上扩展趋势，局部受拉屈服区的厚度达到 4 m。图 4-28(b)所示为整个覆岩的屈服区分布图，除关键层跨中下侧受拉屈服外，关键层跨中上部覆岩局部发生受剪屈服。

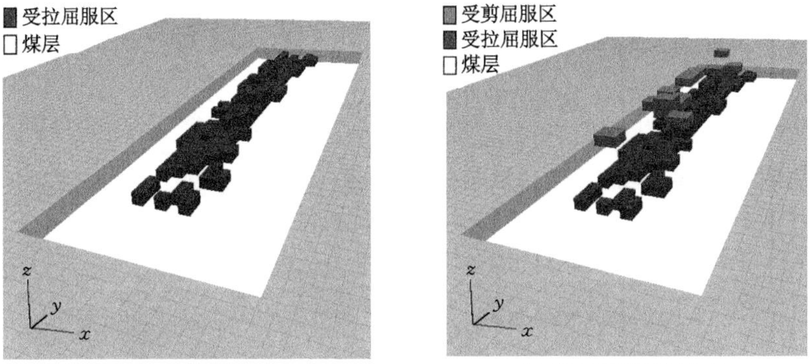

(a) 关键层内屈服区分布　　(b) 整个覆岩屈服区分布

图 4-28　工作面推进至 36 m 时关键层内和覆岩屈服区分布图

如图 4-29(a)所示，当工作面推进至 44 m 时，关键层跨中下侧受拉区进一步向两侧和上方扩展，同时在工作面中部前后煤壁前方的关键层上侧受拉区发生受拉屈服。该阶段对应传统的弹性薄板理论的第一个阶段。图 4-29(b)所示为整个覆岩的屈服区分布图，除关键层受拉屈服外，采空区中部上方的覆岩发生受剪屈服，并不断向地表延伸。

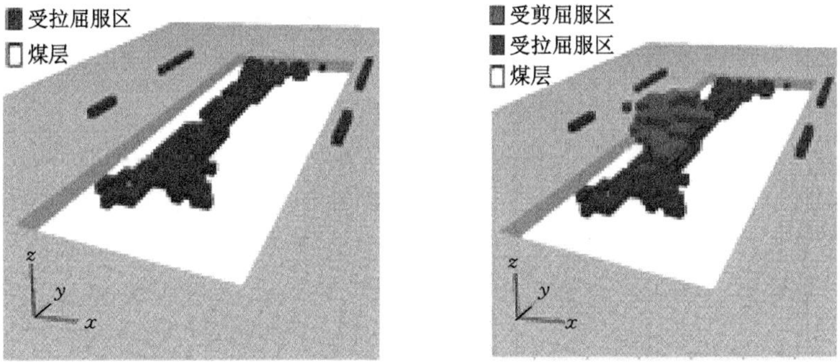

(a) 关键层内屈服区分布　　(b) 整个覆岩屈服区分布

图 4-29　工作面推进至 44 m 时关键层内和覆岩屈服区分布图

如图 4-30(a)所示，当工作面推进至 52 m 时，关键层受拉屈服区分布在跨中下侧受拉区，并向两端和四角不断扩展，形成了初步的"X"形；而煤壁前方关键层上侧受拉屈服区由工作面中部沿着煤壁向两端延伸，并在两端煤壁前方形成受拉屈服区。在采空区 4 个角的上方零散分布着受拉屈服区，使得关键层在煤壁前方形成了初步不连续的"O"形受拉破坏区。值得注意的是，工作面前后煤壁上方关键层上侧的受拉屈服区由上表面局部向下扩展，这明显增加了关键层沿煤壁屈服区向采空区自由旋转的程度。图 4-30(b)所示为整个覆岩的屈服区分布图，可以看出，采空区中部上方覆岩的受剪屈服区向四周扩散，同时向地表进一步发展，形成了在关键层上方空间的椭圆形屈服区。这说明覆岩屈服区的厚度不断增加，无法维持自身稳定的部分覆岩将由下方的关键层支承，这样增加了关键层的竖向压力，进一步加剧了关键层的屈服和变形。

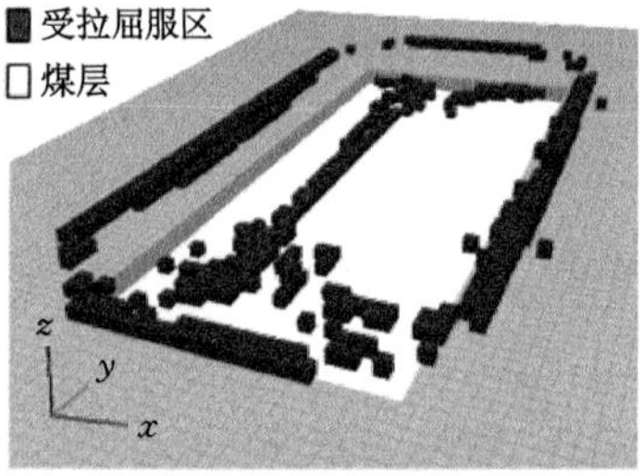

(a) 关键层内屈服区分布

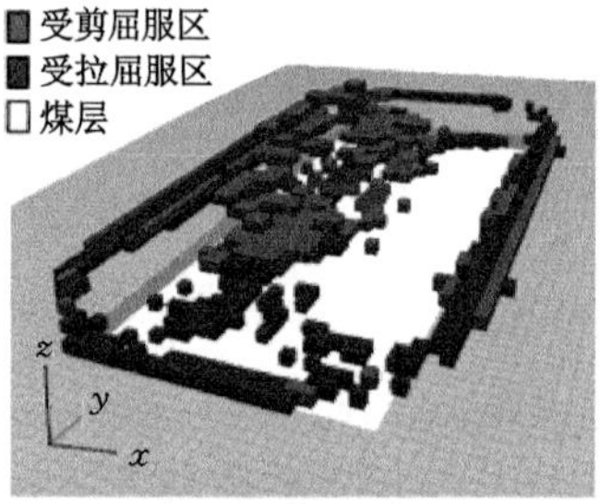

(b) 整个覆岩屈服区分布

图 4-30　工作面推进至 52 m 时关键层内和覆岩屈服区分布图

如图 4-31(a)所示，当工作面推进至 56 m 时，关键层的下侧受拉屈服区由采空区中部向四周呈明显的"X"形扩展，局部的受拉屈服区与四个角处关键层的上侧受拉屈服区相贯通，且多数受拉屈服区由下表面向上延伸至 4 m 高度。煤壁前方关键层上侧受拉屈服区的范围明显增加，并沿整个煤壁前方形成贯通的"O"形破坏带，而且破坏带的大部分屈服区由上表面向下延伸至 4～6 m 深度，几乎贯通整个关键层。同时煤壁前方关键层上侧受拉屈服区与关键层跨中下侧受拉屈服区接近相互贯通，形成了完整的"O-X"形破坏带。这与前面推导的弹性薄板的最终破坏形式相符合。图 4-31(b)所示为相应的整个覆岩屈服区分布图，可以看出，采空区上方的覆岩屈服区由关键层上表面延伸至基岩表层，同时屈服区的水平分布范围接近采空区范围，个别岩层的屈服区延伸至煤壁前方。这说明关键层上覆岩层几乎全部屈服，使得关键层在采空区上方所承受的竖向压力进一步增加，再加上关键层自身几乎贯通的“O-X”形破坏带，使得关键层达到了临界失稳状态。当工作面推进至 60 m 时，关键层失去稳定而垮落，关键层上覆岩层由于自身屈服也无法维持自身稳定，与关键层一起垮落，形成了一次垮落至地表的现象。

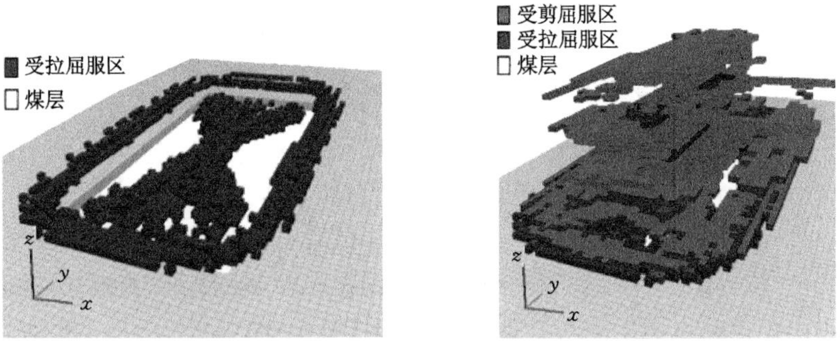

(a) 关键层内屈服区分布　　(b) 整个覆岩屈服区分布

图 4-31　工作面推进至 56 m 时关键层内和覆岩屈服区分布图

通过上述关键层和覆盖岩破坏过程可以发现，关键层在浅埋煤层中起到关键支承作用，关键层的初次来压步距决定了整个覆岩的极限跨距，极限跨距越大，工作面的来压现象越明显，关键层垮落时产生的动载越大。关键层和覆岩的局部受拉或受剪屈服不代表整个覆岩的垮落，而是随着采空区跨度的不断增加，屈服区不断扩展和延伸，直到关键层形成了完整的“O-X”形破裂带时，关键层上的覆岩也由于关键层的跨度和挠度不断增加而发生大范围的屈服，给关键层带来了较大的竖向压力促使关键层无法维持自身稳定而最终垮落。从垮落形态看，关键层的主破坏位置集中在跨中的“X”形破坏带和煤壁上方的“O”形破坏带，2 个破坏带将关键层沿工作面推进方向划分成两大岩块，其中，“X”形破坏带向下开裂并不断下沉，“O”形破坏带为关键层沿煤壁上方自由旋转创造了条件。这样可能促成 2 种垮落的发生：① 沿跨中的“X”形破坏带发生屈曲失稳，而关键层的“O”形破坏带集中在煤壁前方，使得一端在煤壁上方由煤壁支承，另一段在跨中屈曲失稳，这种失稳产生的动力灾害相对较小；② 当关键层接近临界失稳，“O”形破坏带延伸至煤壁后方即采空区一侧时，关键层沿破坏带和煤壁发生切落失稳，这种失稳会给采场支架带来巨大的压力，同时关键层和覆岩一起垮落后将在采空区产生巨大的冲击波，造成较大的动力灾害。关键层垮落产生动力灾害的大小与采高和关键层下方直接顶垮落后充填状态有直接关系。

3. 关键层水平应力

图 4-32 所示为开挖跨度分别为 28 m、36 m、44 m 和 56 m 时关键层沿工作面推进方向的水平应力分布图。从图中可以看出，关键层上、下表面水平应力主要集中在采空区跨中附近和工作面前后煤壁前方。其中，拉应力主要集中在关键层上表面的前后和下表面的跨中附近，而压应力主要集中在关键层下表面的前后和上表面的跨中附近。由于工作面长度远大于工作面推进距离，所以可以把关键层看作沿工作面推进方向跨中的截面梁。通过观察对应的关键层沿跨中的竖向截面图，可以直观发现水平应力在岩梁内沿工作面推进方向的分布情况。关键层内的拉应力相对压应力要小得多，通过图中的箭头指示可以发现当工作面推进至 28 m 时，已经初步形成了横跨采空区的压力拱结构，压力拱的 3 个铰分别位于两侧煤壁前方和跨中的上侧，关键层的平衡主要依靠关键层内压力拱结构。随着工作面推进距离的增加，横跨采空区的压力拱的 3 个铰处水平应力增大，水平应力集中的范围也进一步增加，这与前面的砌体梁结构假设基本符合。

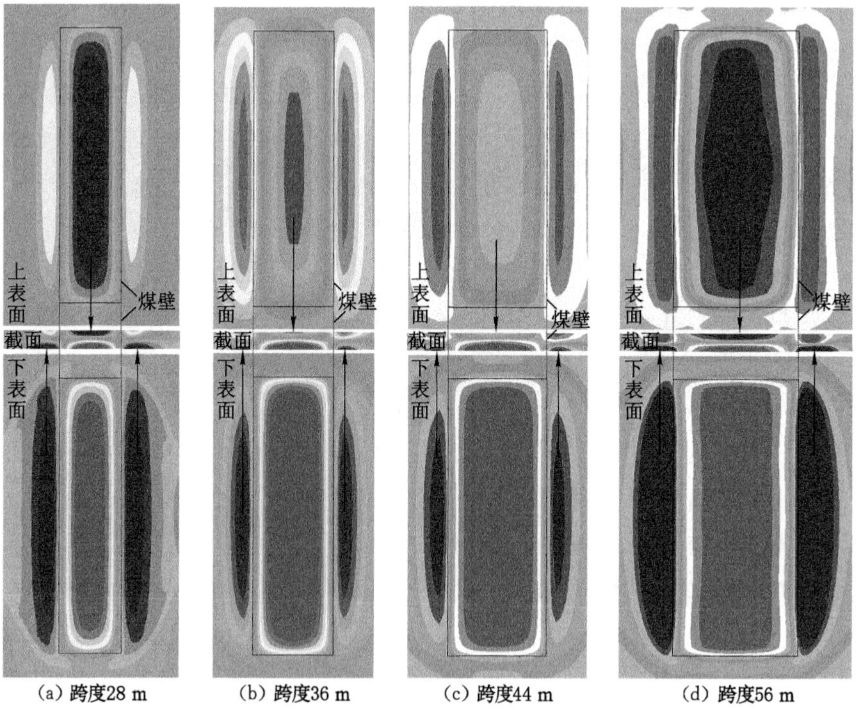

图 4-32　不同跨度关键层水平应力分布图

4. 关键层支承压力

图 4-33 所示为开挖跨度分别为 28 m、36 m、44 m 和 56 m 时关键层支承压力分布图。从图中可以看出，支承压力主要集中在四周煤壁前方，特别是沿工作面推进方向的前后煤壁前方。当开挖跨度较小时，支承压力集中现象相对较弱，越靠近采空区跨中支承压力越小。随着工作面的逐步推进，支承压力在工作面前后煤壁前方的应力集中越来越明显，跨中附近的支承压力越来越小。

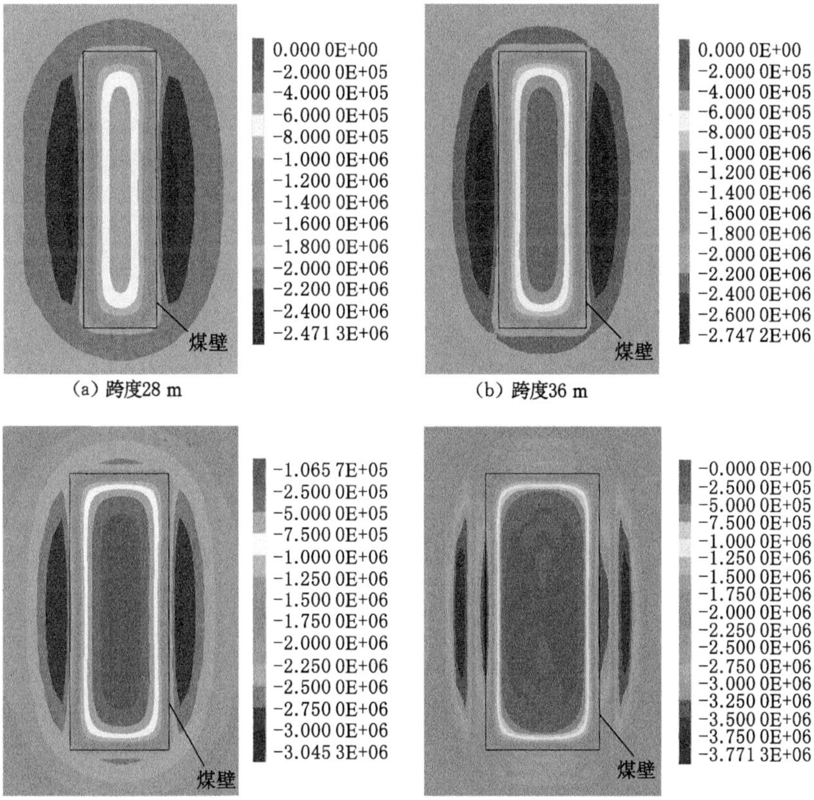

(a) 跨度28 m　(b) 跨度36 m

(c) 跨度44 m　(d) 跨度56 m

图 4-33 不同跨度关键层支承压力分布

第三节 关键层和覆岩开裂过程的微震特性研究

覆岩中的微震事件是由其受拉或受剪开裂时释放的弹性能产生的，通常可通过监测覆岩的开裂来获得相应的微震事件，根据开裂区域的块体数量作为微震事件的数量，结合开裂的位置和阶段分析微震能量大小。FLAC^{3D}软件中 Mohr-Coulomb（莫尔-库仑）本构模型自身具有模拟受拉和受剪开裂的功能，其具体开裂破坏准则模型如下。

设覆岩中的 3 个主应力关系为

$$\sigma_1 \leqslant \sigma_2 \leqslant \sigma_3 \tag{4-35}$$

式中，σ_1 是最大主应力，MPa；σ_2 是中间主应力，MPa；σ_3 是最小主应力，MPa；

岩体的开裂标准可以用最大主应力 σ_1 和最小主应力 σ_3 所组成的平面坐标系来阐述（拉应力为正，压应力为负），如图 4-34 所示。图中的开裂包络函数 $f(\sigma_1, \sigma_3)=0$ 由两条直线确定。

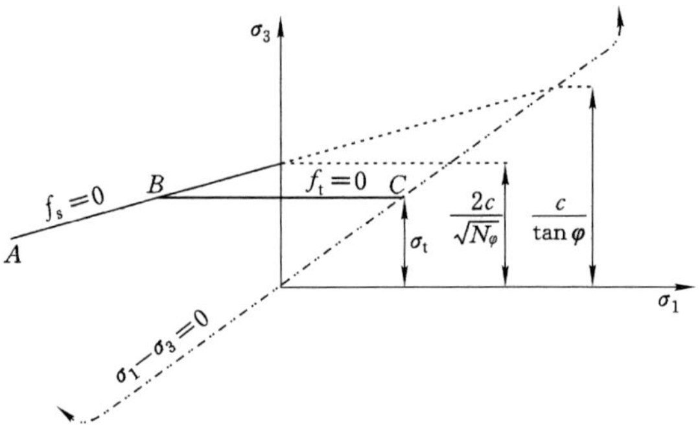

图 4-34　FLAC^{3D}莫尔-库仑开裂准则

第一条是图 4-34 中由 A 点到 B 点连成的直线，即受剪开裂函数 $f_s=0$。

$$f_s = \sigma_1 - \sigma_3 N_\varphi + 2c\sqrt{N_\varphi} \tag{4-36}$$

式中，$N_\varphi = (1+\sin\varphi)/(1-\sin\varphi)$；$\varphi$ 是内摩擦角，(°)。

第二条是图 4-34 中由 B 点到 C 点连成的直线，即受拉开裂函数 $f_t=0$。

$$f_t = \sigma_3 - \sigma_t \tag{4-37}$$

式中，σ_t 是抗拉强度，MPa。

这里需要注意的是，岩体的抗拉强度不能超过图中直线 $f_s=0$ 和直线 $\sigma_1=\sigma_3$ 的交叉点，因此，岩体的最大抗拉强度为

$$\sigma_{max} = \frac{c}{\tan\varphi} \tag{4-38}$$

综合考虑，在获取覆岩中的受拉、受剪开裂区时，岩层的最大抗拉强度取值为 $\sigma_{max}=0.5$ MPa，内摩擦角 $\varphi=25°$，各岩层的内聚力按表 4-1 取值。

结合图 4-34 中的覆岩开裂包络线，覆岩受拉开裂标准按下式计算：

$$f_t = \sigma_3 - \sigma_t \geqslant 0 \tag{4-39}$$

覆岩受剪开裂标准按下式计算：

$$f_s = \sigma_1 - \sigma_3 N_\varphi + 2c\sqrt{N_\varphi} \leqslant 0 \tag{4-40}$$

通过编制相应函数的 FISH 语言模块，读取并记录覆岩的开裂区域。模拟工作面自开切眼每次推进 4 m，每次开挖完毕并运行模型平衡后，读取相应的受拉开裂区和受剪开裂区数量，作为一次开挖后的微震事件数量。分别记录和存储相应的受拉开裂区和受剪开裂区位置，通过三维视图的方式体现对应开裂分布状态，使得在工作面推进过程中覆岩的微震活动特征和开裂分布特征之间的关系更加直观。

1. 工作面推进过程中的微震活动特征

如图 4-35 所示，根据工作面推进过程中监测到的覆岩中微震事件数量情况，将关键层由初始状态直到破坏失稳的整个过程分为 3 个阶段：稳定阶段、稳定开裂阶段和加速失稳阶段。

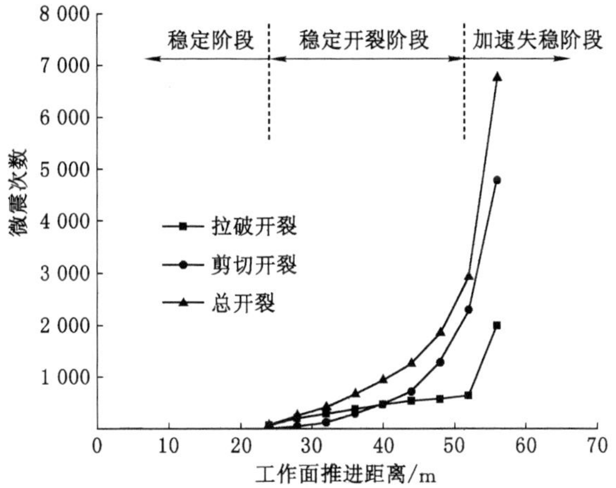

图 4-35　工作面推进距离与微震次数之间的关系

第一个阶段为工作面推进长度在 0～24 m 范围内（小于关键层极限垮落步距的 40%），此时由于关键层和上覆岩层自身所具有的承载能力，能够维持整体稳定而没有发生受拉或受剪开裂，关键层的变形量相对较小。因此，该阶段称为稳定阶段。

第二个阶段为工作面推进长度在 24～52 m 范围内（占关键层极限垮落步距的 40%～87%）。当工作面推进至 24 m 时，覆岩产生了微震事件（如图 4-35 所示），微震事件的产生主要源于关键层的受拉开裂，相对较少的微震事件表明关键层发生了局部小范围的受拉开裂。随着开挖跨度进一步增加，微震事件数量逐渐增加。这是由于随着开挖跨度的增加,关键层的变形和应力集中程度增加,造成关键层和上覆岩层中的开裂区域逐渐增加。当开挖跨度较小时,微震事件以受拉开裂为主,随着工作面的推进,受剪开裂事件的数量逐渐超过受拉开裂事件的数量。这是由于关键层上覆岩层的分层厚度相对较薄,并且相应的力学参数较低,当覆岩的挠度超过其强度极限时,发生剪切破坏,受剪破坏区随着开挖跨度的增大而向上和向四周快速延伸,促使受剪开裂区数量快速增加。当开挖跨度小于 52 m 时,整个阶段的微震事件数量不断增加,但开裂事件数量与工作面推进长度之间保持相对稳定的增长趋势。因此,该阶段称为稳定开裂阶段。

第三个阶段为工作面推进长度大于 52 m(大于关键层极限垮落步距的 87%),直到关键层和上覆岩层整体失稳(模拟关键层的极限跨距为 60 m)。当工作面由 52 m 推进至 56 m 时,微震事件数量增长了 2.3 倍。小的推进距离内微震事件数量的突然大量增加表明覆岩开裂区数量相应增加,也表明关键层和上覆岩层开裂范围迅速延伸和扩展,预示着关键层的大面积失稳即将发生。大量的现场实测表明,在坚硬顶板垮落或由坚硬顶板开裂所导致的冲击矿压事故发生前,微震事件频率会明显增加,这与本节的模拟结果相吻合。当工作面推进至 60 m 时,关键层和整个覆岩彻底失稳垮落,垮落波及基岩表层,这与神东的相关文献研究结果相符。因此,将该阶段称为加速失稳阶段。

2. 微震活动与覆岩开裂

图 4-36 所示为工作面推进至 24 m 时覆岩初始开裂区三维分布图。由图

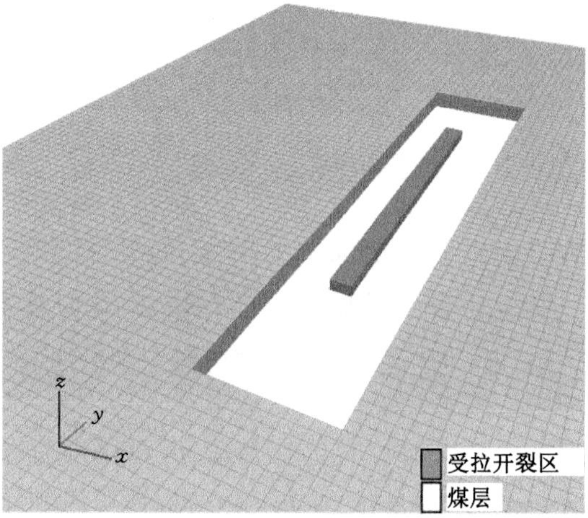

图 4-36　工作面推进至 24 m 时覆岩开裂区分布图

可知，覆岩的初始开裂区主要为受拉开裂，开裂区集中分布在采空区中部关键层的下表面，沿工作面方向呈条形分布。关键层在初始开裂前，岩体内积聚了一定量的弹性应变能，当关键层跨中下侧受拉区开裂时，储藏在关键层内的小部分弹性能通过振动波的方式向四周传播，可被微震监测仪器捕捉到。

随着工作面的进一步推进，关键层跨中下侧的受拉开裂区进一扩展，同时，关键层上侧覆岩发生了集中于采空区中部的受剪开裂，图 4-35 中第二阶段的微震事件主要是由关键层上侧覆岩的受剪开裂所致。随着工作面推进距离的增加，覆岩受剪开裂区由下向上、由跨中向四周逐步扩展，其开裂范围的增长速度超过关键层下侧受拉开裂的增长速度，这是造成图 4-35 中受剪开裂事件数量快速增长的直接原因。关键层上侧开裂覆岩的范围逐步增加，覆岩维持自身稳定的能力逐步降低，使得关键层下侧除维持自身稳定外，还要承担一部分上覆岩层在开裂变形下沉过程中产生的竖向压力，这是关键层与一般直接顶或基本顶的重要区别。上述现象说明第二阶段内的微震事件中的受拉开裂事件主要集中在关键层跨中下侧的受拉表面，而受剪开裂事件主要集中在关键层跨中上侧的覆岩。模拟结果说明微震事件的震源起初在下侧较坚硬的岩层并逐步由下向上发展，微震事件随着关键层和覆岩的开裂区不断扩展而增加。

图 4-37 所示为工作面推进至 52 m 时关键层内和覆岩初始开裂区三维分布图，这是关键层由第二阶段的稳定开裂阶段向第三阶段的加速失稳阶段过渡的临界状态。从图 4-37(a)中可以发现，关键层的开裂分布区发生了明显变化，即关键层的受拉开裂区由跨中下表面发展到工作面前后煤壁附近上表面受拉区，由于此时推进距离较大，且随着关键层运动，上覆岩层大部分发生受

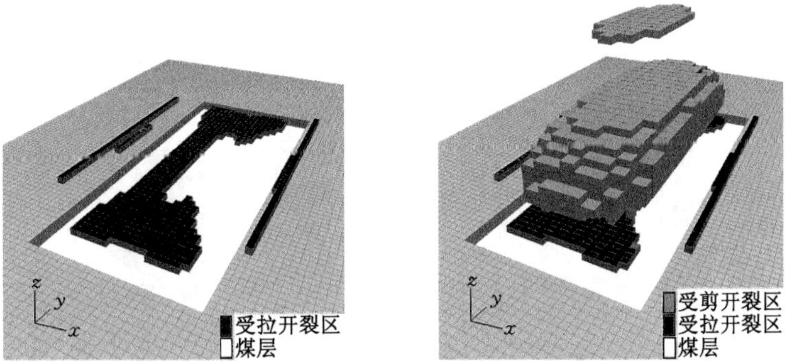

(a) 关键层内开裂区分布　　(b) 整个覆岩开裂区分布

图 4-37　工作面推进至 52 m 时关键层内和覆岩开裂区分布图

剪开裂[见图 4-37(b)],关键层在煤壁附近受拉区积累了大量的能量(主要包括弯曲应变能、体积应变能和重力势能),当关键层在煤壁附近上表面发生受拉开裂时,产生的微震能量大幅提高。这一位置储存的能量越大,在其初始开裂阶段释放的能量越大,随着沿煤壁关键层受拉区的继续延伸和扩展,尽管微震事件数量大幅度增加,但微震能量在开裂过程中不断释放而逐渐降低。因此,在关键层发生彻底破断和失稳之前会经历一个明显的微震能量突然增高,而后微震能量大幅度降低的过程。上述机理较为合理地解释了现场微震监测过程中的发现,在坚硬顶板破断前或由坚硬顶板破断所致的冲击矿压发生前,会出现微震能量的突然增高,而后进入矿压来临前的平静期这一异常的微震现象。

图 4-38 所示为工作面推进至 56 m 时关键层内和覆岩开裂区三维分布图,关键层进入第三阶段即加速失稳阶段。由图 4-38(a)可知,关键层的下侧受拉开裂区由采空区中部向四周呈明显的"X"形扩展,局部的受拉开裂区与四个角处关键层的上侧受拉开裂区相贯通,且多数受拉开裂区由下表面向上延伸。煤壁前方关键层上侧受拉开裂区的范围明显增加,并沿整个煤壁前方形成贯通的"O"形破坏带,而且破坏带的大部分开裂区由上表面向下延伸,几乎贯通整个关键层。同时煤壁前方关键层上侧受拉开裂区与关键层跨中下侧受拉开裂区接近相互贯通,形成了完整的"O-X"形破坏带。关键层的最终开裂形式与弹性薄板理论的破坏形式相符。图 4-38(b)所示为关键层在采空区上方的覆岩开裂范围快速向上扩展,局部延伸至基岩表层,同时覆岩在水平方向上的开裂区进一步延伸,局部延伸至煤壁前方。关键层的"O-X"形破裂带产生及采空区上方覆岩大范围开裂是造成图 4-35 所示微震事件快速大幅度

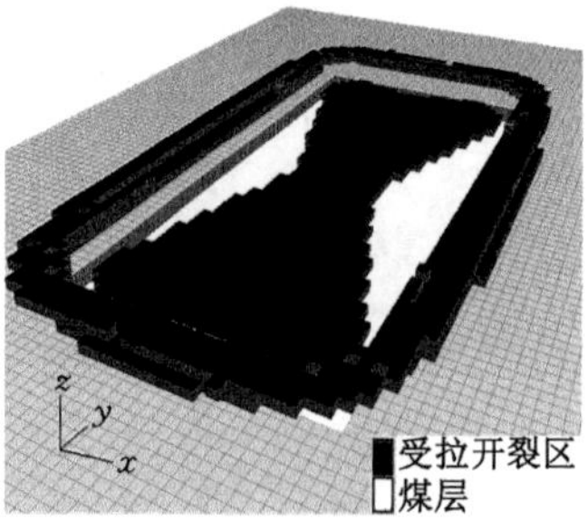

(a) 关键层内开裂区分布

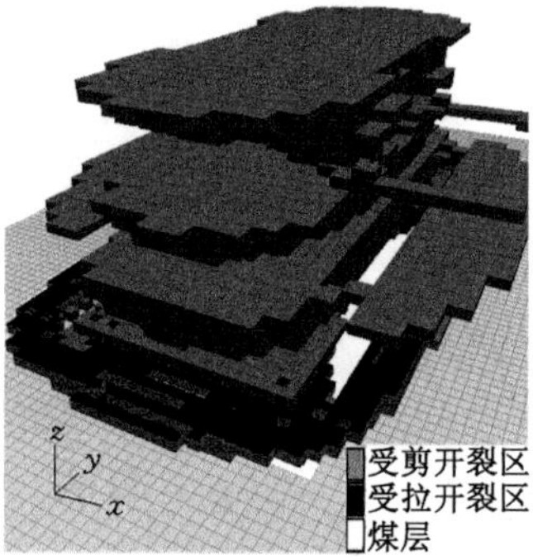

(b) 整个覆岩开裂区分布

图 4-38　工作面推进至 56 m 时关键层内和覆岩开裂区分布图

增加的主要原因，是该阶段微震事件的分布特征，这与现场实测的结果相吻合。随着“O-X”形破坏带的形成和快速扩展，关键层的承载能力和稳定性迅速降低，再加上其上覆岩层的大范围开裂，覆岩维持自身平衡的能力进一步降低，造成关键层所承受的荷载大幅度增加，这些让关键层和整个覆岩处于整体失稳的临界状态。此时，由于关键层在煤壁处沿“O”形开裂带旋转大幅度增加，促使煤壁处的关键层下沉量明显增大。

随着工作面的进一步推进，达到关键层的极限跨距 60 m 时，关键层和整个上覆岩层失去平衡而完全垮落。工作面由 56 m 推进至 60 m 的过程中，关键层的主开裂区仍集中在跨中的“X”形开裂区和煤壁附近的“O”形开裂区附近，关键层失稳过程中的变形和旋转也集中在这两大区域内。由于之前在形成“O-X”形破裂带的过程中，关键层和覆岩内的大部分能量得到充分释放，再加上开裂区的发展也较为充分，使得关键层在彻底失稳的过程中新开裂区域大幅减少。这两个因素造成微震能量和微震数量在失稳前大幅降低，形成了在坚硬顶板产生动力灾害前的微震活动平静期。这一现象合理解释了相关研究结果——坚硬顶板破断前出现的微震活动异常和平静期。

第五章　相邻区段回采关键层破坏机理研究

第四章的理论分析和数值模拟结果表明(见图 5-1):关键层在变形和垮落过程中,为维持自身的砌体梁结构稳定会产生压力拱结构,而压力拱的形成会对两侧煤壁上方的关键层产生一定的水平应力。当岩层的基本力学参数保持不变时,该水平应力的大小与关键层下面煤层的回采宽度即跨度有关,跨度越大,产生的水平应力越大。因此,不同跨度下关键层平衡过程中所产生的水平应力与原岩水平应力的共同作用会对相邻区段支巷回采过程中关键层的稳定产生不同程度的影响。相邻区段间的隔离煤柱支承两侧区段支巷回采过程中产生的压力,其破坏形式随着压力的不断增加逐步由弹性变形转为两侧煤壁处塑性屈服甚至是全部屈服。隔离煤柱在变形过程中会将一部分压力传给相邻区段的关键层,从而造成相邻区段关键层所承受的荷载大小随两个区段的跨度不同而不同。相邻区段的开挖跨度越大,区段隔离煤柱一侧的关键层受到的压力越大。由之前的分析结果可知,关键层所受到的压力越大,其挠曲变形越大,保持自身稳定的能力越低。因此,不同开挖跨度的相邻区段会从自身产生的水平应力方面给予另一侧区段上方关键层的稳定以一定的帮助,同时也会给其增加更大的竖向压力而不利于其稳定。为了深入分析这两个影响因素,有必要对相邻区段的不同跨度对本区段关键层稳定性的影响进行系统分析,这对掌握浅埋关键层的垮落机理和防治其垮落产生的动力灾害有着重要的意义。

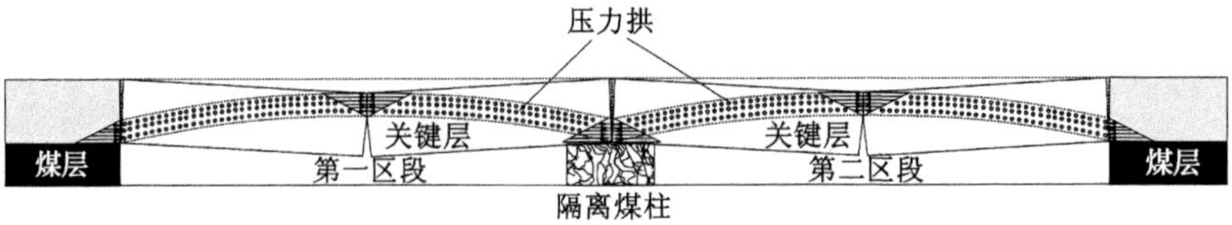

图 5-1　横跨两个区段的关键层结构简图

第一节　浅埋煤层短壁回采关键层变形及破断物理模拟研究

一、工程背景

选择大柳塔矿 12406-3 工作面开切眼外侧旺采三角区的一个区段左翼作为试验区域，同时以其右翼作为对比区域进行矿压观测。试验区所在矿井属于低瓦斯矿井。

12406-3 工作面开切眼外侧旺采三角区，位于 12608 工作面回风巷南侧，12406-3 工作面开切眼东侧，12607 工作面北侧，所在煤层为 2^{-2} 煤层，所在盘区为 4 盘区。旺采三角区为 12406-3 工作面开切眼、12608 工作面回风巷及断层所夹的三角区域，该区域与 12607 工作面之间有一组断层。12607 工作面和 12608 工作面均已回采完毕，旺采三角区区段巷前进方向左侧即 12608 采空区。旺采三角区所对应的地面上无建筑物，地表大部分被第四纪松散层覆盖。

2^{-2} 煤层平缓，倾角小于 4°，厚度为 5 m；煤层易自燃，最短发火期为 30 d；煤尘具有爆炸性，煤尘爆炸指数为 36.7%；煤的密度为 1.29 t/m^3，灰分为 5.56%～10.38%，内在水分为 8.29%～9.14%，特低硫、特低磷、中高发热量，属于长焰煤 41 号。

2^{-2} 煤层顶底板岩性：煤层直接顶以粉砂岩为主，部分地段为砂质泥页岩或泥岩，厚度为 0～4.03 m；基本顶以中粗砂岩为主，部分地段为粉细砂岩，厚度大于 20 m，中等稳定。煤层直接底多为泥岩、砂质泥岩，遇水强度降低；基本底为粉、细砂岩，中厚层状，比较稳定。

根据岩性测试结果，参考临近矿井的情况，确定试验区域的岩石的力学参数如表 5-1 所列。

表 5-1　岩石力学参数

岩层	抗压强度 /MPa	弹性模量 /GPa	泊松比	抗拉强度 /MPa	抗剪强度	
					内摩擦角 /(°)	黏聚力 /MPa
黄土等	—	—	—	—	—	—
粗砂岩	18.71	15.7	0.29	1.158	51.3	4.78
粉砂岩	11.44	15.7	0.30	0.73	47.3	2.15

表 5-1(续)

岩层	抗压强度/MPa	弹性模量/GPa	泊松比	抗拉强度/MPa	抗剪强度	
					内摩擦角/(°)	黏聚力/MPa
中砂岩	9.56	16.1	0.32	—	45	0.91
泥质岩	8.12	8.7	0.23	0.51	34	0.62
煤岩	7.81	7.4	0.18	0.45	29	0.54
煤	7.23	6.5	0.15	0.32	23	0.45
细砂岩	6.06	15.7	0.35	—	43.2	0.84

12406-3 工作面开切眼外侧旺采三角区内无明显断层，但在其东北侧有一组走向近东西向的断层群，距离最近的一条断层倾向约为 21°，倾角为 79°，落差为 3.7 m。支巷掘进至距此断层 10 m 时，立即停止掘进并进行回采。旺采三角区的煤层中局部存在着少量的煤层变薄带及冲刷带，构造分布处煤层厚度一般情况下大于 4 m，对回采影响不大。12406-3 工作面属于母河沟流域，上覆基岩厚度为 50 m，风化基岩厚度为 10 m，富水性较弱；松散层厚度为 40～70 m(中间薄、两侧厚)，沙砾岩厚度为 0～18 m，富水性中等。试验区工作面的布置简图如图 5-2 所示。

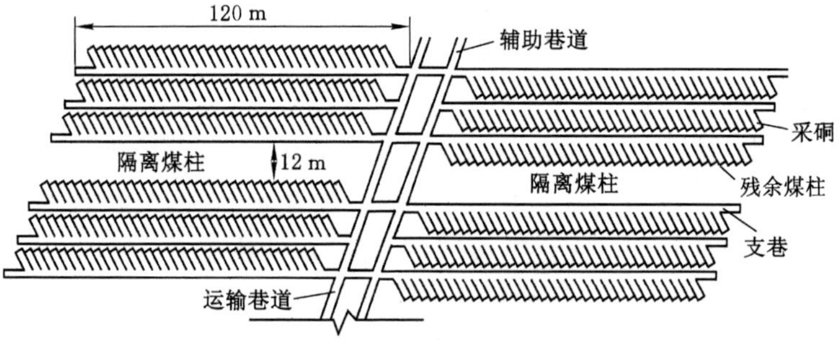

图 5-2　试验区工作面布置简图

二、模拟内容及方案

图 5-2 所示为大柳塔矿试验区短壁工作面布置简图，采用的是短壁块段式的采煤方法。这种采煤方法的采硐与采硐之间留设小煤柱，这些小煤柱只起到隔离作用，对关键层未起到支撑作用；而支巷之间留设区段隔离煤柱，对上覆岩层起主要支撑作用。因此，从与主巷平行的剖面看，采空区可以等效成为图 5-3(a)，短壁工作面模型最终简化为图 5-3(b)。结合对区段隔离煤柱尺

寸的现场试验分析，模拟隔离煤柱宽度为 12 m，单翼支巷宽度为 14 m。

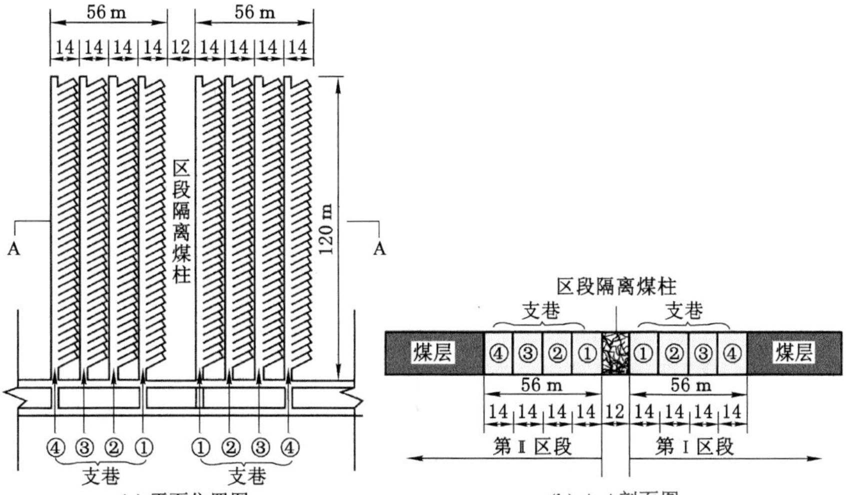

(a) 平面位置图　　(b) A-A剖面图

图 5-3　相邻区段支巷布置简图

首先，按图 5-3 所示的支巷顺序分别掘进第Ⅰ区段的支巷①、②、③和④，使得第Ⅰ区段的总跨度接近关键层的极限跨距。其次，从隔离煤柱另一侧按支巷顺序依次掘进第Ⅱ区段，直至第Ⅱ区段的采空区跨度超过关键层的极限跨距而失稳。重点分析第Ⅰ区段支巷逐步回采过程中直接顶及关键层的变形和开裂过程，然后分析第Ⅱ区段支巷回采过程对第Ⅰ区段关键层的变形和稳定状态的影响，获得第Ⅱ区段的极限跨距，并进一步分析第Ⅱ区段关键层失稳对第Ⅰ区段关键层稳定状态的影响。

三、模型制作

在模型制作过程中，依据物理模拟试验相似理论与因次分析，按照现场条件进行几何条件相似、材料物理力学性质相似、边界条件相似等设计，结合实际条件确定模型与实际的几何比为 1∶100，容重比为 1.7∶2.7。试验在平面应变模型架上进行，模拟的实际尺寸为长×高＝200 m×100 m，则模型的尺寸为长×宽×高＝200 cm×20 cm×100 cm。模型长度可以满足模拟要求，模型高度也完全满足模拟煤层及岩层总厚度。模型模拟煤层厚度为 4 m，直接顶为两分层，分层厚度为 2 m，直接顶上覆 8 m 厚的关键层，关键层上侧覆岩平均厚度为 2 m 左右，覆岩上侧为松散荷载层。模型中间为 12 m 宽的隔离煤柱，隔离煤柱右侧为第Ⅰ区段，左侧为第Ⅱ区段。第Ⅰ区段和第Ⅱ区段的回采顺序均为从隔离煤柱最近的支巷开始，由近及远逐步回采。

模型为平面应力模型，四周和底板用 20 号槽钢约束，沿水平方向分层铺设，分层捣实后，分层间撒云母粉模拟层理面；当岩层厚度大时，每层分次铺设、分次捣实，紧靠应力盒上下方分层铺设时用自制模具整平压实。模型制作好后，松开实验台槽钢，让模型干燥数天即可投入试验。试验模型和测点布置如图 5-4 所示。

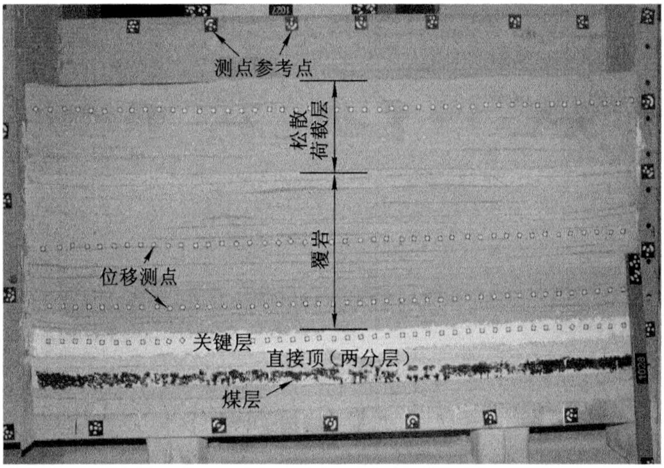

图 5-4　模型及测点布置

四、物理模拟结果

模型首先进行第Ⅰ区段的回采，第Ⅰ区段支巷的回采由中间的隔离煤柱一侧开始由近及远依次进行，完成第四条支巷的回采后停止第Ⅰ区段的工作，待模型平衡后进行第Ⅱ区段的回采，如图 5-3 所示。第Ⅰ区段回采过程中直接顶、关键层变形特征分析如下：

(1) 随着第Ⅰ区段支巷的不断回采，直接顶悬露面积逐渐增大，当第二条支巷回采完成后（采空区跨度为 28 m），直接顶岩层开始出现微裂隙，直接顶开始出现离层，离层大小为 2 cm，离层范围为 5～25 m，如图 5-5 所示。

(2) 当第三条支巷回采完成后（采空区跨度为 42 m），最下侧直接顶分层垮落，上侧直接顶与关键层离层量增大，离层较为明显，离层范围为 3～38 m，离层值在采空区中部最大，如图 5-6 所示。

(3) 当第四条支巷回采完成后（采空区跨度为 56 m），直接顶完全垮落，垮落范围为 5～45 m；关键层发生明显的弯曲下沉，关键层跨中下侧出现竖向

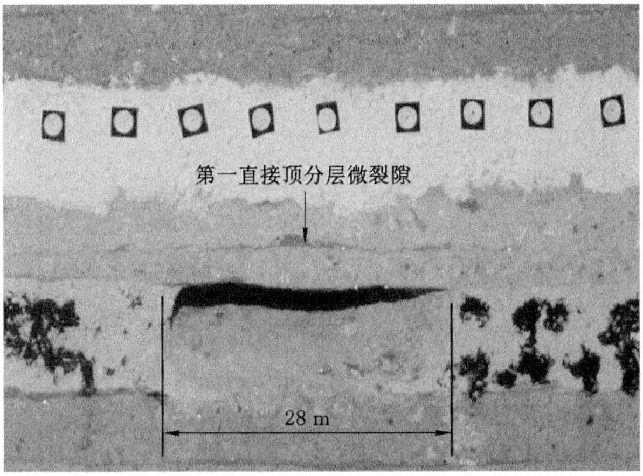

图 5-5　第Ⅰ区段开挖 28 m

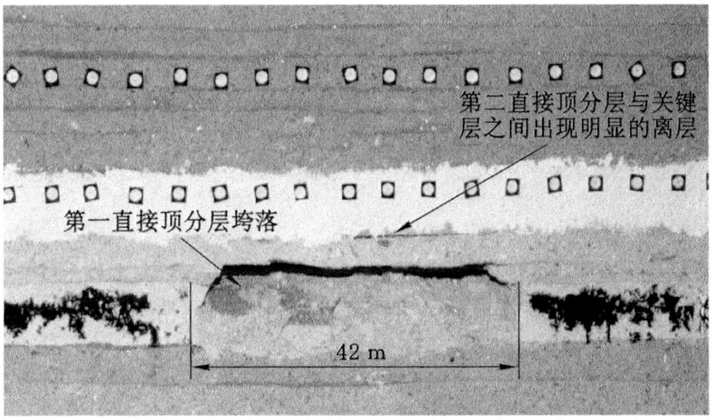

图 5-6　第Ⅰ区段开挖 42 m

拉裂隙，如图 5-7 所示。

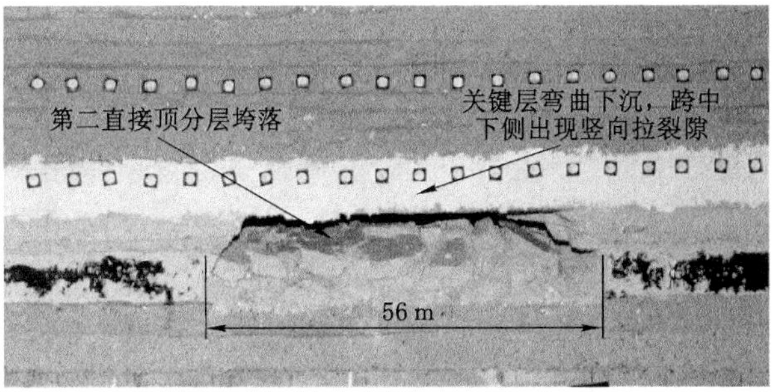

图 5-7　第Ⅰ区段开挖 56 m

图 5-8 所示为第Ⅰ区段上覆关键层跨中挠度与第Ⅰ区段跨度之间的关系图。从图中可以看出，随着推进距离的不断增大，跨中挠度的增加幅度不断增大，当推进到 56 m 时，跨中挠度值增加到 120 mm。

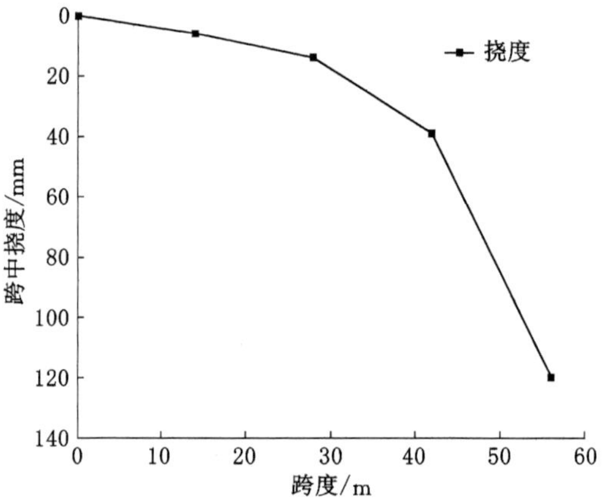

图 5-8　关键层跨中挠度与第Ⅰ区段跨度之间的关系

完成第Ⅰ区段的 4 条支巷回采后，为了进一步分析隔离煤柱左侧第Ⅱ区段回采对右侧第Ⅰ区段关键层稳定状态的影响，第Ⅰ区段停止进一步开挖，并在第Ⅰ区段左侧留设 12 m 宽的隔离煤柱，按顺序进行左侧第Ⅱ区段的支巷回采。

当左侧第Ⅱ区段的第二条支巷回采完成后，直接顶发生离层。完成第三条支巷的回采后，直接顶发生垮落，关键层跨中下侧出现拉裂隙。当第Ⅱ区段的 4 条支巷回采完成后，第Ⅱ区段的直接顶完全垮落，此时，第Ⅱ区段和第Ⅰ区段的关键层均保持稳定。

图 5-9 所示为第Ⅱ区段上覆关键层跨中挠度与第Ⅱ区段跨度之间的关系。从图中可以看出，第Ⅱ区段推进距离与跨中挠度之间关系的总体趋势与第Ⅰ区段类似，即跨中挠度随推进距离的增加而明显增加，第Ⅱ区段每个开挖阶段的跨中挠度值与第Ⅰ区段的相应值接近，但最大跨中挠度值增加 10 mm。产生这种现象的原因是：第Ⅱ区段支巷回采过程中，随着采空区面积的增加，关键层和上覆岩层的重量将逐渐向两侧煤壁转移。但与第Ⅱ区段右侧相邻的煤壁为 12 m 宽的区段隔离煤柱，这样会造成隔离煤柱的竖向应力集中，在竖向应力不断增加的情况下，隔离煤柱将会在两侧煤壁处产生屈服区，随着屈服区的进一步扩展，隔离煤柱的应力集中由煤壁向中间转移，隔离煤柱的竖向变形逐渐增加。在这个过程中，隔离煤柱左右两侧的关键层会产生一

定的挠曲变形。而在左侧第Ⅱ区段的支巷回采过程中，关键层两侧均为实体煤壁，两侧煤壁的承载能力和抵抗变形能力要大于隔离煤柱，从而在一定程度上降低了相同跨度情况下的关键层变形量。同时，第Ⅰ区段4条支巷回采后对第Ⅱ区段产生的支承压力集中，大部分由区段隔离煤柱承担，有一小部分的竖向应力由第Ⅱ区段的关键层来承担。上述三个因素造成第Ⅱ区段支巷回采过程中关键层的挠度要大于第Ⅰ区段回采过程中关键层所产生的挠度。但是由第四章的分析表明，关键层的稳定是由其破断后所形成的砌体梁结构来维持的，而在形成稳定的压力拱的过程中，会在两侧煤壁上方产生一定的水平应力，而新产生的水平应力与原岩水平应力一同作用在相邻区段的关键层和覆岩上，有助于两侧采空区上方所形成的砌体梁结构的稳定和平衡（参见图5-1）。

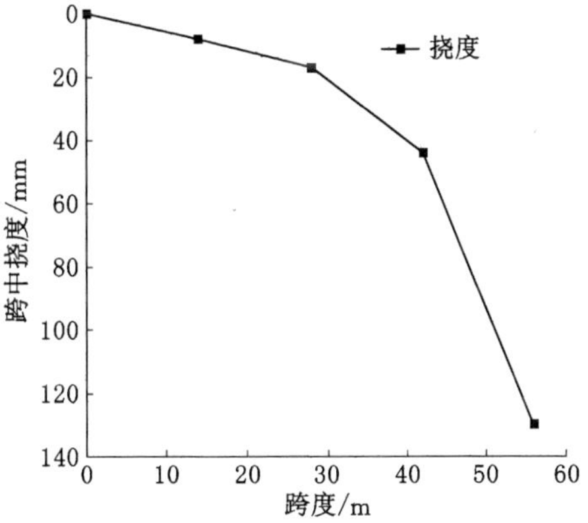

图5-9　关键层跨中挠度与第Ⅱ区段跨度之间的关系

图5-10所示为第Ⅰ区段上覆关键层跨中挠度与第Ⅱ区段跨度之间的关系。从图中可以看出，当第Ⅱ区段的4条支巷回采完成后，第Ⅰ区段关键层跨中挠度由原来的120 mm增加至142 mm。这说明随着第Ⅱ区段的推进距离增加，第Ⅰ区段关键层跨中挠度不断增加，且增加幅度随着第Ⅱ区段跨度的增加而不断增加。产生这种现象的原因是：第Ⅱ区段的回采过程造成了两个区段隔离煤柱的破坏和竖向变形不断增加，同时造成隔离煤柱上方的竖向应力向第Ⅰ区段上方的关键层转移。第Ⅰ区段开挖至56 m时，关键层和覆岩均产生了一定范围的塑性变形，特别是在第Ⅰ区段上方关键层形成的压力拱的3个拱铰处的塑性区比较明显，且塑性区范围随着第Ⅱ区段跨度增加而不断增加，造成第Ⅰ区段的抵抗变形能力进一步弱化，从而使得第Ⅰ区段的关键层

跨中挠度随第Ⅱ区段的支巷回采而逐步增加，且增加幅度越来越大。但是由于隔离煤柱两侧区段上方的关键层在下沉过程中形成压力拱结构，增加了彼此之间的水平应力，从而有利于彼此的稳定，这是两个区段上方关键层能够最终维持平衡的关键因素。

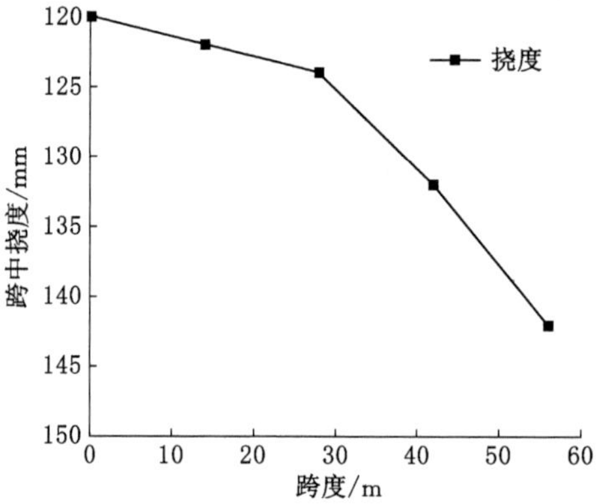

图 5-10　已采区段关键层跨中挠度与相邻在采区段跨度之间的关系

为了获得第Ⅱ区段关键层的极限跨距，当第Ⅱ区段的④号支巷回采完成后，采用逐步开挖的方式，每次开挖 2 m，直至第Ⅱ区段关键层失稳。如图 5-11所示，根据相似模拟结果，当第Ⅱ区段推进至 64 m 时，关键层和覆岩整体失稳，且垮落的岩层一直波及地表松散荷载层。这说明关键层的稳定直接决定了上覆岩层的整体稳定，而且上覆岩层和关键层垮落过程非常快，几乎同时垮落，产生了较大的动力荷载，与神东地区关键层大面积来压特点相符。

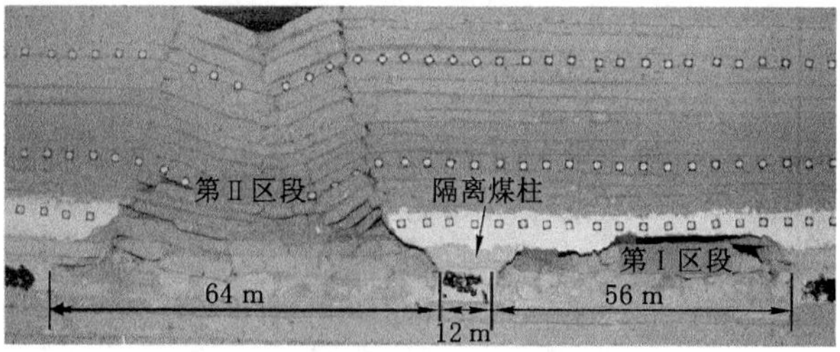

图 5-11　第Ⅱ区段关键层破断失稳

值得注意的是，第Ⅱ区段关键层垮落后一段时间，第Ⅰ区段的关键层也失去稳定，如图 5-12 所示。第Ⅰ区段垮落范围和高度与第Ⅱ区段类似，垮落特点也相似，具有明显的动载特性。产生这种现象的主要原因是：第Ⅱ区段上方关键层和覆岩彻底失稳后，关键层和覆岩原来用于维持自身砌体梁结构平衡的水平应力突然消失，导致区段隔离煤柱上方的关键层和覆岩的水平应力突然降低，由于覆岩与隔离煤柱之间存在竖向挤压应力和摩擦力，使得第Ⅰ区段关键层内维持平衡的水平应力并没有突然消失。但此时的水平应力无法维持第Ⅰ区段关键层的平衡，从而造成关键层的挠曲变形不断增加，直到达到其临界平衡点后突然失稳。由于侧向水平应力的突然降低，大大弱化了第Ⅰ区段上方关键层在两侧煤壁附近的竖向开裂面的摩擦力，从而大大增加了关键层沿两侧煤壁产生突然切落失稳的概率，而关键层和覆岩的突然切落失稳将会给采空区造成更大的动力灾害。

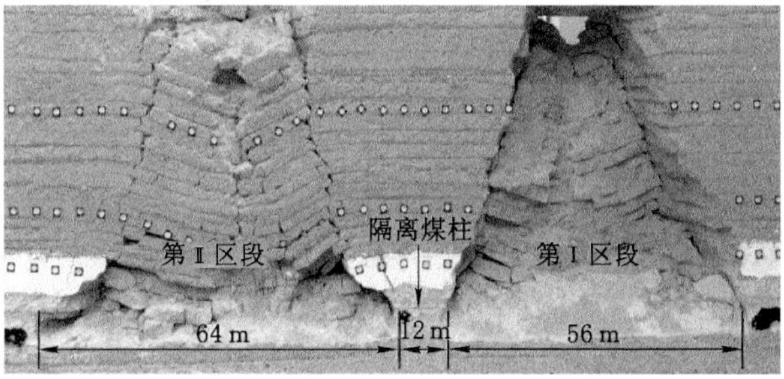

图 5-12　第Ⅰ区段关键层破断失稳

该物理模拟试验得出以下几个重要的规律：① 浅埋煤层中覆岩的大面积失稳的关键因素是覆岩中关键层的稳定；② 当一个区段回采一定范围（覆岩未垮落）时，相邻区段支巷回采会对隔离煤柱两侧的关键层在受力和变形方面均有一定的影响；③ 当区段隔离煤柱一侧的关键层失稳后，在一定时间内，与其相邻区段的关键层会在没有达到其极限跨度（单独开采时的极限跨度）的情况下突然失稳，且多为沿两侧煤壁发生的切落失稳，垮落具有突然性和动载大等特点。

该物理模拟试验只针对相邻区段开挖至 56 m（4 条支巷）的情形进行了分析，但隔离煤柱两侧不同跨度情况下的相互影响是有区别的；同时物理模拟很难实现岩层内部的应力变化监测，特别是水平应力的监测。为了更加系统地分析相邻区段开挖过程中的相互影响机理，通过建立大量复杂的相似模型是很难实现的，而通过数值模拟软件可以获得多参数的系统分析，是深入掌握相邻区段开采关键层变形失稳影响机理的有效方法。因此，下面将结合物理模拟结果和大柳塔 12406-3 工作面开切眼外侧旺采三角区情况，建立包含两个区段和隔离煤柱在内的 FLAC 平面应变数值模型进行系统分析。

第二节 相邻区段开采关键层变形和破断的数值模型建立

根据物理模拟结果，结合相应的工程地质条件及短壁工作面布置参数，建立相应的 FLAC 平面应变数值模型，系统分析相邻区段回采过程对彼此区段上覆关键层变形、受力及破断的影响机理，为深入掌握浅埋关键层在不同的边界环境下失稳特征和预防垮落具有重要的意义。

以大柳塔矿 12406-3 工作面开切眼外侧旺采三角区为研究对象，数值模型的煤层厚度为 4 m，上覆直接顶为两分层，分层厚度为 2 m，直接顶上侧为关键层，平均厚度为 8 m，关键层上侧为覆岩，厚度为 38 m，岩层与岩层之间用“interface”分离，使其可以竖向自由运动；松散荷载层的厚度为 50 m，以均布荷载的形式作用在覆岩表层。为了结合第六章关于屈服煤柱的应力-应变全曲线研究，数值模型中煤层采用应变软化本构模型，煤层的详细力学特征见第六章，其他岩层均采用莫尔-库仑模型。

数值模型所采用的各主要岩层的力学参数如表 5-2 所示。为了增加模型的运算效率，建立沿区段中部垂直支巷的 $FLAC^{2D}$ 数值模型如图 5-13 所示。

表 5-2 岩层力学参数

岩层	弹性模量 /GPa	泊松比	密度 /(g/cm³)	黏聚力 /MPa	内摩擦角 /(°)	抗拉强度 /MPa
覆岩	2.5	0.22	2.5	0.6	30	1.5
关键层	10.0	0.26	2.5	2.4	30	2.0
直接顶	12.0	0.24	2.5	2.4	24	1.4
煤层	2.0	0.21	2.3	2.0	25	1.0
底板	16.0	0.25	2.5	2.6	28	2.0
垮落区	0.1	0.25	2.3	0	28	0

为了系统分析区段隔离煤柱两侧区段内支巷回采对彼此上方关键层变形失稳的影响，制定如下数值模拟方案。

(1) 对单个区段进行逐步开挖，每次回采一条支巷，支巷宽度为 14 m 保持不变。为了获得该模型关键层的极限跨距，当完成 4 条支巷回采后，采用逐

图 5-13　数值模型简图

步推进的方式，每次开挖 2 m 直至 64 m 时关键层彻底失稳。由物理模拟结果可知，关键层的极限跨距为 64 m，与物理模拟结果相同。再模拟 4 条支巷开挖完成后第 5 条支巷回采情况下的关键层垮落机理，此时开挖跨度达到 70 m，关键层处于超极限跨距状态。继续在第 4 条支巷回采的基础上分析单巷双翼回采情况下的关键层垮落机理，即在开挖跨度为 56 m 的基础上一次开挖 2 个支巷宽度(28 m)，此时关键层的跨度由原来的 56 m 突然增加至 84 m，关键层处于更大的超极限跨距状态。

(2) 分析相邻区段支巷(宽 14 m)回采过程中的关键层变形机理。根据相邻区段的关键层是否稳定将关键层所处状态分为稳定状态和垮落状态。

首先，分析相邻区段的关键层处于稳定状态时，隔离煤柱另一侧支巷回采对两个区段关键层稳定的影响。由物理模拟可知，关键层可以在最多回采 4 条支巷时保持稳定，因而，将关键层处于稳定状态的区段分为 4 种情况，分别是开挖 1、2、3 和 4 条支巷，目的是为了系统分析相邻区段的关键层处于不同开挖跨度情况下隔离煤柱另一侧区段支巷回采过程中关键层的稳定状态。

其次，分析相邻区段关键层处于垮落状态(开挖跨度超过 64 m)时，隔离煤柱另一侧区段支巷回采过程中该区段上方关键层的稳定状态。垮落区覆岩的力学参数统一按 Tajduś[175]等的研究结果取值，具体赋值见表 5-2。包含第一区段垮落区的数值模型简图如图 5-14 所示。

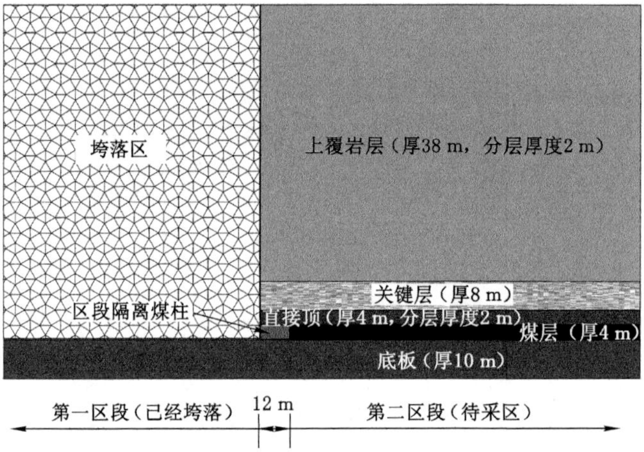

图 5-14　第一区段关键层垮落后的数值模型简图

每条支巷回采完成后，分别监测关键层的挠度分布、关键层的上下表面水平应力分布、关键层的支承压力分布、煤层及区段隔离煤柱的支承压力分布状态和地表下沉状态。根据数值模拟方案，按连续开采、相邻区段关键层稳定和相邻区段关键层垮落三大类分别进行建模和数据分析。

第三节　单一区段支巷连续回采

首先分析单一区段内支巷连续回采过程中关键层的垮落机理，支巷的回采顺序按图 5-3 所示编号(第一区段)进行。由数值模拟结果可知，每条支巷回采后，关键层下沉挠度、上下表面的水平应力和关键层支承压力分布均以相应阶段的采空区跨中为轴呈对称分布，因而，绘图时给出的是以每个开挖步距所形成的跨中为对称点的一侧的曲线分布状态，水平坐标的 0 点位置位于一侧煤壁处。每次回采一条支巷，开挖跨度增加 14 m。

一、关键层挠度分布

图 5-15 所示为区段回采跨度分别为 14 m、28 m、42 m 和 56 m 时的关键层挠度曲线分布。从图中可以看出，每个开挖阶段的关键层挠度均以跨中为最大，向两侧呈递减分布。随着开挖跨度的增加，关键层处于不同位置处的挠度均不断增加，越靠近跨中挠度增加幅度越大。

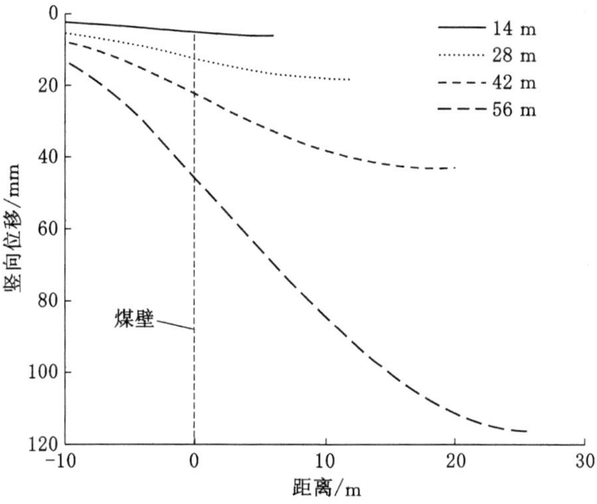

图 5-15　关键层挠度曲线分布

二、关键层上表面水平应力分布

图 5-16 所示为区段回采跨度分别为 14 m、28 m、42 m 和 56 m 时关键层上表面水平应力分布。水平应力以压应力为正，拉应力为负。从图中可以看出，每个开挖阶段的关键层上表面水平应力均有两个峰值，一个是处于跨中附近的压应力峰值，另一个是煤壁前方的拉应力峰值。这与传统的固支梁理论接近，即两侧支承端的上表面是岩梁的受拉区，因而受拉区峰值点集中在煤壁附近的关键层上表面。由第三章的理论分析可知，煤壁在超前支承压力的作用下分为两部分，即靠近煤壁的屈服区和屈服区以里的弹性区，这样会使得拉应力峰值区深入煤壁前方，这与数值模拟结果相符。当开挖跨度较小时（回采支巷数量小于 3 条），关键层和煤壁均处于弹性阶段，此时关键层的上表面应力分布较光滑。但随着回采支巷数量的增加，关键层首先在应力集中区产生屈服，特别是受拉集中区，如关键层在煤壁前方的上表面受拉区和跨中的下表面受拉区，屈服区内的应力集中程度更加明显。由于原岩水平应力的存在，当回采支巷支巷数量小于 3 条（跨度小于 42 m）时，受拉区的拉应力小于原岩水平应力。当回采支巷数量达 3 条后，受拉区的拉应力超过了原岩水平应力，并达到其极限抗拉强度后而屈服，从而造成了第三、四条支巷回采后的拉应力峰值基本不变，接近 0。而跨中的压应力集中区随支巷回采数量的增加而明显增加，其增加幅度远大于煤壁前方的拉应力，特别是由第三条支巷到第四条支巷回采完成后，跨中压应力增加明显。这是由于第三条支巷回采完成后，关键

层在煤壁前方的拉应力集中区产生屈服，从而大大降低了关键层的抵抗变形能力和保持自身平衡的能力，使得关键层由原来的弹性平衡（或“似压力拱”结构）逐渐转化为屈服后的压力拱结构，此时关键层开始由完整状态逐渐演化为砌体梁状态，其自身平衡更多地由压力拱结构来实现，这与第四章的砌体梁结构特征相符，而跨中上侧受压区恰好为压力拱结构的跨中一个铰，这是造成关键层水平压力值明显增加的重要原因。

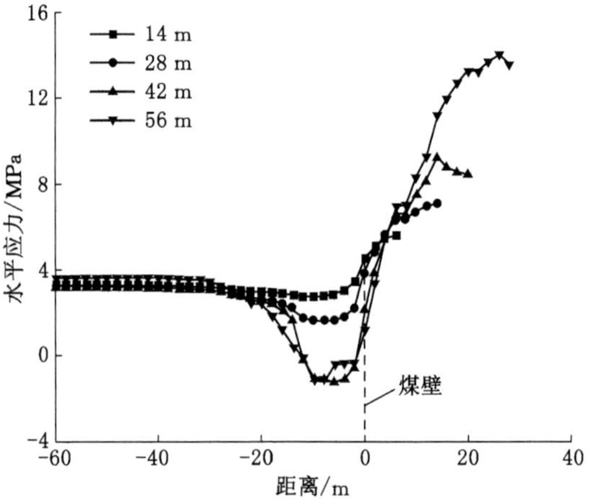

图 5-16　关键层上表面水平应力分布

三、关键层下表面水平应力分布

图 5-17 所示为区段回采跨度分别为 14 m、28 m、42 m 和 56 m 时关键层下表面水平应力分布。从图中可以看出，每个开挖阶段关键层下表面也同样有两个应力集中区，分别是煤壁前方的受压区和跨中的受拉区。其主要原因同前文所述，即随着开挖跨度的增加，跨中受拉区的拉应力逐渐超过了原岩水平应力，并最终达到其抗拉强度而屈服。此时关键层由依靠自身弹性平衡的似“压力拱”状态逐渐转化为开裂后的压力拱平衡，造成煤壁前方的压应力集中程度明显增加，其峰值点距离煤壁由回采 1 条支巷的 8 m 逐渐发展到回采 3 条支巷的 4 m，当第四条支巷回采完成后，其峰值点距煤壁距离保持 4 m 不变。分析其应力峰值点位置变化趋势的机理：当开挖跨度较小时，关键层处于弹性状态，应力分布较均匀；当第三条支巷回采完成后，煤壁前方和跨中的拉应力区先后产生受拉开裂，关键层在煤壁前方和跨中的开裂面处形成了砌体梁结构，此时维持其平衡的压力拱结构的 3 个铰分别集中在煤壁两侧和跨中的开裂面处。这是造

成第三、四条支巷回采后煤壁前方的峰值应力点至煤壁距离基本保持不变的重要原因。

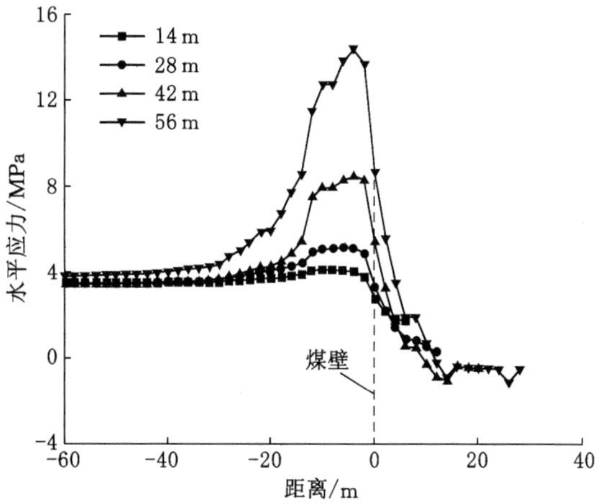

图 5-17　关键层下表面水平应力分布

四、关键层上表面支承压力分布

图 5-18 所示为区段回采跨度分别为 14 m、28 m、42 m 和 56 m 时关键层上表面支承压力分布。从图中可以看出，关键层上表面的支承压力峰值主要集中在煤壁前方 6～10 m 的范围内，跨中支承压力最小。随支巷回采数量的增加，支承压力峰值大小明显增加，且应力集中程度越来越明显，峰值应力点至煤壁的

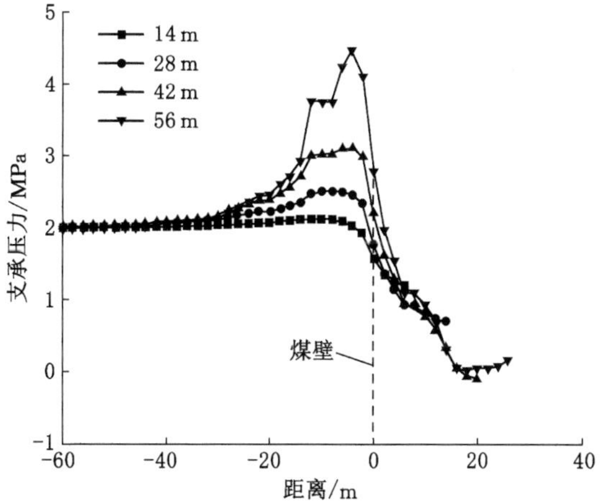

图 5-18　关键层上表面支承压力分布

距离逐渐减小，跨中的支承压力值也越来越小。造成上述现象的主要原因是：随着开挖跨度的增加，关键层挠度不断增加，关键层上侧覆岩的竖向压力值会由跨中逐渐向两侧煤壁转移。当关键层处于弹性阶段时，支承压力分布较均匀；当关键层受拉开裂后，关键层挠度明显增加，关键层沿煤壁前方的开裂面开始旋转，造成开裂区附近的支承压力快速集中，应力峰值突然增加。

五、煤层支承压力分布

图 5-19 所示为区段回采跨度分别为 14 m、28 m、42 m 和 56 m 时煤壁前方支承压力分布。从图中可以看出，随着回采支巷数量的增加，煤壁前方的支承压力集中程度越来越大，应力峰值也随之增加。前 2 个支巷回采完成后，支承压力峰值点集中在煤壁附近，随着回采支巷数量的增加，支承压力峰值点开始向煤壁前方转移。产生这种现象的主要原因是：初始开挖阶段，由于煤壁处的支承压力集中程度较小，煤壁几乎处于弹性阶段；而随着应力集中程度的进一步增加，煤壁开始产生屈服，应力集中点逐渐向煤壁的弹-塑临界点位置转移。特别是当关键层达到极限跨距后，随着关键层所形成的砌体梁结构逐渐下沉，关键层将沿煤壁的弹-塑临界点位置产生旋转，此时的煤壁屈服区宽度约为 6 m，与第三章关于煤壁屈服区宽度的理论计算结果接近；同时，关键层所形成的整个砌体梁结构的长度范围包括两侧的煤壁屈服区宽度。

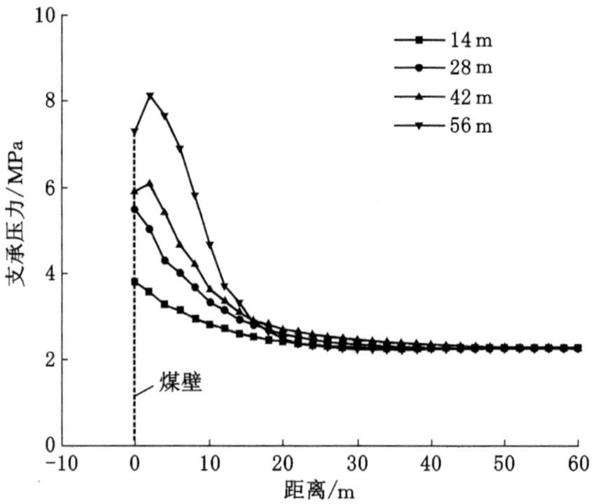

图 5-19　煤层支承压力分布

图 5-20 所示为关键层分别处于极限跨距和不同的超极限跨距情况下的跨中挠度与水平应力之间的关系。从图中可以看出，当关键层的跨中挠度达到

1.7 m左右时，关键层内的水平应力达到峰值，之后，随着关键层的进一步下沉，关键层内的水平应力逐渐降低。这说明关键层开裂后所形成的砌体梁结构的临界平衡挠度值约为关键层厚度的20％左右，与第四章的理论分析中关于砌体梁临界失稳的挠厚比接近。此时的最大水平应力约为40 MPa，说明关键层达到了极限抗压强度而最终失稳。随着开挖跨度的进一步增加，即关键层处于超极限跨距后，关键层的临界平衡应力值逐渐降低，且与其相对应的临界挠度也总体呈降低趋势。这一现象说明处于超极限跨距状态的关键层自身承载能力降低，而两侧煤壁的临界水平应力降低将会大大增加关键层沿两侧煤壁开裂区产生切落的概率，同时临界挠度的不断降低将增加关键层失稳的突然性。因此，超极限跨距开采将会使得关键层破断所产生的动力灾害程度加剧。产生这种现象的主要原因是：开挖跨度越大，关键层所形成的砌体梁结构跨度越大，在砌体梁逐渐下沉的过程中，砌体梁内压力拱分布于跨中和两侧煤壁处的3个铰逐渐产生受压屈服。由于煤壁处的铰位于煤壁里面，集中于煤壁屈服区与弹性区之间的临界点附近，处于三向围压状态，这是造成其受压屈服而非立刻失稳的直接原因。而位于关键层上侧的跨中铰处于接近单向受压状态，其极限抗压强度小于两侧煤壁处于三向围压状态的铰，但由于关键层位于跨中的挠曲变形相对平缓，造成关键层下沉过程中在跨中铰的应力集中程度相对两端要小得多，而且当跨中的应力集中程度超过其弹性极限而产生塑性屈服后，屈服区会向下继续延伸，从而在更大程度上缓解了跨中铰的水平应力集中程度。这一现象与已有的研究成果相互吻合。

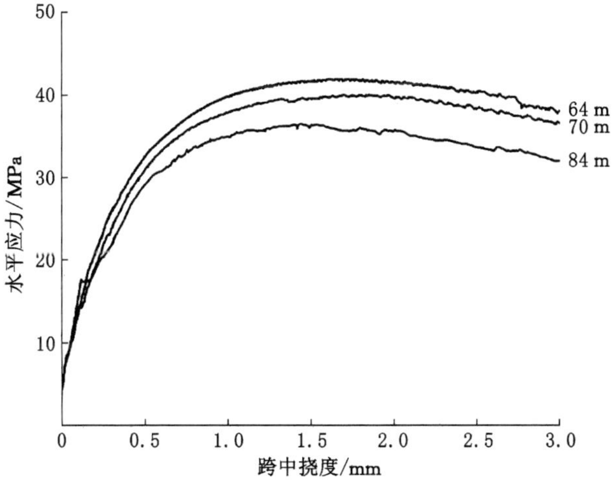

图5-20　不同跨度关键层垮落过程中跨中挠度与水平应力之间的关系

第四节　相邻区段关键层处于稳定状态

在建立不同参数水平分布坐标时，以两个区段中间的隔离煤柱中间位置为水平坐标的原点，左侧为负，右侧为正。其中，隔离煤柱左侧为回采一定数量支巷后的第一区段，隔离煤柱右侧为第二区段，第二区段的开挖从与隔离煤柱最近的支巷开始，按由近及远的顺序逐个进行，直到第二区段关键层彻底失稳。下面按照第一区段的不同开挖跨度进行分析。

一、第一区段开挖 14 m

图 5-21 所示为第一区段（隔离煤柱左侧）开挖跨度为 14 m（回采 1 条支巷）时第二区段（隔离煤柱右侧）支巷回采过程中关键层和地表的挠度曲线。

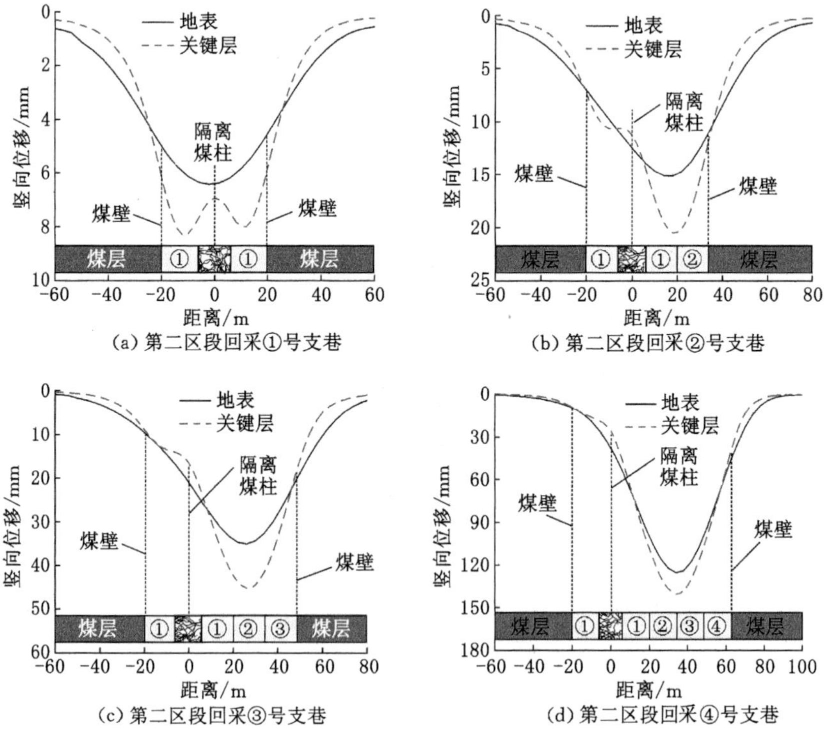

图 5-21　第一侧区段开挖 14 m 时第二区段支巷回采过程中关键层和地表竖向位移分布

由图 5-21(a)可知，当第二区段回采完第一条支巷(①号支巷)后，关键层和地表的挠度分布为整体沿区段隔离煤柱中间成对称分布，但关键层在两侧煤壁范围内部分挠度大于相应的地表下沉量，且关键层的挠度曲线在两个区段的跨中处挠度最大，隔离煤柱上方的挠度相对较小，从而形成了马鞍状。地表挠度曲线在两侧煤壁范围内没有明显的突变，曲线整体成下凹状，在隔离煤柱上方的下沉量达到最大值。产生这种现象的原因是：关键层与煤层较近，且关键层起到承载整个覆岩的作用，因而两个区段开挖后关键层所承受的竖向压力相对较大，其变形量和下沉位置与开挖空间之间的关系紧密；而地表的下沉量主要取决于关键层及其上覆岩层的整体变形量，由于关键层和覆岩的承载作用，造成了地表受开挖空间影响的灵敏性降低，但总体挠度曲线与整个开挖区相关。从图中可以看出关键层在第一区段跨中的变形量大于在第二区段跨中的变形量，原因是第一区段的①号支巷是首先开挖形成的，之后进行第二区段的①号支巷回采，虽然两个支巷的开挖跨度相同，但第一区段经历了两侧开挖变形量的积累，造成其变形量略大于第二区段。

由图 5-21(b)可知，随着第二区段的②号支巷回采完成，关键层和地表挠度曲线发生了明显的变化，即两条曲线的峰值变形段向第二区段所形成的新的跨中转移，关键层的峰值变形量接近第二区段跨中，地表挠度曲线的峰值下沉量也同样向第二区段跨中靠近，但距离右侧跨中比关键层稍远。与图 5-21(a)类似，与煤层距离较近的关键层挠度曲线受区段开挖空间的影响较大，而地表挠度曲线受其影响相对较小，关键层在第二区段的变形量要明显大于地表下沉量。由于受到隔离煤柱的支撑作用，关键层在隔离煤柱上方的挠度曲线产生了明显的变化，变形量突然变小。受隔离煤柱的支撑作用和第二区段跨度增加 1 倍的影响，关键层在第一区段的变形不再有明显的峰值点，且第二区段的整体变形量明显小于第一区段。

由图 5-21(c)可知，当第二区段的③号支巷回采完成后，关键层和地表挠度曲线进一步向第二区段的跨中转移，关键层的峰值变形量要大于地表的峰值变形量，由于地表受开挖空间影响的灵敏度较低，所以整个挠度曲线相对关键层的挠度曲线更加连续和光滑，无明显的转折点。同样由于区段隔离煤柱的支撑作用和左右两个区段的跨度相差较大的原因，以及关键层在第二区段的大幅度下沉，关键层在两个区段内形成了一个以隔离煤柱为支撑点，整体向第二区段旋转、左侧抬升的“旋转梁”结构，促使第一区段内关键层的挠度曲线整体向右倾斜，越靠近右侧煤壁挠度越大，而相应的地表下沉量大于关键层的变形量。

由图 5-21(d)可知，当第二区段的④号支巷回采完成后，关键层和地表挠度曲线进一步向第二区段的跨中转移，两条曲线的峰值点更加接近第二区段跨中，尽管关键层的变形受开挖空间影响较大，但关键层和地表的总体形状和变形量更加接近。同样由于区段隔离煤柱的支撑作用，使得关键层形成了以隔离煤柱为支撑点的“旋转梁”结构，造成第二区段内地表下沉量大于关键层的下沉量。

通过对图 5-21(a)～(d)4 个图分析可知，随着第二区段回采支巷数量不断增加，关键层和地表的变形量总体向开挖空间较大(第二区段)的跨中转移，且变形量越来越大。关键层受开挖空间影响相对地表较大，造成了关键层的挠度曲线在两个区段之间的隔离煤柱处产生了明显的转折，并当第二区段开挖空间大于第一区段时，关键层形成了向右旋转“旋转梁”结构，使得第二区段的关键层挠度明显大于第一区段，且这种现象随两侧区段跨度之差增加而更加明显。关键层最大变形量大于地表最大下沉量，两条曲线随着右侧开挖空间的增大而总体形状更加接近。

图 5-22 所示为当第一区段开挖跨度为 14 m(回采 1 条支巷)时第二区段支巷回采过程中关键层上下表面水平应力分布曲线。以压应力为正，拉应力为负，以后的应力正负判断与此相同。值得注意的是数值模型建立后，考虑原岩水平应力的作用，关键层所处高度的原岩水平应力在 3.5 MPa 左右，因而下面所述压应力和拉应力是以原岩水平应力为基准上下波动。由于两侧区段的开挖空间相同(各回采 1 条支巷)，两条曲线总体以隔离煤柱中点为对称点呈对称分布，再加上此时关键层处于弹性阶段，拉应力和压应力分布较为均匀和对称，造成两条曲线之间沿原岩水平应力竖向总体成对称分布。随着与开挖区之间的距离增加，两条曲线总体趋于汇合，并逐渐接近原岩水平应力。

由图 5-22(a)可知，关键层上表面的压应力存在 2 个峰值，分别在两个区段的跨中上方；拉应力同样存在 2 个峰值，分别位于两侧煤壁的前方。而关键层下表面存在 3 个压应力峰值，分别位于两侧煤壁前方和隔离煤柱上方；2 个拉应力峰值分别位于两个区段的中间位置。这一现象基本符合中间支撑两侧开挖的连续梁应力分布特征，由于关键层的厚度较大，关键层在向下变形过程中会在岩梁内部形成开裂前的“似压力拱”结构，即在区段跨中的关键层上侧和两侧煤壁上方的关键层下侧形成 3 个水平应力集中点，整个水平应力曲线连接 3 个点后形成了岩梁内部近似拱形结构，与第四章的压力拱结构整体形状类似。

由图 5-22(b)可知，当第二区段的②号支巷回采完成后，由于第二区段的跨度大于第一区段的跨度，使得两条应力曲线在水平方向不再沿隔离煤柱中间呈对称分布，而是总体向跨度较大的第二区段转移，应力波动向第二区段集中，而

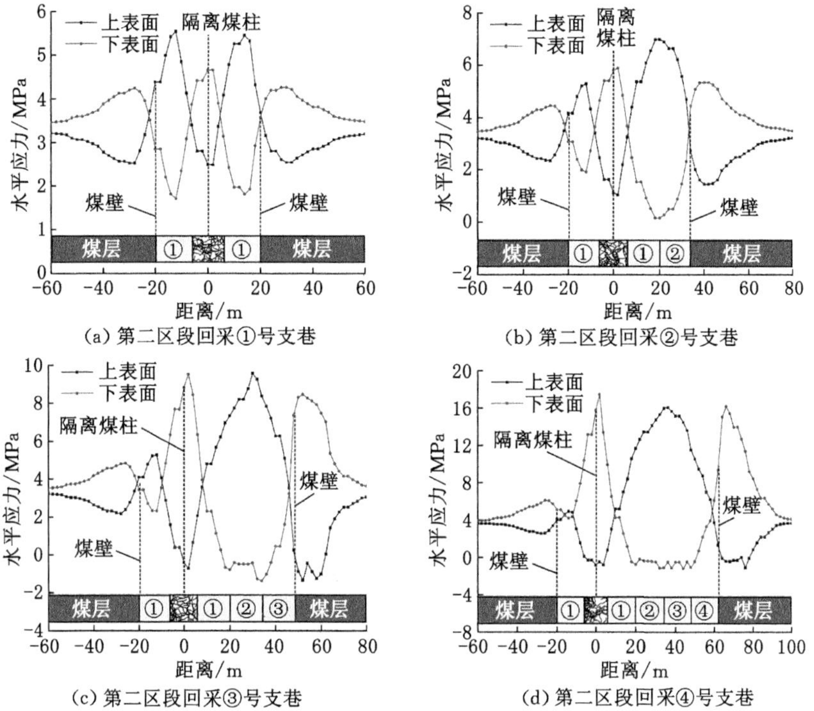

图 5-22　第一区段开挖 14 m 时第二区段支巷回采过程中关键层上下表面水平应力分布

且关键层上下表面的应力峰值普遍增大，以第二区段附近的应力变化更为明显。随着测点位置远离开挖区，两条应力曲线总体呈汇合趋势，并逐渐趋近原岩水平应力。关键层上表面水平应力同样存在位于两个区段中部附近的压应力峰值区和位于两侧煤壁前方和隔离煤柱上方 3 个拉应力峰值区，但第二区段的跨中附近峰值压应力为 7.0 MPa，大于第一区段的跨中附近峰值压应力 5.3 MPa。同样，关键层下表面水平应力在第二区段跨中附近峰值拉应力大于第一区段跨中附近的峰值拉应力；而压应力的 3 个峰值区位置主要集中在两侧煤壁前方和两个区段中部的隔离煤柱上方，其中隔离煤柱上方的压应力最大，其次是第一区段右侧煤壁前方的压应力，最小的是第一区段左侧煤壁前方的压应力。产生这种第二区段附近应力集中程度相对第一区段明显增加现象的主要原因是第二区段的开挖跨度(回采 2 条支巷)大于第一区段(回采 1 条支巷)，因而在第二区段的关键层下沉量增加的同时，需要维持关键层稳定的应力会随之增加。而隔离煤柱上方最大水平应力大于两侧煤壁上方水平应力的原因是维持左右两侧区段上方关键层稳定(关键层内部形成的“似压力拱”结构)所需要的水平应力在煤壁处叠加所致。通过整个关键层的水平应力峰值区分布位置可以看出，每个区段上方的关键层均形成一个“似压力拱”结构，而两个压力拱各自的一只铰在隔离煤柱上方产生一定的重叠，从而造成了隔离煤柱上方的水平应力叠加，同时也说明一侧区段的回采会通过中间的隔离煤柱以水平应力不断增加的形式影响相邻区段关键层的稳定。

由图 5-22(c)可知，当第二区段的③号支巷回采完成后，第二区段跨度进一步增加，使得两条应力曲线总体向跨度较大的第二区段进一步转移，两个区段之间的应力变化幅度更大，而且关键层上下表面的峰值应力进一步增加，特别是在第二区段附近的水平应力增加更为明显。值得注意的是，关键层上下表面分布在跨中和隔离煤柱上方的拉应力峰值已经克服了原岩水平应力，并部分达到了关键层抗拉强度，促使该区域的关键层受拉开裂，关键层的连续变形被逐步打破，第二区段附近的关键层开始由之前连续变形的“似压力拱”结构转化为开裂后非连续的“压力拱”结构。结合第四章的砌体梁理论可知，此时关键层的变形量会增加，为进一步维持砌体梁结构的平衡，在砌体梁结构跨中和两侧煤壁上方的铰处会产生更大的水平应力，这是造成第二区段两侧和跨中附近水平应力集中的直接原因。而第二区段水平应力的变化通过隔离煤柱上方的关键层作用于第一区段上方的关键层，会有利于左侧关键层的稳定。

由图 5-22(d)可知，当第二区段的④号支巷回采完成后，第二区段回采数量已经达到关键层极限跨距前的最大支巷回采数量。两条水平应力曲线位于第二区段跨中、第二区段煤壁前方和隔离煤柱上方的水平拉应力峰值总体接近 0，说明此时关键层已经在这些位置完全受拉开裂，无法产生更大的拉应力，而分布于第二区段跨中、第二区段煤壁上方和隔离煤柱上方的水平应力峰值明显增加，这是由于开裂的关键层形成砌体梁结构后，其自身维持平衡主要源于岩梁内部所形成的压力拱结构。第二区段关键层自身平衡过程中产生更大水平应力通过区段中间隔离煤柱上方的关键层作用于第一区段上方的关键层，进一步增强左侧关键层的稳定。

图 5-23 所示为第一区段开挖跨度为 14 m(回采①号支巷)时第二区段支巷回采过程中关键层和煤层支承压力分布曲线。

由图 5-23(a)可知，当第二区段①号支巷回采完成后，两个区段总体呈对称分布，使得关键层和煤层的支承压力分布也相对于中间的隔离煤柱对称。两条支承压力曲线在开挖区波动较大，随着与两侧煤壁之间的距离不断增加，两条曲线接近平行(两条曲线相差关键层和下侧直接顶的重力荷载)。关键层支承压力总体分布特征是在两侧煤壁前方 8 m 左右存在峰值区，在中间的隔离煤柱

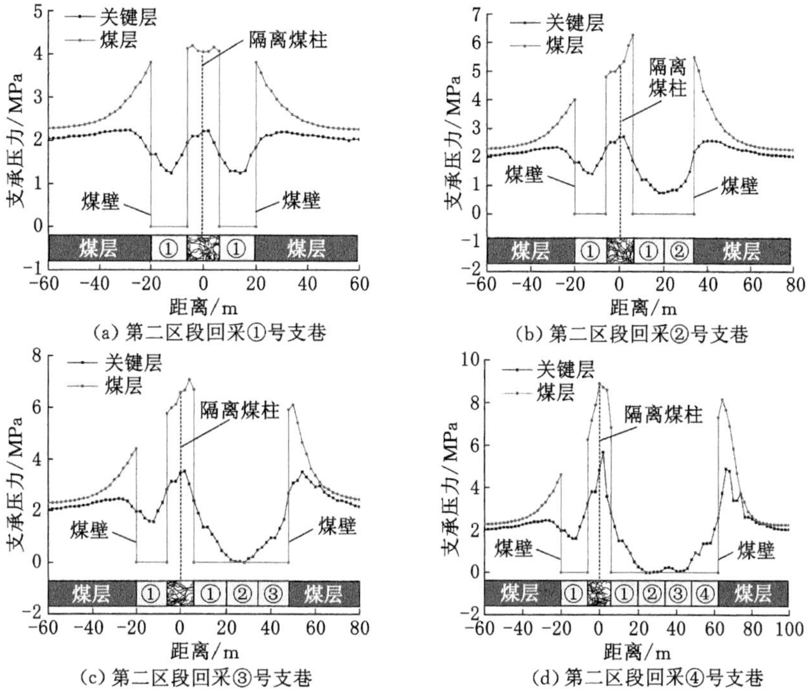

图 5-23 第一区段开挖 14 m 时第二区段支巷回采过程中关键层和煤层支承压力分布

上方存在相对较大的应力集中区，越靠近两个区段中间，支承压力越小，但此时跨中的支承压力仍大于 1 MPa，说明该阶段整个关键层在不同程度上承担部分上覆岩层的重量。煤层的支承压力在两侧煤壁处达到峰值应力，然后向煤壁深处逐渐降低并趋于水平分布，这是由于此时煤壁处于弹性阶段，促使区段开挖后支承压力在煤壁附近集中；而隔离煤柱上方的竖向压应力总体以中间位置呈对称分布，应力在靠近煤壁附近达到峰值，在中间和两侧煤壁处略小。隔离煤柱上方的竖向应力总体大于区段两侧煤壁前方的峰值应力，这是由于两个区段开挖后在隔离煤柱上方造成了应力叠加。

由图 5-23(b)可知，当第二区段②号支巷回采完成后，关键层和煤层支承压力曲线同样在开挖区波动较大，随着与两侧煤壁之间的距离不断增加，两条曲线接近平行。但由于第二区段跨度大于第一区段，促使两条曲线在第二区段附近应力集中程度更大。而此时关键层支承压力仍集中在两侧煤壁前方和隔离煤柱上方，但左侧煤壁前方的支承压力峰值距煤壁仍为 8 m 左右，而右侧煤壁前方的支承压力峰值距煤壁约为 6 m，同时右侧煤壁上方的支承压力峰值明显大于左侧，说明右侧开挖跨度的增加促使煤壁前方的支承压力更加集中，且应力峰值越靠近煤壁。而关键层支承压力在两个区段中间附近的分布也出现了明显的差别，即在第二区段的支承压力降低程度更大，但在最低处仍有约 0.7 MPa，说明随着开挖跨度的增加，关键层在采空区上方的支承压力逐步降低，总体呈两边大中间小的分布。此时煤层的支承压力在第二区段煤壁前方的峰值明显大于第一区段煤壁前方的峰值，同时隔离煤柱上方的竖向应力进一步增加，总体向开挖跨度较大的一侧(第二区段)集中。

由图 5-23(c)可知，当第二区段③号支巷回采完成后，关键层和煤层支承压力曲线的总体体分布规律与②号支巷回采后类似，即在第二区段附近的应力集中程度更加明显。但值得注意的是，此时关键层在第二区段跨中上方的支承压力几乎消失，向两侧煤壁逐渐增大，在右侧煤壁前方和隔离煤柱上方支承压力增加程度更加明显，峰值应力更大，这主要是由于第二区段相对较大的开挖跨度造成关键层在采空区的竖向变形较大，同时由于关键层在第二区段煤壁前方和隔离煤柱上方的受拉区开裂，加剧了关键层向第二区段跨中旋转变形的程度，从而使得跨中支承压力降低、煤壁前方支承压力集中。煤层支承压力分布也在区段附近集中，但第二区段煤壁前方和隔离煤柱上方的支承压力峰值不是在靠近第二区段的煤壁处，而是在距煤壁 2 m 左右的地方，这是由于第二区段左右两侧煤壁出现了约 2 m 的屈服区造成煤壁处出现支承压力降低的现象。

由图 5-23(d)可知，当第二区段④号支巷回采完成后，关键层和煤层支承压力曲线的总体体分布规律与③号支巷回采后类似，即在第二区段附近的应力集中程度更加明显。关键层在第二区段跨中上方的支承压力接近 0 的范围分布在跨中 18 m 左右的范围，相对③号支巷回采时的应力降低区范围明显增加，该范围外的支承压力向两侧煤壁逐渐增大，在右侧煤壁前方 4 m 和隔离煤柱中间偏右 2 m 处分别达到峰值，并相对③号支巷回采时峰值应力有较大增加。煤层支承压力在隔离煤柱中部和右侧煤壁前方 2 m 处分别达到峰值，这是由于随着第二区段的开挖跨度增加，隔离煤柱靠近第二区段的部分和第二区段右侧煤壁的屈服区宽度进一步增加，促使支承压力峰值增加的同时，支承压力峰值深入两侧煤壁。

二、第一区段开挖 28 m

图 5-24 所示为第一区段(隔离煤柱左侧)开挖跨度为 28 m(回采 2 条支巷)时第二区段(隔离煤柱右侧)支巷回采过程中关键层和地表的挠度曲线。当第二区段回采完第一条支巷(①号支巷)后，关键层和地表的挠度峰值出现在第一区段跨中附近。随着第二区段的②号支巷回采完成，由于两个区段分别回采 2

条支巷，跨度相同，且沿区段隔离煤柱呈对称分布，所以关键层和地表的挠度曲线也沿隔离煤柱中间水平对称分布。关键层受到开挖空间的影响相对于地表更为明显，在两个区段跨中挠度达到最大，大于相应的地表下沉量。由于隔离煤柱对关键层的支撑作用，使得关键层在隔离煤柱上方的挠度达到开挖区范围内的最小值，小于相应的地表下沉量。地表挠度曲线在整个开挖区只有一个峰值，位于隔离煤柱中部。随着远离开挖区，关键层和地表的挠度曲线趋于平行。相对于上一个回采阶段，关键层和地表的最大下沉量均增加。当③号支巷回采完成，第二区段跨度大于第一区段，关键层和地表的挠度曲线整体向第二区段跨中转移，且在右侧跨中偏左达到各自的峰值。关键层挠度曲线两个峰值分别位于两个区段的跨中附近，但在第二区段的下沉量远大于第一区段的下沉量，但均大于相应的地表下沉量。隔离煤柱上方的关键层挠度达到开挖区范围内的最小值，小于相应的地表下沉量。随着远离开挖区，关键层和地表的挠度曲线趋于平行。随着第二区段的④号支巷回采完成，关键层和地表的挠度曲线总体分布接近，挠度峰值位于第二区段的跨中附近，而第一区段范围内的关键层挠度再无明显的峰值，而是整体向第二区段倾斜，受区段隔离煤柱的支撑作

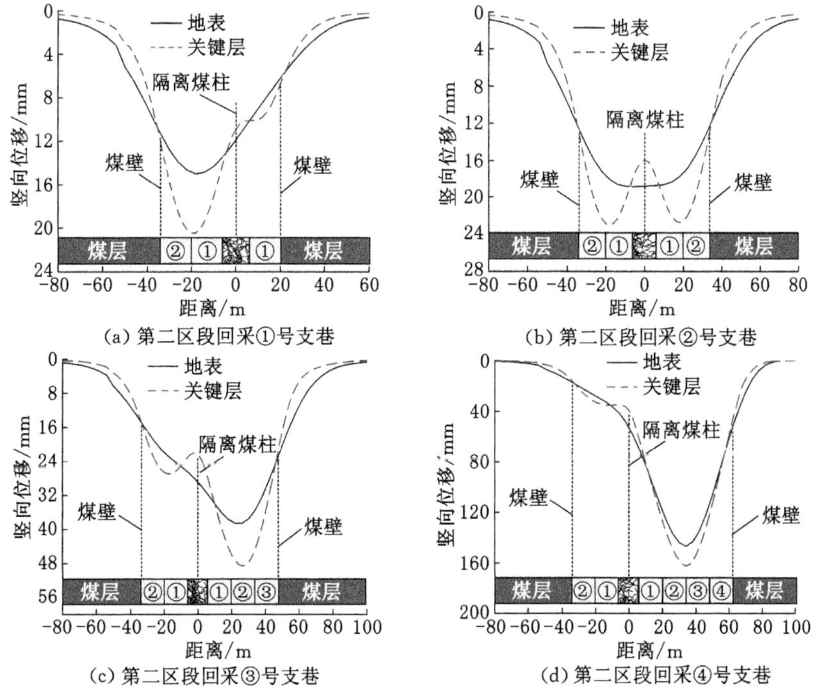

(a) 第二区段回采①号支巷　(b) 第二区段回采②号支巷

(c) 第二区段回采③号支巷　(d) 第二区段回采④号支巷

图 5-24　第一区段开挖 28 m 时第二区段支巷回采过程中关键层和地表竖向位移分布

用，关键层的挠度曲线在隔离煤柱处发生较大的转变。

图 5-25 所示为第一区段开挖跨度为 28 m(回采 2 条支巷)时第二区段支巷回采过程中关键层上下表面水平应力曲线。当第二区段回采完第一条支巷(①号支巷)后，关键层的两条水平应力曲线主要集中在第一区段附近。随着第二区段的②号支巷回采完成，由于两个区段分别回采 2 条支巷，跨度相同，且沿区段隔离煤柱呈对称分布，所以关键层上下表面水平应力曲线也沿隔离煤柱中间水平对称分布。由于此时关键层总体呈弹性状态，两条曲线的拉、压应力峰值区总体沿原岩水平应力呈对称分布。曲线的压应力峰值分别位于两个区段的跨中和两侧煤壁前方以及中间隔离煤柱上方，其中由于两侧水平应力在隔离煤柱上方的叠加，总体形成了分布于两个区段内的“似压力拱”结构，压应力集中点相当于压力拱的 3 个铰，两个压力拱各自的一个铰在隔离煤柱上方重叠，使得隔离煤柱上方的水平应力大于区段两侧煤壁前方的水平应力峰值。当③号支巷回采完成后，由于第二区段跨度相对较大，因而整个应力曲线的应力波动向第二区段转移。关键层下表面水平应力在第二区段跨中附

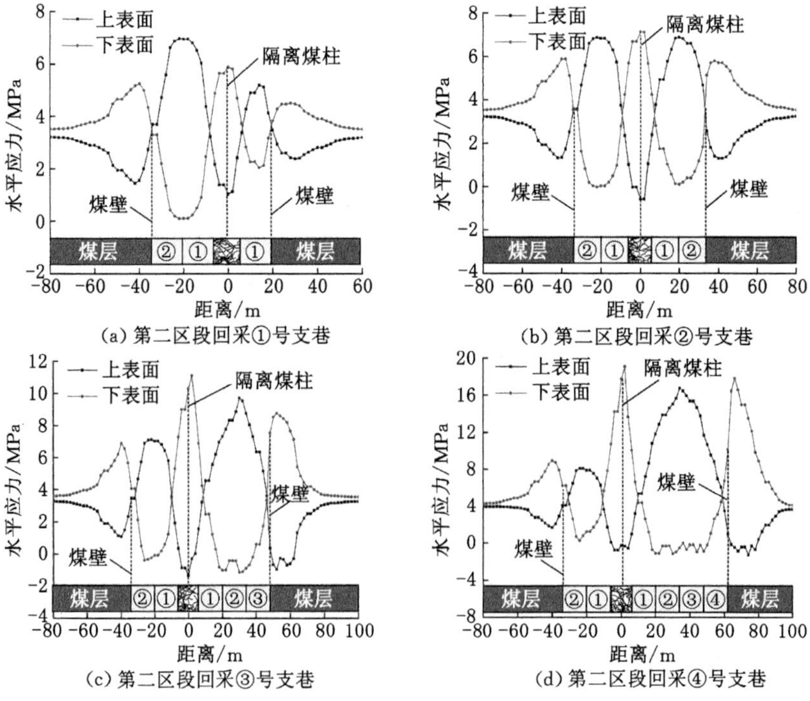

(a) 第二区段回采①号支巷
(b) 第二区段回采②号支巷
(c) 第二区段回采③号支巷
(d) 第二区段回采④号支巷

图 5-25　第一区段开挖 28 m 时第二区段支巷回采过程中关键层上下表面水平应力分布

近、上表面水平应力在右侧煤壁前方以及隔离煤柱上方的受拉区部分达到极限抗拉强度而屈服，这些部分的水平应力几乎消失，关键层在这些屈服区受拉开裂，砌体梁结构逐步形成。此时第二区段分布在跨中、右侧煤壁前方和隔离煤柱上方的3个水平应力集中程度明显大于第一区段，由于叠加效应，在隔离煤柱上方的压应力峰值达到最大。第一区段上方的关键层总体呈连续的“似压力拱”结构，而第二区段由于拉裂而形成“压力拱”结构，第二区段关键层在平衡过程中产生更大水平应力通过隔离煤柱上方的关键层传递给第一区段关键层。随着第二区段的④号支巷回采完成，整个应力曲线的应力波动进一步向第二区段转移。关键层在第二区段跨中和两侧煤壁上方的拉应力屈服区进一步扩展，相应位置的水平应力也进一步增加。

图5-26所示为第一区段开挖跨度为28 m(回采2条支巷)时第二区段支巷回采过程中关键层和煤层的支承压力分布曲线。当第二区段回采完第一条支巷(①号支巷)后，第一区段左侧煤壁前方的支承压力集中程度更大，屈服煤柱的支承压力在左侧煤壁处达到峰值。随着第二区段的②号支巷回采完成，

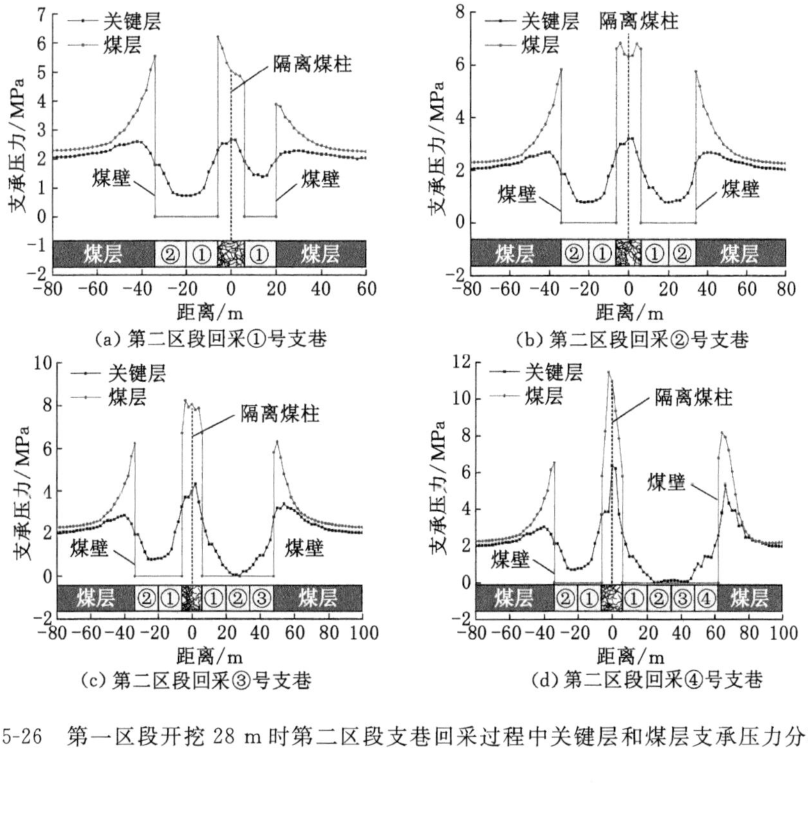

(a) 第二区段回采①号支巷
(b) 第二区段回采②号支巷
(c) 第二区段回采③号支巷
(d) 第二区段回采④号支巷

图5-26　第一区段开挖28 m时第二区段支巷回采过程中关键层和煤层支承压力分布

由于两个区段分别回采 2 条支巷，跨度相同，且沿区段隔离煤柱呈对称分布，所以关键层和煤层的支承压力也沿隔离煤柱中间呈水平对称分布。关键层的支承压力在两侧煤壁前方和隔离煤柱上方达到峰值，越靠近区段跨中越小。煤层支承压力在两侧煤壁处达到峰值，在隔离煤柱上方应力集中，由于应力叠加使得隔离煤柱上方的竖向压应力大于两侧煤壁前方的应力。当③号支巷回采完成后，由于第二区段跨度相对较大，因而应力集中程度在第二区段附近更加明显。此时关键层支承压力在第二区段跨中位置几乎消失，在右侧煤壁前方和隔离煤柱上方的应力集中程度进一步增加。煤层支承压力在两侧煤壁前方和隔离煤柱上方集中，隔离煤柱上方的支承压力最大，其次是右侧煤壁前方的支承压力。当第二区段的④号支巷回采完成后，两条支承压力曲线进一步向第二区段集中，应力集中程度更加明显。

三、第一区段开挖 42 m

图 5-27 所示为第一区段（隔离煤柱左侧）开挖跨度为 42 m（回采 3 条支巷）时第二区段（隔离煤柱右侧）支巷回采过程中关键层和地表的挠度分布曲

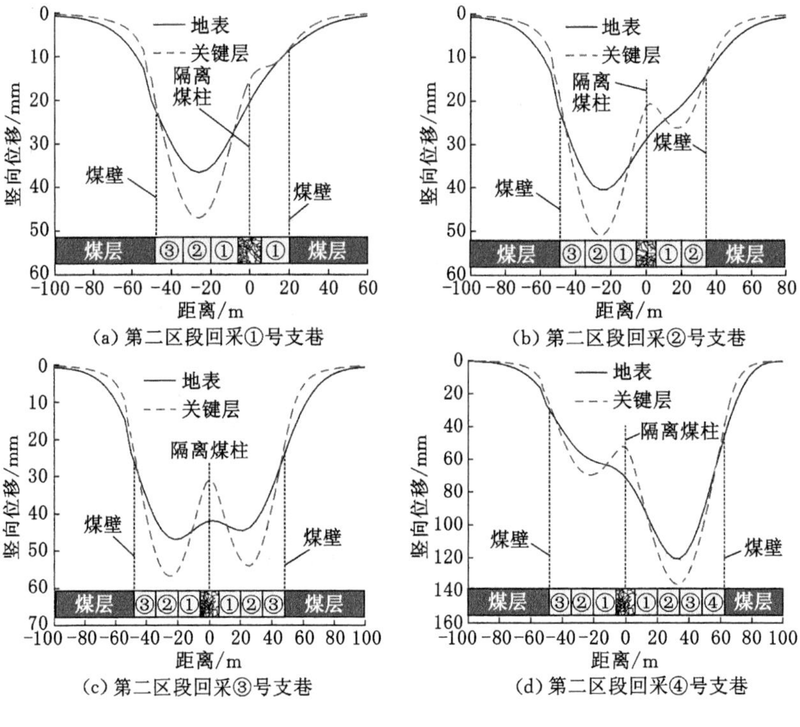

图 5-27　第一区段开挖 42 m 时第二区段支巷回采过程中关键层和地表竖向位移分布

线。当第二区段回采完第一条支巷(①号支巷)后,关键层和地表挠度峰值均出现在第一区段跨中附近。随着第二区段的②号支巷回采完成,第一区段跨中的挠度值进一步增加,第二区段跨中的关键层挠度值增加明显。当③号支巷回采完成后,两个区段的开挖跨度相同,但第一区段范围内的挠度值整体大于第二区段的挠度值,表现出非对称性,这是由于此时第一区段关键层已经出现了部分塑性屈服,而第二区段支巷回采对左侧关键层产生的影响出现累积所致。随着第二区段的④号支巷回采完成,关键层和地表两条曲线总体分布接近,但区段隔离煤柱上方关键层的挠度有了较为明显的转折,说明在两个区段开挖空间较大情况下,隔离煤柱所受竖向压力更加集中,关键层在煤柱较大的支承作用下挠度变化较大。但关键层和地表的挠度曲线总体向跨度更大的第二区段中间转移。

图 5-28 所示为第一区段开挖跨度为 42 m(回采 3 条支巷)时第二区段支巷回采过程中关键层上下表面水平应力分布曲线。随着第二区段支巷回采数量的增加,第一区段附近的关键层上下表面水平应力集中程度逐渐增加,同时

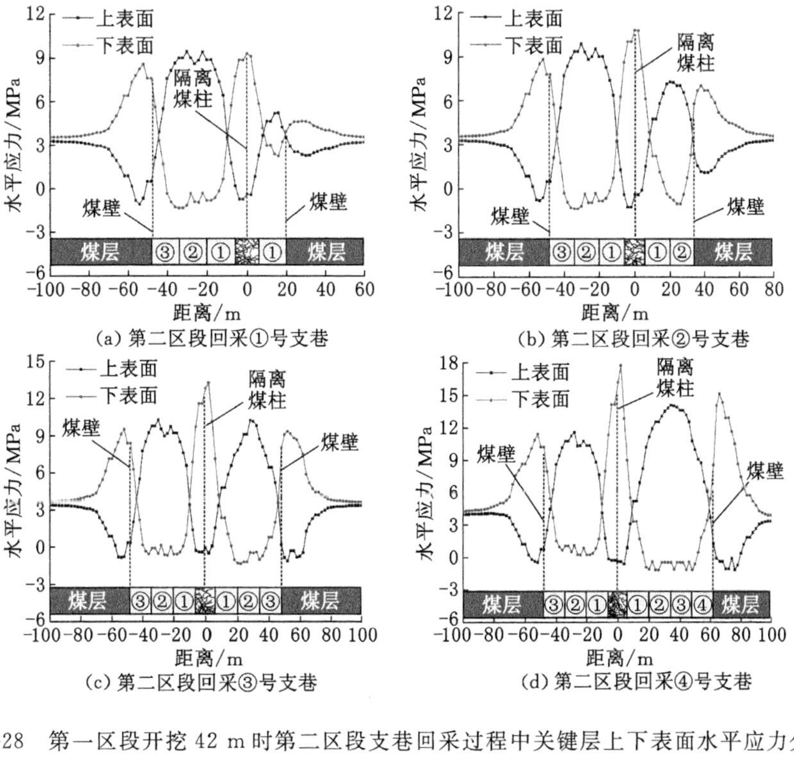

(a) 第二区段回采①号支巷
(b) 第二区段回采②号支巷
(c) 第二区段回采③号支巷
(d) 第二区段回采④号支巷

图 5-28　第一区段开挖 42 m 时第二区段支巷回采过程中关键层上下表面水平应力分布

第二区段的应力集中程度也随着支巷的回采而增加。当第二区段的③号支巷回采完成后，两个区段的关键层上下表面水平应力总体呈对称分布。当④号支巷回采完成后，整个应力曲线的应力波动进一步向第二区段转移。区段隔离煤柱上方的水平应力随着第二区段支巷回采数量的增加而增加，这是由于左右两侧形成的压力拱结构在隔离煤柱上方产生的应力叠加所致。

图 5-29 所示为第一区段开挖跨度为 42 m(回采 3 条支巷)时第二区段支巷回采过程中关键层和煤层的支承压力分布曲线。第一区段附近的关键层和煤层的支承压力峰值随着第二区段支巷回采数量的增加而逐步增加，当第二区段的跨度与第一区段相同时，左右两侧的支承压力总体呈对称分布。随着第二区段④号支巷回采完成，支承压力峰值向第二区段附近转移。区段隔离煤柱的支承压力分布随着两个区段开挖跨度的不同而表现出不同，应力峰值随第二区段支巷的回采而不断增加。隔离煤柱上方关键层的支承压力集中程度也随着第二区段支巷的回采而增加。

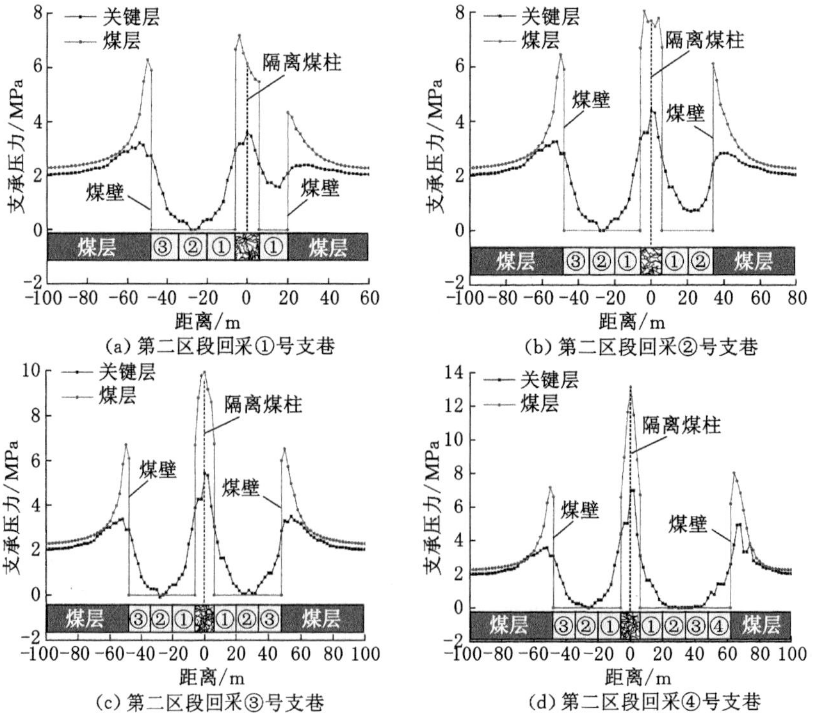

(a) 第二区段回采①号支巷　(b) 第二区段回采②号支巷

(c) 第二区段回采③号支巷　(d) 第二区段回采④号支巷

图 5-29　第一区段开挖 42 m 时第二区段支巷回采过程中关键层和煤层支承压力分布

四、第一区段开挖 56 m

图 5-30 所示为第一区段(隔离煤柱左侧)开挖跨度为 56 m(回采 4 条支巷)时第二区段(隔离煤柱右侧)支巷回采过程中关键层和地表的挠度分布曲线。当第二区段回采完第一条支巷(①号支巷)后,关键层和地表挠度分布整体与图 5-27 相似,不同之处在于图 5-30 所示两个区段的开挖支巷数量相同、分布相反。

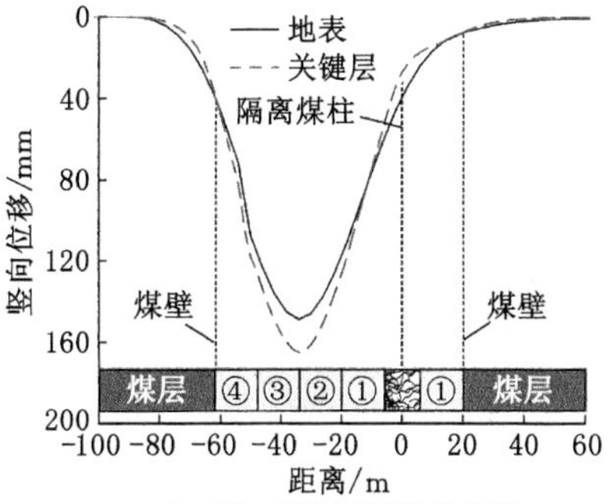

(a) 第二区段回采①号支巷

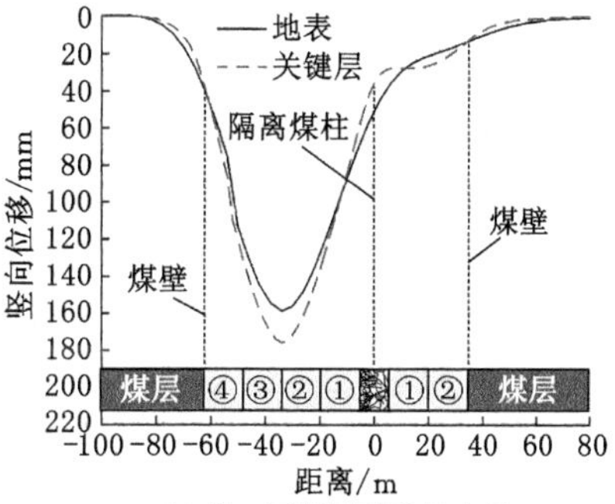

(b) 第二区段回采②号支巷

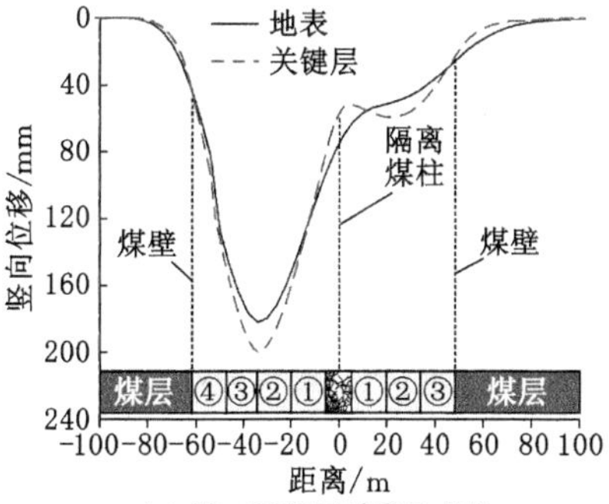

(c) 第二区段回采③号支巷

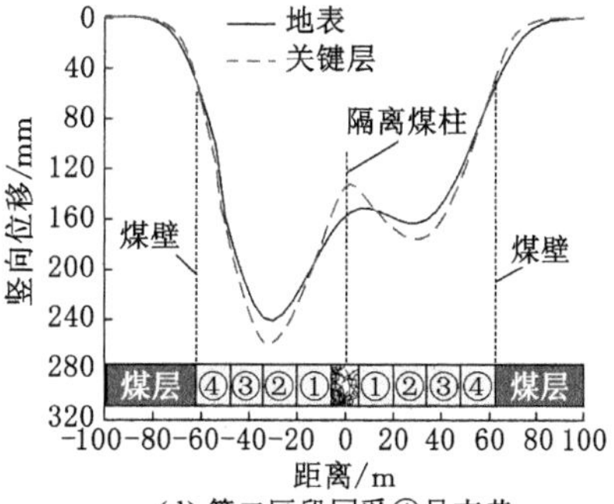

(d) 第二区段回采④号支巷

图 5-30　第一区段开挖 56 m 时第二区段支巷回采过程中关键层和地表竖向位移分布

与前述区段回采不同,在第二区段的整个回采过程中,关键层和地表的竖向位移曲线总体接近,并在第一区段内达到峰值。随第二区段回采支巷数量的增加,两条曲线在第一区段跨中附近的挠度值明显增加,说明第二区段的回采对第一区段关键层和地表的变形及稳定影响明显增加。

图 5-31 所示为第一区段开挖跨度为 56 m(回采 4 条支巷)时第二区段支巷回采过程中关键层上下表面水平应力分布曲线。

关键层上下表面水平应力主要集中在第一区段跨中和两侧煤壁上方,随

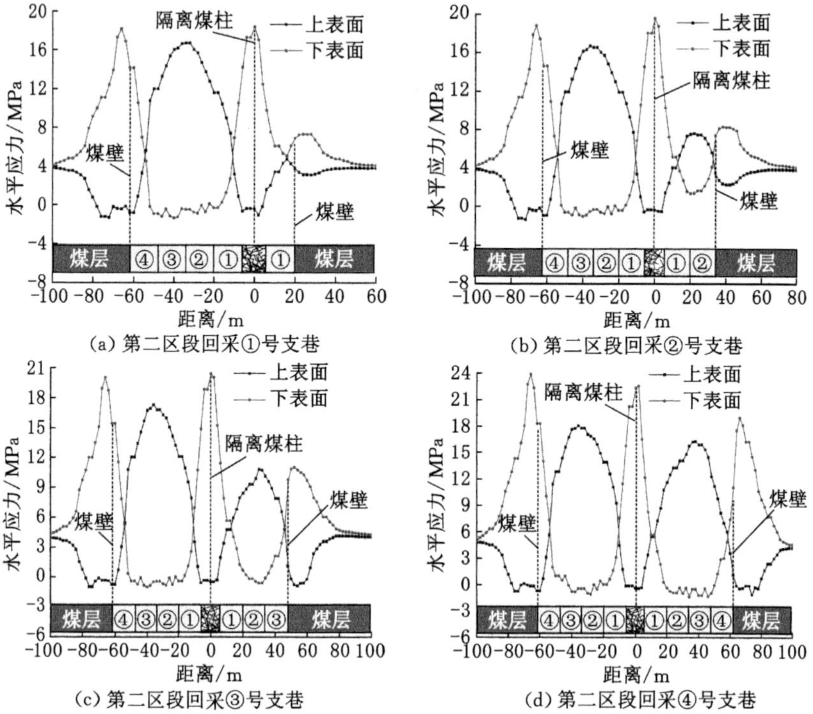

(a) 第二区段回采①号支巷　(b) 第二区段回采②号支巷

(c) 第二区段回采③号支巷　(d) 第二区段回采④号支巷

图 5-31　第一区段开挖 56 m,第二区段支巷回采过程中关键层上下表面水平应力分布

着第二区段支巷回采数量的增加,上述位置的应力集中更加明显,同时第一区段附近的关键层上下表面水平应力集中现象也更加明显。直到第二区段的 4 条支巷完全回采,两个区段附近的关键层上下表面水平应力总体分布接近,但第一区段的水平应力集中更加明显。

图 5-32 所示为第一区段开挖跨度为 56 m(回采 4 条支巷)时第二区段支巷回采过程中关键层和煤层的支承压力分布曲线。第一区段附近关键层和煤层的支承压力集中程度更大,随着第二区段支巷的回采,应力集中程度更加明显。隔离煤柱上方关键层和煤层的支承压力集中程度最大。

综合上面的分析可知,当第一区段回采支巷数小于等于 2 条时,第二区段支巷的回采会使得左侧关键层变形和水平应力增加,此时左侧关键层及覆岩处于弹性状态。当第二区段开挖跨度和第一区段相同时,左右两侧的关键层应力分布、支承压力分布和岩层竖向变形几乎对称。而随着第一区段开挖跨度进一步增加,第一区段关键层逐渐进入塑性变形阶段,当左右两侧开挖跨度相同时,两侧的关键层各参数分布逐渐失去对称性。这是由于关键层进入塑

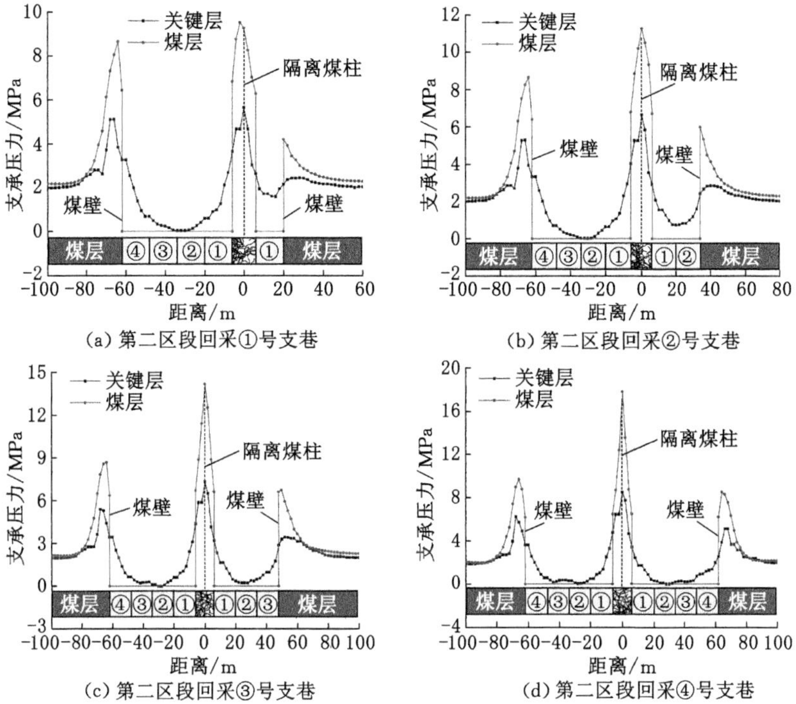

(a) 第二区段回采①号支巷　(b) 第二区段回采②号支巷

(c) 第二区段回采③号支巷　(d) 第二区段回采④号支巷

图 5-32　第一区段开挖 56 m 时第二区段支巷回采过程中关键层和煤层支承压力分布

性变形阶段后，第二区段支巷回采对其影响会出现累积所致，这种现象随着第一区段开挖空间的增加而增大。总体上，各参数的分布与左右两侧开挖跨度大小有关，参数值在开挖跨度较大一侧更大。

如图 5-33 所示，第一区段跨度分别为 14 m、28 m、42 m 和 56 m 时，第二区段支巷回采对第一区段跨中挠度的影响。从图中可以看出，第二区段支巷回采会使第一区段跨中挠度不断增加。当第一区段的跨度相对较小，即小于 42 m(回采 3 条支巷)时，第二区段支巷回采对第一区段跨中挠度影响相对较小；但当第一区段跨度达到 56 m(回采 4 条支巷)时，第一区段的跨中挠度由初始平衡时的 117 mm 增加至完成 4 条支巷回采时的 258 mm，挠度增加了 121%。这说明隔离煤柱一侧区段的开挖跨度越大，另一侧区段的开挖对原区段关键层的变形影响就越大，影响程度甚至超过了原区段关键层变形量的 2 倍。产生这种现象的原因是：当第一区段的开挖跨度达到一定值后，其上方的关键层在拉应力和压应力集中区已经出现部分屈服破坏，关键层的平衡是通过在两侧煤壁附近和跨中形成的压力拱来维持。随着第二区段支巷回采，隔离煤柱右侧的跨度不断增加，原来分布于第二区段的超前支承压力会逐渐转移至两个区段中间的隔离煤柱上方，造成隔离煤柱上方的应力集中增加，同时小部分支承压力会通过连接两个区段的关键层传至第一区段关键层靠近隔离煤柱的部分，这种应力集中和关键层支承压力的传递会随着第二区段支巷的不断回采而逐渐增加。在这个过程中，隔离煤柱处的关键层竖向变形会随着隔离煤柱屈服区不断扩展而增加，而关键层上方竖向压力的增加进一步加剧了其竖向变形程度。由前述理论和数值分析可知，随着第二区段开挖跨度的增加，关键层在变形过程中会在岩层内部形成横跨区段的压力拱结构，维持压力拱平衡的水平应力会随着跨度的不断增加而增加，因此，第二区段关键层自身平衡过程中会通过两个区段中间的关键层将水平应力传递给第一区段关键层，水平应力的增加有利于第一区段关键层的自身平衡，在一定程度上增加了第一区段关键层的自身承载能力和抵抗变形能力。但由于第一区段上方的关键层已经形成压力拱的应力集中区产生了剪切屈服破坏，使得这种有利于自身平衡的影响程度降低。

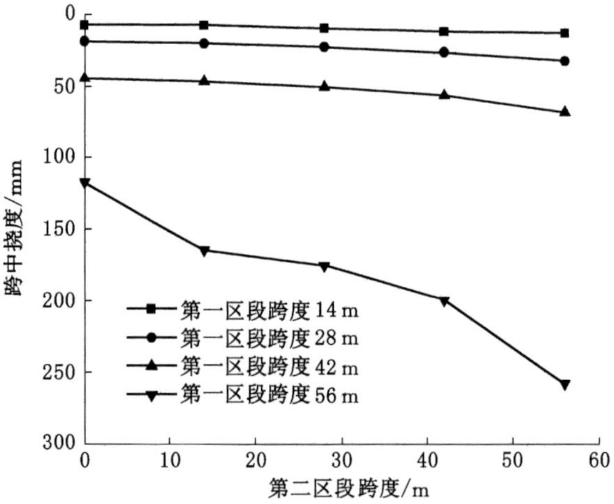

图 5-33　第一区段不同跨度时第二区段支巷回采过程中第一区段跨中挠度变化规律

如图 5-34 所示，第一区段跨度分别为 14 m、28 m、42 m 和 56 m 时，第二区段支巷回采对本区段跨中挠度的影响。从图中可以看出，第一区段处于不同跨度时，第二区段跨中挠度随着本区段支巷回采数量的增加而增加。随着第一区段跨度的不断增加，第二区段的跨中挠度会有一定的增加，但增加幅度相对较小。这说明已经回采完成的区段的开挖跨度对相邻区段关键层变形影响程度较小，在第六章所述的屈服煤柱设计过程可以忽略这一影响，可将相邻区段处于稳定状态的关键层视为实体煤，从而简化屈服煤柱的方案设计。

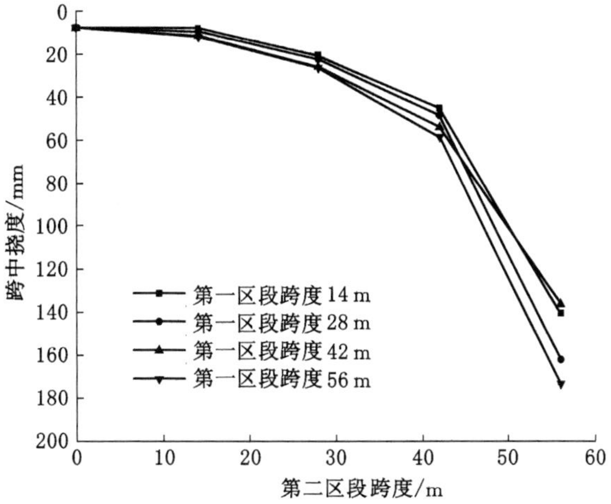

图 5-34　第一区段不同跨度时第二区段支巷回采过程中第二区段跨中挠度变化规律

通过图 5-33 和图 5-34 的对比分析可以发现，已经回采完成的区段（关键层处于稳定状态）对相邻区段的回采影响较小，而正在回采区段的回采活动却对已经回采完成的区段关键层变形及稳定有着重要的影响，这种影响随着已经回采完成的区段开挖跨度的增加而增加，特别是当开挖跨度已经使得区段上方关键层进入塑性破坏阶段时更甚。这是由于已采区段关键层的受力和变形会在相邻区段回采过程中产生累积，当已采区段关键层处于弹性阶段时，这种应力和变形的累积程度相对较小，而当关键层发生屈服破坏时，这种应力和变形的累积很大。根据这一规律，在获得关键层极限跨距的情况下，可以通过设计已采区段的开挖尺度，使其跨度接近关键层的极限跨距，然后充分利用相邻区段回采过程对其变形的影响，使其在某个阶段实现垮落。这表明可以通过相邻区段的回采活动来影响已采区段关键层的稳定，从而降低整个关键层的悬空面积，缓解关键层垮落过程中对回采工作的影响。

如图 5-35 所示，第一区段跨度分别为 14 m、28 m、42 m 和 56 m 时，第二区段支巷回采对关键层内最大水平应力的影响。通过前面的数值分析可知，关键层最大水平应力产生在两个区段中间的隔离煤柱上方，这是由于两个区段各自形成的压力拱结构会在隔离煤柱上方产生水平应力叠加现象所致。通过监测隔离煤柱上方关键层最大水平应力的变化可知，关键层最大水平应力会随着第二区段的不断推进而增加，增加幅度与第一区段的跨度有关。第一区段跨度越大，初始平衡水平应力就越大，但水平应力的增加幅度却减小。从图中可以看出，当第一区段开挖跨度小于等于 2 条支巷宽度（28 m）时，关键层最大水平应力随着第二区段的支巷回采逐渐增加，开始阶段增加幅度较小，随着跨度的增大，增加幅度明显变大，总体上两条曲线的走势和变化相同。这是由于第一区段在跨度较小时，关键层处于弹性变形阶段，水平应力大小受第二区段关键层形成压力拱时的水平应力大小影响明显。随着第一区段开挖跨度进一步增加，其关键层逐渐出现塑性屈服，由于塑性屈服区的变形能力大于弹性区，使得应力集中程度降低，这种降低程度大小取决于关键层的塑性区范围和关键层自身的抗压强度等参数。

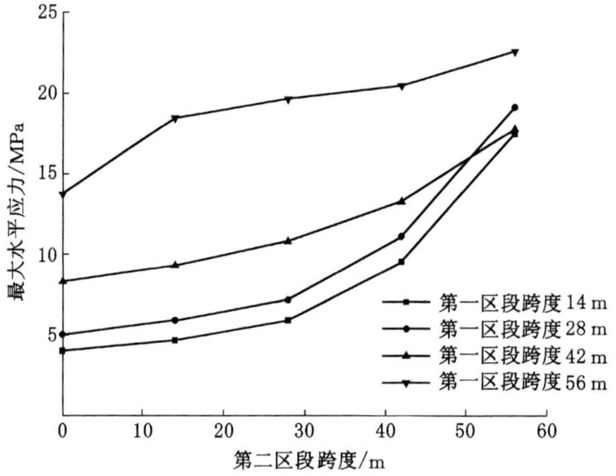

图 5-35　第一区段不同跨度时第二区段支巷回采过程中关键层最大水平应力变化规律

当第二区段支巷回采数量超过 4 条时，第二区段关键层将失去稳定。为了进一步分析第二区段的极限跨距，在第二区段④号支巷回采完成后，采用逐步开挖的方式继续向右推进，当关键层的极限跨距达到 64 m 时，整个关键层将失去稳定。这说明第一区段关键层处于稳定状态对第二区段关键层的极限跨距没有影响。

第五节　相邻区段关键层处于垮落状态

下面针对相邻区段垮落的情况，分析区段隔离煤柱一侧区段关键层垮落，另一侧区段支巷回采过程中关键层相关参数变化情况。在建立不同参数水平分布的坐标时，以垮落区与区段隔离煤柱交界处为水平坐标的原点，左侧为负，右侧为正。其中，隔离煤柱左侧为已经达到关键层极限跨距而垮落的第一区段，隔离煤柱右侧为第二区段，第二区段的开挖顺序从与隔离煤柱最近的支巷开始，按由近及远的顺序逐个开挖，直到第二区段关键层彻底失稳。下面将根据第二区段的不同开挖跨度进行分析。

如图 5-36 所示，第一区段关键层垮落后随第二区段支巷不断回采，关键层和地表的竖向位移分布。

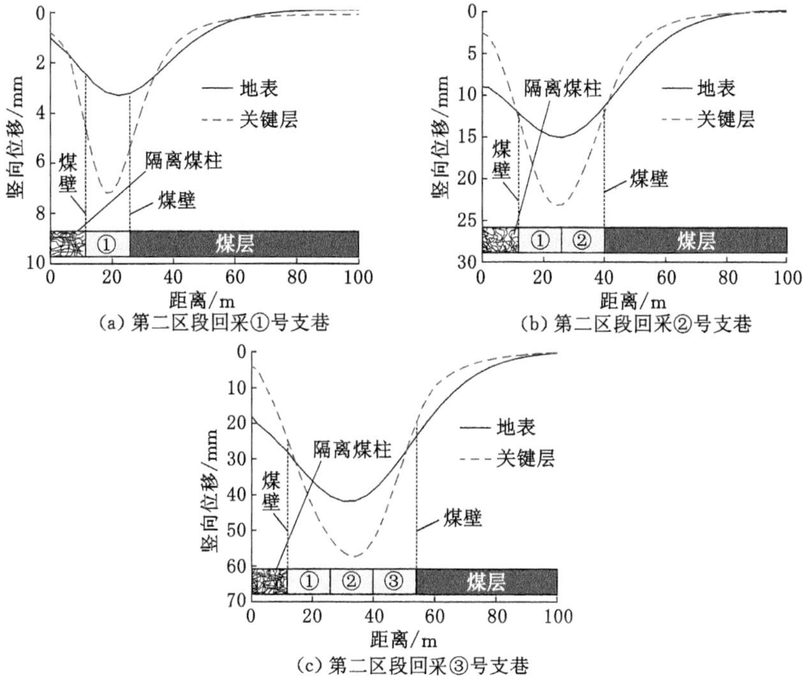

(a) 第二区段回采①号支巷　(b) 第二区段回采②号支巷　(c) 第二区段回采③号支巷

图 5-36　第一区段关键层垮落后第二区段支巷回采过程中关键层和地表竖向位移分布

图 5-36(a)所示为第二区段完成①号支巷（宽 14 m）回采后，关键层和煤层竖向位移分布曲线。关键层和地表竖向位移在第二区段中部达到最大值，其中关键层最大变形量大于相应的地表下沉量。由于关键层相对地表受开挖空间影响更加明显，使得关键层的挠度曲线在煤壁附近的变化较大。随着远离右侧煤壁，两条曲线逐渐趋于平行。两条曲线在隔离煤柱上方靠近垮落区一侧接近重合，但由于隔离煤柱自身的竖向变形，使得其最小变形量仍大于右侧煤壁前方较远处的下沉量。

图 5-36(b)所示为第二区段完成②号支巷（宽 28 m）回采后，关键层和地表的竖向位移继续向第二区段跨中移动，且最大下沉量均增加。关键层在跨中附近的最大变形量大于地表下沉量。由于隔离煤柱和右侧煤壁对关键层的支承作用，地表下沉量在局部区域大于关键层变形量，随着距右侧煤壁的距离

增加,两者趋于相同。隔离煤柱上方的地表下沉量大于关键层变形量。

图 5-36(c)所示为第二区段完成③号支巷(宽 42 m)回采后,关键层和地表竖向位移继续向第二区段跨中移动,且最大下沉量均增加。两条曲线的总体分布规律与图 5-36(b)接近。

如图 5-37 所示,第一区段关键层垮落后,随第二区段支巷不断回采,关键层上下表面水平应力分布。

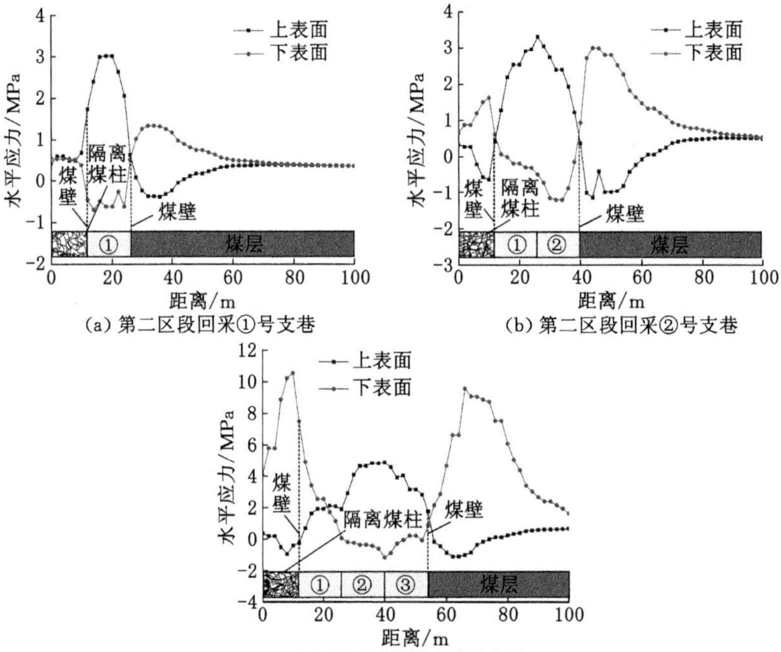

(a) 第二区段回采①号支巷

(b) 第二区段回采②号支巷

(c) 第二区段回采③号支巷

图 5-37　第一区段关键层垮落后第二区段支巷回采过程中关键层上下表面水平应力分布

图 5-37(a)所示为第二区段回采①号支巷后,关键层上下表面水平应力分布曲线。从图中可以看出,两条曲线在第二区段开挖空间附近的波动较大,随着远离右侧煤壁,两条曲线逐渐汇合,并趋于水平,接近模型平衡后关键层水平位置处的原岩水平应力,约为 0.5 MPa,相对于相邻区段未垮落时的 3.5 MPa降低约 3 MPa,这是因为第一区段垮落后,存在于原岩内部的水平应力会在垮落区失去水平方向的传递,从而造成原岩应力大幅降低,在建立含垮落区的数值模型时,未考虑原岩水平应力。关键层的受拉区主要集中在第二区段跨中下表面和右侧煤壁前方 8 m 左右位置上表面,而隔离煤柱上方的水

平应力约为 0.5 MPa 保持不变，这是因为关键层在隔离煤柱左侧已经垮落，失去了应力传递的连续性。由于原岩水平应力在岩层处于相对稳定状态时大幅降低，造成关键层的受拉区的拉应力很快克服原岩水平应力而转化为对关键层的真实拉应力，这无疑大大增加了关键层受拉开裂的可能性，致使关键层在处于相对较小的跨度下时更加容易受拉开裂。关键层的压应力主要集中在跨中的上表面和右侧煤壁前方的下表面，但由于第一区段的垮落，造成了关键层此时无法在隔离煤柱上方形成有效的压应力集中区，从而无法形成跨越在第二区段上方的“似压力拱”结构。

图 5-37(b)所示为随着第二区段开挖跨度的进一步增加(②号支巷回采完成)，关键层在第二区段附近逐渐形成了 3 个拉应力集中区，分别是关键层在隔离煤柱上方上表面、第二区段跨中下表面和右侧煤壁前方上表面；关键层的受压区主要集中在隔离煤柱上方的下表面、第二区段跨中上表面和右侧煤壁前方的下表面，逐渐形成了关键层接近开裂前的“似压力拱”结构。第二区段跨中和右侧煤壁前方的水平应力及其集中程度相对较大，在隔离煤柱上方的则相对较小。此时，能够在区段隔离煤柱上方产生水平应力集中的原因是随着第二区段开挖跨度的增加，关键层作用在隔离煤柱和右侧煤壁前方的支承压力越来越大，大大增加了隔离煤柱与上覆岩层之间的水平摩擦力，当关键层进一步向下变形时，会在两侧煤壁前方产生一定的水平应力，尽管隔离煤柱左侧的关键层已经垮落，但关键层在隔离煤柱上方的水平应力传递可以通过支承压力集中所产生的岩层间的水平摩擦阻力来实现，但其峰值要明显小于第二区段跨中和右侧煤壁前方。关键层水平应力在第二区段附近的集中程度进一步增加，特别是水平应力更是如此。

图 5-37(c)所示为第二区段③号支巷完成回采后，关键层的 3 个拉应力集中区已经受拉屈服，第二区段的关键层由原来连续的“似压力拱”结构转化为开裂后的“压力拱”结构，从而造成关键层的跨中挠度迅速增加，使得维持关键层稳定的 3 个“铰”的水平应力明显增加，隔离煤柱上方和右侧煤壁前方的水平应力集中区应力峰值明显增加，而跨中压应力集中区峰值相对较小且分布相对均匀。这是由于关键层受拉开裂后开始向跨中大幅旋转变形，关键层发生旋转位置主要集中在两侧煤壁前方的开裂面处，从而造成该处的有效接触面大幅度降低，应力集中程度增加(参见第四章砌体梁理论分析部分)；而跨中虽然开裂，但整个岩梁在跨中的竖向变形相对连续，旋转过程中岩块间的接触面相对较大，从而使得应力集中程度降低。但位于第二区段上方的砌体梁结构已经形成，随着开挖跨度的进一步增加，整个第二区段将失去稳定。

图 5-38(a)所示为第二区段①号支巷回采完成后，两条支承压力曲线波动剧烈区集中在第二区段开挖空间附近，随着远离右侧煤壁，两条支承压力曲线逐渐趋于平行，接近各自的原岩竖向应力值。关键层和煤层的支承压力主要集中在隔离煤柱上方和右侧煤壁前方一段范围内，其中关键层的支承压力分布相对于煤层平缓。关键层在第二区段跨中附近的支承压力最小，这是由于关键层在跨中的挠曲变形所致，但仍有 0.8 MPa 左右的支承压力。煤层支承压力峰值点分别位于第二区段的两侧煤壁处，这是由于此时煤层和隔离煤柱处于弹性阶段所致。

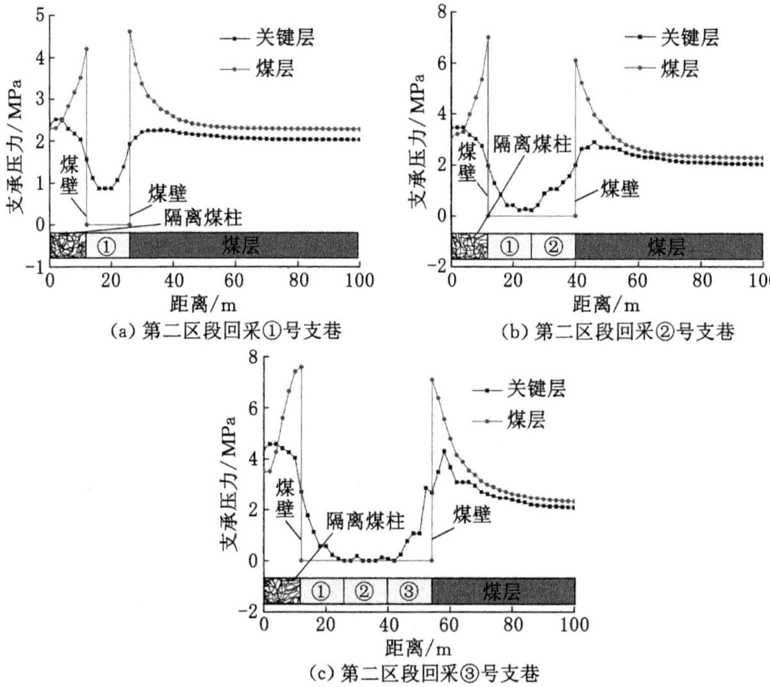

(a) 第二区段回采①号支巷　(b) 第二区段回采②号支巷　(c) 第二区段回采③号支巷

图 5-38　第一区段关键层垮落后第二区段支巷回采过程中关键层和煤层支承压力分布

图 5-38(b)所示为随着第二区段②号支巷的回采，关键层在区段隔离煤柱上方和右侧煤壁前方的支承压力集中程度明显增加，第二区段跨中附近的支承压力进一步降低。煤层在煤壁附近的支承压力峰值进一步增加，隔离煤柱上方的支承压力峰值大于右侧煤壁处的支承压力值，这是由于支承压力在隔离煤柱有限范围内(12 m 宽)的应力集中所致。隔离煤柱的竖向应力总体呈由左到右逐步增加的趋势。

图 5-38(c)所示为第二区段③号支巷完成回采后，关键层在区段隔离煤柱

上方和右侧煤壁前方的支承压力集中程度进一步增加，第二区段跨中约 20 m 范围内的支承压力消失。煤层在煤壁附近的支承压力峰值进一步增加，隔离煤柱应力峰值大于右侧煤壁应力值，隔离煤柱竖向应力总体分布仍是由左向右逐步增加。

当第二区段支巷数量超过 3 条时，第二区段关键层将失去稳定。为了进一步分析第二区段的极限跨距，在第二区段③号支巷完成回采后，采用逐步开挖的方式继续向右推进，当关键层的极限跨距达到 54 m 时，整个关键层将失去稳定。这是由于相邻的第一区段关键层垮落后，整个区段成为垮落区，关键层和上覆岩层在区段隔离煤柱左侧失去了连续性；再加上垮落区的岩层的力学参数与矸石接近，弹性模量大幅降低，原岩水平应力在垮落区将大幅度减小。当第二区段开挖到一定阶段后，关键层开始在受拉应力集中区屈服破坏，从而使关键层由开始的弹性连续变形变成后来的非连续屈服破坏。关键层在其变形量迅速增加的同时，开始沿两侧煤壁向区段内旋转，这时关键层内部会形成压力拱结构来维持自身平衡。压力拱结构需要在跨中和两侧煤壁前方产生足够的水平应力来实现，而关键层在第一区段的水平应力传递的非连续性和矸石力学参数的弱化，使得第二区段无法给第一区段关键层提供足够的水平应力，导致右侧关键层的极限承载能力和极限跨距均降低。

第六章 “关键层-屈服煤柱”系统稳定破坏机理及工程方案设计

采空区上方大面积的未垮顶板垮落时会产生较大冲击灾害，对其下方的煤柱和回采活动产生较大的威胁。通过人工强制放顶或者对采空区进行矸石充填，既不经济，也会影响回采工作的效率。在这种背景下，屈服煤柱技术在一些煤矿中得到工程应用，通过合理设计煤柱在采空区的位置及尺寸，实现煤柱的稳定破坏，从而可以有效化解顶板大面积垮落所产生的动力灾害[7]。屈服煤柱技术提出后首先被用于提高房柱开采的煤炭回收率，避免顶板的灾难性破坏[8]。在实践中，该技术后来被用于解决长壁采区回采巷道的底鼓和刚性煤柱内由于弹性核存在所产生的冲击矿压问题[9]。

因此，充分利用屈服煤柱理论，深入掌握关键层及覆岩与区段内煤柱之间的相互作用机理，通过煤柱的临时支撑来保护区段内支巷的安全回采，再利用在区段内留设煤柱达到峰值后的柔性变形来缓冲甚至消除已采区段关键层及覆岩的大面积破断所产生的动力灾害，这对于神东浅埋单关键层短壁回采来说非常重要。本章将重点针对关键层与煤柱的协同失稳机理进行深入分析，从而确定实现区段安全回采和采空区柔性垮落的双重目标，并给出详细的工程设计方案。

为了达到煤柱设计目标，需要验证的关键问题就是煤柱在区段形成后能否实现稳定破坏。为了验证这个问题，需要计算 2 个重要的参数，即煤柱的峰后刚度和煤柱位置处的围岩局部刚度（简称局部刚度）。当煤柱的峰后刚度小于局部刚度时，可以实现煤柱达到峰值应力后的稳定破坏，从而缓冲甚至消除关键层大面积来压时所产生的动力灾害。下面就局部刚度和煤柱的力学特性分别进行研究，为工程设计奠定基础。

第一节 局部刚度理论

一、局部刚度理论回顾

Starfield[176]提出了局部刚度概念来解释煤柱的突然失稳现象(煤柱的突然失稳是由于煤柱峰值应力后刚度大于由顶底板围岩所形成的围岩系统刚度所致)。局部刚度概念假设由液压支架来代替煤柱。开始时,让代替煤柱的液压支架能够产生足够的支撑力,使得煤柱位置处的顶底板移近量为0,然后慢慢释放液压支架中的压力,此时支架上所承受的应力会向两侧煤壁转移。随着支架压力的释放,顶底板之间的移近量会逐渐增加。当液压支架所承受的全部应力得到释放后,支架处的顶板会下沉,同时底板会鼓起。此时覆岩如果能够保持稳定,可以通过获得的液压支架压应力与顶底板移近量之间的线性关系来计算替换掉煤柱的峰后刚度(见图6-1)。

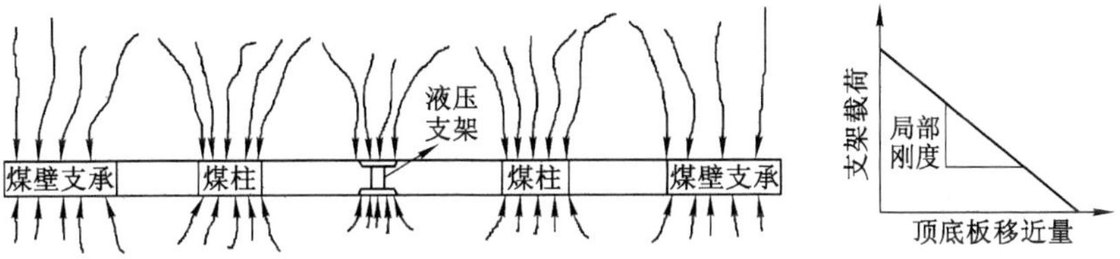

图6-1 局部刚度理论

对于计算煤柱位置处的局部刚度,通常有两种方法,即解析法和数值模拟法。但这些方法均是假设煤柱和围岩是均匀的、各向同性的和线弹性的。同时假设分布在煤柱上的荷载是均匀的。Sheorey等[7]针对印度浅埋煤层坚硬顶板大面积来压所产生的动力灾害问题,采用上述局部刚度理论,建立数值模型判断屈服煤柱的峰后稳定特征,从而通过采空区内留设一定宽度的屈服煤柱来起到对坚硬顶板大面积垮落过程的柔性缓冲作用,消除或缓解垮落所产生的冲击灾害。

二、新的局部刚度计算方法提出

根据已有的研究结果可知,局部刚度主要取决于两个关键因素:一是维持顶底板移近量为0所需要的支撑力;二是煤柱完全失去承载力后顶底板总的移近量。由图6-1可知,煤柱破坏前能够维持顶底板不发生相对变形的总支承压力与完全失去承载力的顶底板变形总量的比值即为煤柱位置处的局部刚度。但在此计算过程中，力和变形的取值均存在不合理之处。首先，在由屈服煤柱和围岩所组成的系统中，在煤柱达到其峰值应力前，煤柱是能够保持自身稳定的，因而，在计算煤柱的峰后刚度所需要的煤柱应力时，更加合理的取值应该是煤柱的峰值应力（或承载力）。同样，煤柱在达到峰值应力的过程中，煤柱和围岩会产生一定的变形，也就是顶底板会产生一定的移近量，移近量的大小取决于煤柱的峰值应力所对应的变形量。当煤柱达到峰值应力直到失去承载力后，围岩重新稳定，会产生一个新的顶底板移近量，则煤柱失稳后的顶底板移近量与煤柱处于峰值应力时的顶底板移近量的差值才是煤柱峰后围岩总的变形量。因而，用煤柱峰值应力时顶底板移近量与煤柱峰后顶底板移近量的差值作为计算局部刚度的顶底板变形量更加合理。更正后的局部刚度计算方法相较传统方法更加合理，但在局部刚度的最大应力计算过程中，忽略了煤柱自身的应力-应变本构关系，这样获得的局部刚度中缺少了围岩与煤柱之间的协同受力和变形对煤柱峰后破坏的影响是不合理的。屈服煤柱的承载力（峰值应力）与其自身的尺寸之间有着明显的关系，且煤柱的峰值应力对应的变形也与其尺寸之间存在明显的关系，因而需要在局部刚度的计算中考虑煤柱及其所处位置围岩之间的协同作用机理。

因此，需要根据短壁连采特点和神东地区浅埋覆岩的基本特征建立一个具有针对性和实用性的局部刚度模型，以及建立更加符合煤岩变形特征的非弹性数值模型来系统分析短壁支巷回采过程中煤柱与关键层之间的协同变形机理和垮落机理，从而为合理地控制浅埋关键层大面积突然失稳产生的动力灾害提供理论基础，同时为了高效和安全地进行区段回采提出工程设计方案。根据上述讨论，结合煤柱与围岩的协同受力和变形的机理，对局部刚度进行完善：① 首先获得不同尺寸煤柱的应力-应变全曲线，计算相对应的峰后刚度；② 建立包含关键层在内的浅埋煤层短壁回采数值模型，当采空区内屈服煤柱形成后，分别计算煤柱达到峰值应力时煤柱位置处的顶底板移近量和煤柱完全破坏后的顶底板移近量，计算煤柱位置处的局部刚度。当局部刚度小于煤柱的峰后刚度时，即认为煤柱能够实现稳定屈服破坏，随着短壁其他支巷的连续回采直到整个区段的回采完成，屈服煤柱能够继续延续稳定变形。当关键层达到极限跨距破断后，采空区内实现稳定屈服破坏的煤柱能够对覆岩产生一定的缓冲作用，从而实现消除或者减弱坚硬顶板大面积来压所产生的动力灾害。

假设煤柱峰值应力为 F_p；煤柱峰值应力对应的竖向变形量为 y_p，煤柱峰后彻底破坏后煤柱所处位置的顶底板重新平衡的最终变形量为 y_b；煤柱峰后刚度为 K_p，局部刚度为 K_l；煤柱峰后下降段斜率最大部分两点的变形量差值为 δ_y，煤柱峰后下降段斜率最大部分两点的轴向应力差值为 δ_p。

如图 6-2 所示，根据煤柱轴向应力和轴向挠度曲线峰后下降段斜率最大部分，计算峰后刚度为：

$$K_p = \frac{\delta_p}{\delta_y} \tag{6-1}$$

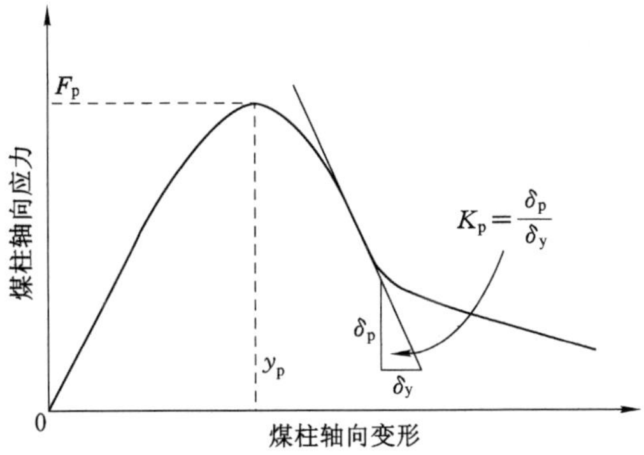

图 6-2 煤柱峰后刚度

如图 6-3 所示，结合煤柱的峰值应力，计算煤柱位置处围岩局部刚度为：

$$K_l = \frac{F_p}{y_b - y_p} \tag{6-2}$$

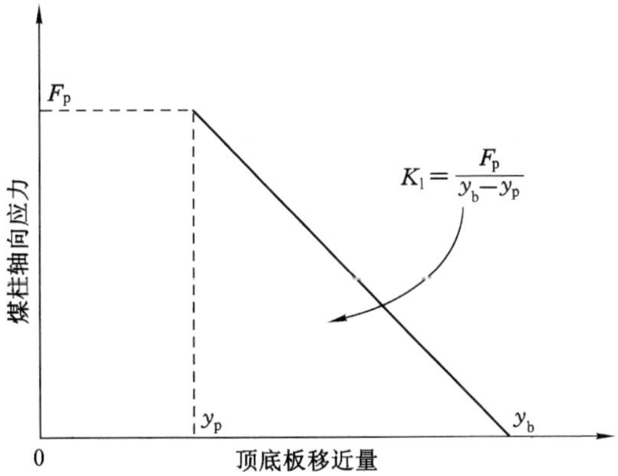

图 6-3 局部刚度

第二节　煤柱力学特性

一、煤柱承载力和荷载

关于煤柱强度的研究成果有很多，其中有关煤柱力学特性的求解方法总体上可以分为 5 类：经验法、半经验法、数据统计法、解析法和数值模拟。

Wilson[156]根据逐步破坏理论提出了煤柱稳定的解析解，该理论相关内容如下。

1. 初始荷载阶段

如图 6-4(a)所示，煤柱煤壁处由于开挖而失去了约束，开始屈服。煤壁屈服区不能承担过大的荷载，但该部分与顶底板的摩擦阻力能够对屈服区里的弹性核产生一定的约束作用。煤柱峰值应力产生的位置在煤壁屈服区与弹性核交界处。

2. 极限稳定阶段(LRS)

如图 6-4(b)所示，随着煤柱荷载的进一步增加，在煤柱核心部分所受到的平均应力逐渐增加，直到与煤柱在弹塑性临界点的峰值应力相等。在该阶段，煤柱是能够保持自身稳定的。

3. 极限承载能力阶段(UL)

如图 6-4(c)所示，随着煤柱荷载的进一步增加，煤柱塑性区的范围进一步扩展，最终达到煤柱的最大承载力，整个煤柱产生了塑性屈服。Wilson[156]假设即使煤柱所受到的应力超过了其极限承载力，煤柱仍能够保持其极限承载力不变；当煤柱所承受的应力大于其极限承载力时，超过煤柱极限承载力部分的应力会转移至相邻煤柱或者煤体上。

对于较为坚硬的顶底板围岩，煤柱处于 LRS 和 UL 两个阶段的煤柱承载力计算如下。

LRS 阶段：

$$F = \frac{4hp_{\mathrm{r}}k(w - X_{\mathrm{b}})}{J}\left[\mathrm{e}^{\left(\frac{JX_{\mathrm{b}}}{h}-1\right)} - 1\right] + (k\gamma H + \sigma_{\mathrm{c}})(w - 2X_{\mathrm{b}})^2 \quad (6\text{-}3)$$

UL 阶段：

$$F = \frac{4hp_{\mathrm{r}}kw}{J}\left(\mathrm{e}^{\frac{Jw}{2h}} - 1\right) \quad (6\text{-}4)$$

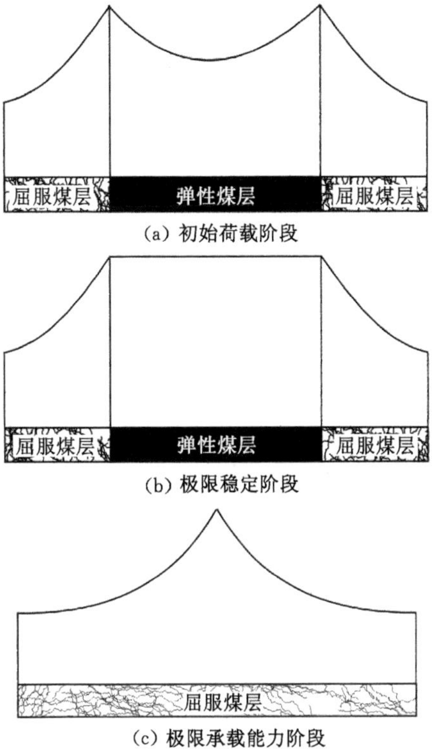

(a) 初始荷载阶段

(b) 极限稳定阶段

(c) 极限承载能力阶段

图 6-4　煤柱竖向应力分布

其中，$k=\dfrac{1+\sin\varphi}{1-\sin\varphi}$，$J=\dfrac{k-1}{\sqrt{k}}+\dfrac{(k-1)^2}{k}\arctan\sqrt{k}$，$X_b=\dfrac{h}{J}\ln\left(\dfrac{\gamma H}{p_r}\right)$。

式中　F——煤柱承载力，MPa；

h——煤柱高度，m；

p_r——煤壁处的水平约束应力，MPa；

w——煤柱宽度，m；

X_b——煤壁屈服区宽度，m；

γ——煤层的容重，kN/m^3；

H——煤层埋深，m；

σ_c——煤柱单轴抗压强度，MPa；

φ——内摩擦角，(°)。

对于顶底板为较软弱的围岩(屈服围岩)，煤柱处于 LRS 和 UL 两个阶段的煤柱承载力计算如下。

LRS 阶段：

$$F = \frac{4p_r X_b^k (w - X_b)}{(h/2)^{k-1}} + (k\gamma H + \sigma_c)(w - 2X_b)^2 \tag{6-5}$$

UL 阶段：

$$F = \frac{2p_r (w/2)^{k+1}}{(h/2)^{k-1}} \tag{6-6}$$

Mohan[155]等采用如下公式分别用于计算煤柱的强度和荷载。

煤柱强度：

$$S = 0.27\sigma_c h^{-0.36} + \left(\frac{H}{250} + 1\right)\left(\frac{w}{h} - 1\right) \tag{6-7}$$

煤柱荷载：

$$F = 0.025\sigma_c h^{-0.36} \frac{(w + B)^2}{w^2} \tag{6-8}$$

式中 S——煤柱强度，MPa；

F——煤柱荷载，MPa；

σ_c——煤块的单轴抗压强度，MPa；

H——煤层埋深，m；

w——煤柱宽度，m；

h——煤柱高度，m；

B——巷道宽度，m。

Mohan 等[155]结合上述公式，针对印度浅埋煤层不同煤柱尺寸和煤柱间距的实测数据进行了相关计算，并进一步通过数值模拟对煤柱的应力-应变曲线进行了研究，主要的工程数据和理论计算结果如表 6-1、表 6-2 所示。

一些学者分析了煤柱尺寸和形状对煤柱强度的影响，主要的研究结果如下所述。

（1）基于实验室测试和弹性考虑，Obert[157]给出煤柱强度计算公式如下：

$$S_p = \sigma_c \left(0.778 + 0.222\frac{w}{h}\right) \tag{6-9}$$

（2）根据实验室测试结果，Holland[158]发现煤柱强度与煤柱宽度的平方根和侧向压力成正比，于是提出煤柱强度计算公式如下：

$$S_p = k_1 \frac{\sqrt{w}}{h} \tag{6-10}$$

其中，$k_1 = \sigma_c \sqrt{D}$，D 为煤块单轴受压尺寸，m。

（3）Salamon 和 Munro 对南非煤矿进行了现场测试，基于测试结果提出了煤柱强度计算公式如下：

$$S_p = \frac{k_1 w^{0.46}}{12H^{0.66}} \tag{6-11}$$

（4）研究人员发现实验室获得的煤块强度与现场处于不同围岩环境下的煤柱强度有较大的差别，为进一步考虑这方面的影响，Bieniawski[159]提出了煤柱强度计算公式如下：

$$S_p = S_1\left(0.64 + 0.36\,\frac{w}{h}\right) \tag{6-12}$$

式中 S_1——煤的为临界尺寸立方体试块抗压强度。

表 6-1 失稳煤柱现场数据及计算结果

编号	煤矿名称	实测数据						计算结果	
		H/m	h/m	w/m	B/m	w/h	σ_c/MPa	F/MPa	S/MPa
1	Amritnagar(Nega Jamehari)	30	4.5	3.6	5.7	0.8	45	5.01	6.85
2	Amritnagar(Nega Jamehari)	30	6.0	3.6	5.4	0.6	45	4.68	5.93
3	Begonia(Begonia)	36	3.0	3.9	6.0	1.3	26	5.80	5.07
4	Amlai(Burhar)	30	5.4	4.5	4.5	0.83	25	3.61	3.49
5	Sendra Bansjora(Ⅹ)	23	8.1	4.65	5.55	0.57	24	2.77	2.59
6	W. Chirimiri (Main)	90	3.75	5.4	6.0	1.44	45	8.12	8.15
7	Birsingpur(Johilla top)	129	3.6	7.5	6.0	2.08	38	10.45	8.11
8	Pure Kajora(Lower Kajora)	54	3.6	5.4	6.0	1.5	33	6.02	6.23
9	Pure Kajora(Lower Kajora)	56	3.6	4.95	6.45	1.38	33	7.43	6.08
10	Shankarpur(Jambad bottom)	42	4.8	4.5	4.5	0.94	47	4.20	5.46
11	Ramnagar(Begunia)	70	1.8	2.85	3.15	1.58	26	7.76	6.43
12	Ramnagar(Begunia)	51	1.8	3.0	3.6	1.67	26	6.17	6.48
13	Kankanee(Ⅲ)	160	6.6	19.8	4.2	3.0	27	5.88	6.98
14	Kankanee(ⅩⅣ)	140	8.4	18.6	5.4	2.2	25	5.83	5.03

表 6-2 稳定煤柱现场数据及计算结果

编号	煤矿名称	实测数据						计算结果	
		H/m	h/m	w/m	B/m	w/h	σ_c/MPa	F/MPa	S/MPa
1	Bellampalli(Ross)	36	3.0	5.4	6.0	1.8	48	4.01	9.64
2	Nimcha(Nega)	48	6.0	9.9	6.0	1.7	50	3.09	7.85
3	Morganpit(Salarjung)	270	3.0	8.1	3.6	2.7	46	14.08	11.89
4	Ramnagar(Ramnagar)	75	2.7	9.9	6.6	3.7	28	5.20	8.75
5	Lachhipur(Lower Kajora)	38	5.1	7.2	3.9	1.4	33	2.25	5.43
6	N. Salanpur(Ⅹ)	30	5.1	9.0	6.0	1.8	21	2.08	4.01

表 6-2(续)

编号	煤矿名称	实测数据						计算结果	
		H/m	h/m	w/m	B/m	w/h	σ_c/MPa	F/MPa	S/MPa
7	Bankola(Jambad top)	102	4.8	10.1	2.4	2.1	35	3.90	6.92
8	Bankola(Jambad top)	75	3.0	6.3	4.2	2.1	35	5.20	7.79
9	Surakacchar(G-Ⅰ)	106	3.5	16.0	4.0	4.6	29	4.14	10.07
10	Lachhipur(Lower Kajora)	38	5.1	18.3	4.2	3.6	33	1.43	7.93
11	Sripur(Koithee)	266	4.8	40.0	5.0	8.3	43	8.41	21.73
12	E. Angarapatra(Ⅻ)	30	2.1	6.0	6.0	2.9	19	3.00	6.00
13	Kargali Incline(Kathara)	36	3.6	9.3	5.7	2.6	40	2.34	8.62
14	Jamadoba 6 ad 7 Pits(ⅩⅥ)	80	2.0	5.8	5.5	2.9	29	7.59	8.60

二、屈服煤柱应力-应变曲线

为了更加系统地分析神东地区煤柱的承载力和峰后刚度，需要通过建立煤柱单轴受压的数值模型，获得屈服煤柱的应力-应变全曲线。由前面的分析可知，在煤柱力学参数不变的情况下，不同的煤柱尺寸会影响煤柱的承载力、峰值应力和峰后刚度。为了使得数值模拟结果与现场条件更加符合，根据神东浅埋煤层的煤层厚度，确定煤柱高度为 4 m 并保持不变。由前面关于煤柱塑性区的分析可知，为了使得关键层和煤柱组成的系统能够实现柔性垮落，区段回采完成后煤柱要实现完全的屈服破坏，即煤柱的宽度不大于煤柱塑性区宽度的 2 倍。由第三章关于煤柱屈服区宽度的计算可知，浅埋煤层的煤柱塑性区宽度最大约为 6 m，则模拟单轴受压煤柱宽度不超过 12 m，因而采用煤柱的宽度分别为 2 m、4 m、6 m、8 m 和 10 m。

1. 数值模型建立

采用 FLAC^{2D}软件建立模型模拟屈服煤柱在区段支巷回采过程中煤柱的荷载-变形特征。煤柱单元划分尺寸为 0.5 m×0.5 m。数值模拟过程中的本构模型采用应变软化本构模型，通过用 FISH 语言调整煤柱的黏聚力和内摩擦角来实现煤柱的塑性屈服，煤柱的基本力学参数与第五章数值模型的煤层参数相同；通过让煤柱顶板保持 10^{-5} m/s 的恒定速率向下运动[177]，模拟覆岩对煤柱压力。

2. 数值模拟结果分析

图 6-5 所示为屈服煤柱典型的单轴受压应力-应变全曲线。从图中可以看出，在煤柱达到峰值应力前，煤柱已经发生了塑性破坏。随着煤柱荷载的不

断增加，塑性区由煤壁两侧向煤柱核心呈“X”形扩展，直到整个煤柱完全屈服。当煤柱达到峰值应力时，整个煤柱已经屈服，随着荷载的进一步增加，煤柱开始屈服破坏，进入了峰后阶段。

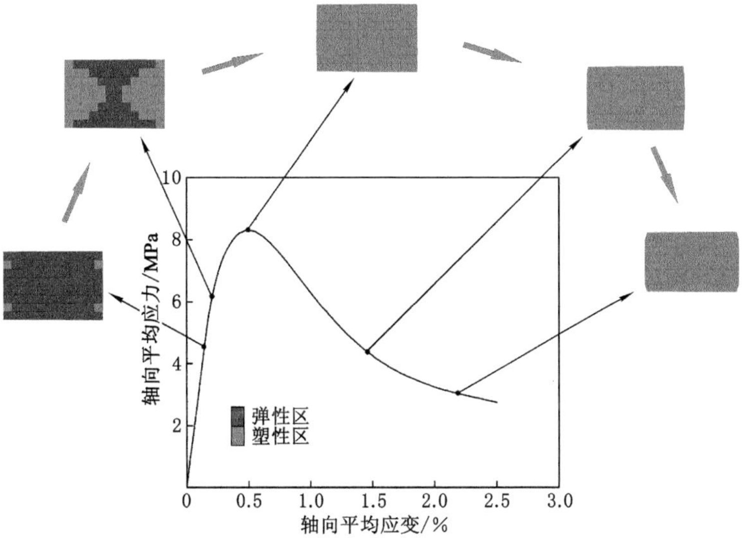

图 6-5 煤柱应力-应变全曲线

图 6-6 所示为不同煤柱宽度煤柱应力-应变全曲线图。从图中可以看出，随着煤柱宽度的不断增加，煤柱的峰值应力和峰值应变均增加，曲线下降段更加丰满。这说明不同尺寸的煤柱具有不同的承载能力和变形能力，因而对于同样的开挖空间，所对应的局部刚度不同。

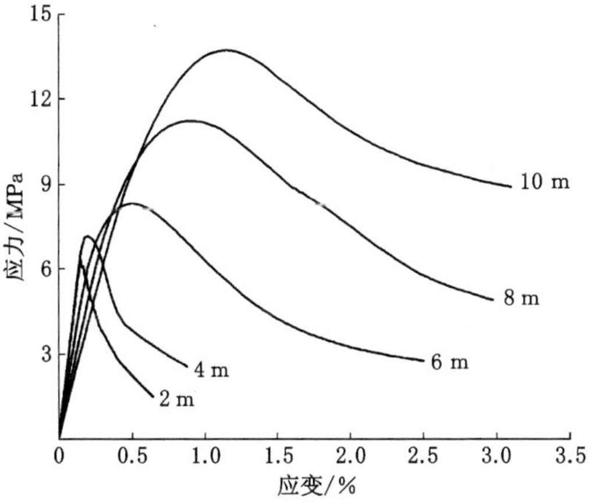

图 6-6 不同宽度煤柱应力-应变全曲线

图 6-7 所示为不同煤柱宽度与煤柱峰后刚度之间的关系。从图中可以看出，煤柱的峰后刚度大小与煤柱尺寸有直接的关系，但无明显的趋势。

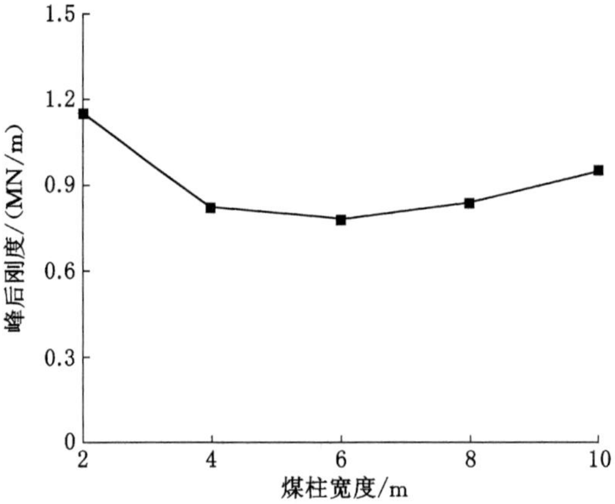

图 6-7　不同宽度煤柱的峰后刚度

图 6-8 所示为不同煤柱宽度与煤柱峰值应力之间的关系，并与式(6-5)和式(6-7)的理论计算结果进行了对比。其中，煤层埋深 $H=100$ m；煤柱高度 $h=4$ m；煤壁处的水平约束应力(考虑锚杆支护作用)$p_r=0.6$ MPa；煤层的重力密度，$\gamma=25$ kN/m^3；煤层的单轴抗压强度 $\sigma_c=40$ MPa；煤层内摩擦角 $\varphi=25°$。从图中可以看出，数值模拟所得不同尺寸煤柱峰值应力与理论计算值总体接近。煤柱的峰值应力随煤柱尺寸的增加而增加，说明煤柱的承载能力随煤柱尺寸的增加而增加，因而不同尺寸煤柱所对应的局部刚度不同。

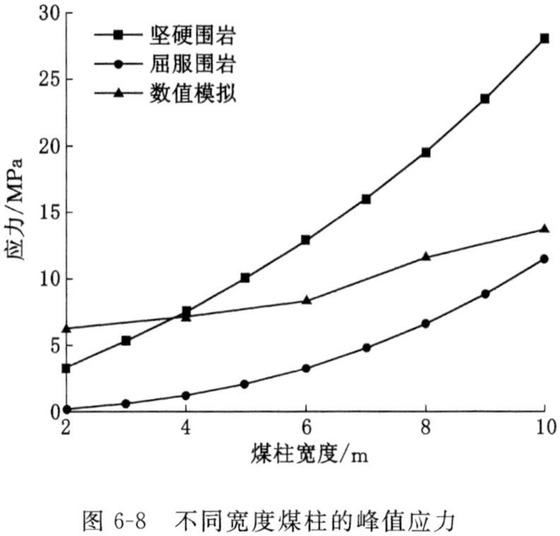

图 6-8　不同宽度煤柱的峰值应力

第三节 “关键层-屈服煤柱”系统稳定破坏机理及方案设计

一、方案设计及优化

以神东浅埋煤层旺采工作面基本布置为背景，单个支巷(单翼)回采宽度为 14 m。为实现区段内未采支巷回采前屈服煤柱能够达到其极限承载力并能够实现柔性破坏，即保证煤柱达到峰值应力时，屈服煤柱所处位置的顶底板围岩所组成的系统局部刚度大于屈服煤柱峰值后刚度。

图 6-9 所示为屈服煤柱位置与顶底板移近量和煤柱荷载之间的关系。从图中可以看出，随着采空区跨度的增加，顶底板移近量不断增加，而煤柱的荷载会随着采空区宽度的不断增加而增加，直至煤柱屈服。当采空区跨度达到关键层的极限跨距后，关键层无法保持稳定，将导致关键层及整个覆岩的垮落，顶底板移近量和煤柱荷载会突然增加，这将不利于屈服煤柱的稳定破坏。因此，要实现屈服煤柱在峰值后能够稳定破坏，则需要在支巷回采达到关键层极限跨距前煤柱达到峰值应力，并保证此时的局部刚度大于煤柱峰后刚度。

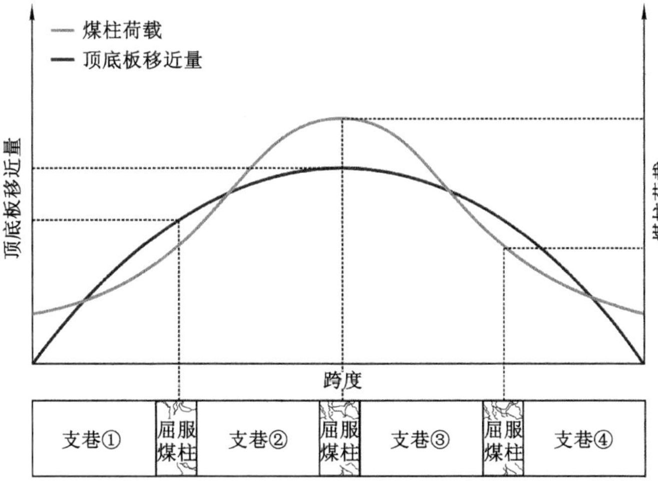

图 6-9 屈服煤柱位置与顶底板移近量和煤柱荷载之间关系

图 6-10 所示为在特定的回采空间范围内(采空区跨度小于关键层的极限跨距)不同屈服煤柱位置所对应的顶底板移近量和局部刚度。由图可以看出，

相同跨度情况下，屈服煤柱位置越靠近跨中，顶底板移近量越大，而局部刚度则越小，屈服煤柱达到其极限承载力后越容易产生脆性失稳；反之，屈服煤柱位置越靠近两侧煤壁(煤柱)，局部刚度越大，越有利于屈服煤柱峰值后的稳定破坏。由前面的分析可知，屈服煤柱的宽度越大，其极限承载力越大，而越靠近跨中越容易使得更大尺寸的屈服煤柱达到其极限承载力，但局部刚度越小。因此，煤柱尺寸越大以及煤柱位置处的顶底板移近量越大，越难实现屈服煤柱的稳定破坏(局部刚度大于煤柱峰后刚度)。

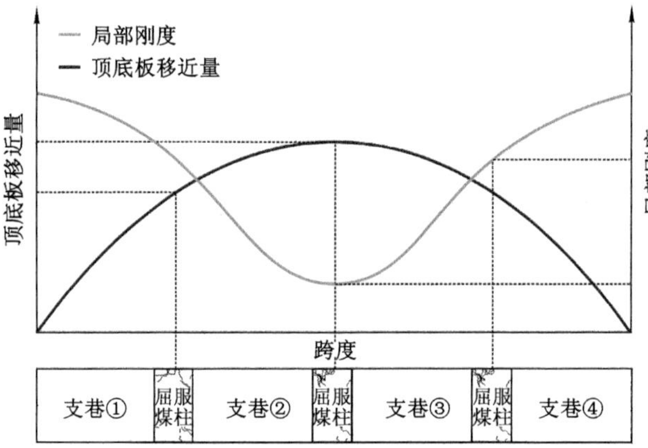

图 6-10　屈服煤柱位置与顶底板移近量和局部刚度之间关系

值得注意的是，在实际区段的支巷回采过程中，每条支巷均有一定的宽度，因而一条支巷回采完成后，采空区跨度均突然增加一条支巷的宽度，造成采空区某点的顶底板位移量突然增加，同时屈服煤柱位置处的局部刚度随之突减。支巷回采宽度越大，测点的顶底板移近量的增加幅度越大，同样局部刚度的降低幅度也越大。

由第五章的分析可知，对于单一区段而言，根据相邻区段的覆岩状态可分为两大类。第一类为相邻区段为实体煤或已经完成部分开挖但关键层及覆岩没有失稳(开挖跨度在关键层及覆岩的极限跨距范围内)。此时相邻区段垮落前所形成的采空区对其关键层的极限跨距和变形量影响相对较小。因此，为了简化数值模拟工作量和工程设计程序，将相邻区段为实体煤和已经形成一定稳定空间的情况看作同一种类型，即相邻区段为实体煤。

在区段内支巷回采过程中，最后回采支巷(末采支巷)的位置对于其他支巷的安全回采以及区段可以形成的最大回采空间影响很大。由第五章的研究成果可知，当相邻区段的关键层及覆岩能够保持自身稳定(采空区跨度小于关键层的极限跨距)时，该区段的极限跨距为 64 m，与单一区段的极限跨距相同；而当相邻区段的关键层失稳垮落后，该区段的极限跨距为 52 m。如果单一区段的一条支巷(单翼回采)采宽为 14 m，当相邻区段的关键层稳定时，该区段按顺序回采支巷，当回采 4 条支巷时，可以保持关键层的稳定；当回采 5 条支巷时，采空区跨度达到 70 m，超过极限跨距 64 m，将给末采支巷的回采带来安全隐患。而当相邻区段的关键层已经垮落时，该区段回采 3 条支巷可保持本区段关键层的稳定；当回采 4 条支巷时，末采支巷同样面临关键层破断失稳的威胁。如图 6-11 所示，对支巷的回采顺序进行调整，特别是对末采支巷的位置进行调整，在末采支巷回采前，对于相邻区段关键层的稳定和垮落两种情况，可分别回采 8 条支巷和 6 条支巷。这是由于末采支巷回采前，末采支巷相当于区段隔离煤柱，起到保护末采支巷两侧其他支巷的安全回采的作用。为了保证其他支巷的安全回采，末采支巷一侧最多可回采 4 条和 3 条支巷，即一侧所有支巷回采完成时所形成的跨度小于关键层的极限跨距。结合前面的分析，末采支巷一侧支巷回采对另一侧顶板和煤柱的影响可以忽略。

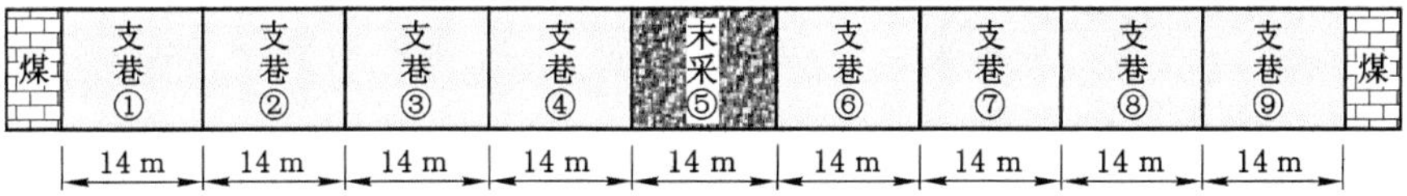

(a) 相邻区段关键层稳定

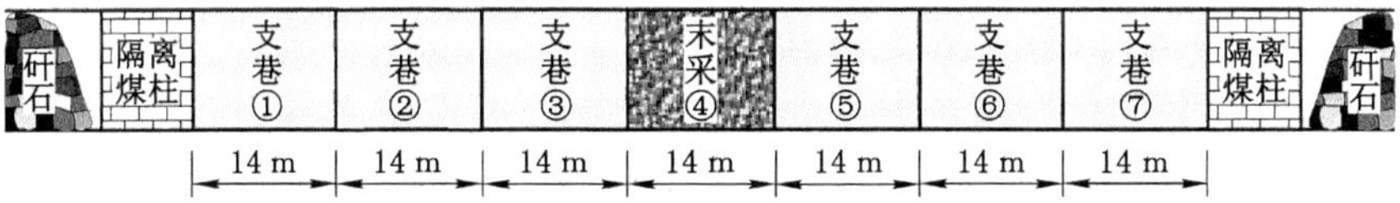

(b) 相邻区段关键层破断

图 6-11 单一区段可回采最多支巷方案布置图

为了最大限度地提高煤炭回收率，同时保证区段内末采支巷的安全回采以及预防关键层大面积垮落时所形成的动力灾害，可在末采支巷一侧或者两侧留设一定数量的屈服煤柱，通过区段内留设的屈服煤柱稳定破坏来实现安全回采和灾害预防。为了使得屈服煤柱峰后能够稳定破坏，应尽量在支巷回采过程中给屈服煤柱更多的变形时间，同时应尽量保持屈服煤柱位置处的局部刚度变化随支巷回采的变化幅度相对较小，从而更加有利于屈服煤柱的峰后稳定。因此，当确定屈服煤柱位置和末采支巷位置时，应首先从屈服煤柱相邻的支巷开始回采，前两个支巷回采后形成屈服煤柱，然后依次以屈服煤柱为中心、由近趋远逐步回采支巷，从而在最大程度上保证已经发生屈服破坏的煤柱峰后变形过程更加稳定，也有利于获得更多尺寸类型屈服煤柱的稳定破坏。

根据相邻区段关键层的稳定状态分为两大类进行方案设计，分别是相邻区段关键层保持稳定和相邻区段关键层已经垮落两种。

1. 相邻区段关键层保持稳定

根据区段内留设屈服煤柱的数量，分单柱式、双柱式和多柱式分别进行设计和优化，其中多柱式将在本节最后进行综合讨论。每种方式再根据区段支巷的数量进行细化，并根据相邻区段关键层稳定情况、区段内屈服煤柱数量和区段支巷数量进行相应的命名。为了简化命名，以区段内回采 5 条支巷为例，相邻区段关键层为稳定状态的单屈服煤柱布置方式可简称为“稳定单柱 5 巷式”，依此类推。

(1) 单柱式

按照区段内的回采支巷个数分为 5 巷式、6 巷式、7 巷式、8 巷式和 9 巷式等 5 种。

① 5 巷式

首先对支巷回采顺序和屈服煤柱所在位置的符号表达进行阐述。如图 6-12 所示，若末采支巷为①号支巷和屈服煤柱位置在②号和③号支巷之间，则煤柱回采方案和表达方式为“②→P→③→④→⑤→①”，P 表示屈服煤柱位置在②和③号支巷之间，支巷回采顺序为②、③、④、⑤和①号支巷。

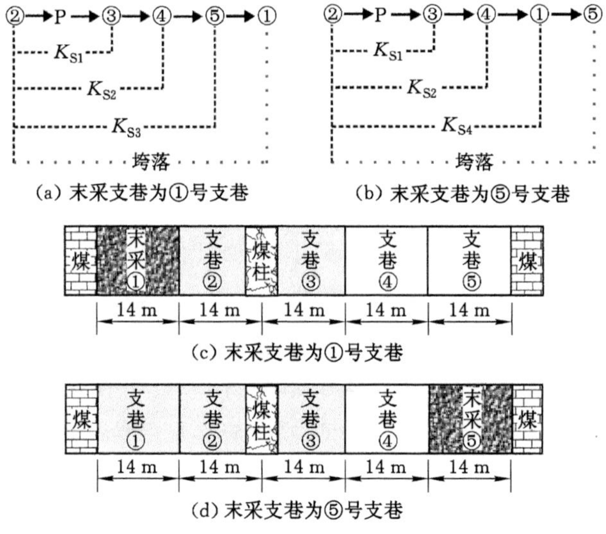

(a) 末采支巷为①号支巷

(b) 末采支巷为⑤号支巷

(c) 末采支巷为①号支巷

(d) 末采支巷为⑤号支巷

图 6-12　相邻区段关键层稳定时局部刚度单元划分方法

为了使屈服煤柱方案设计的可操作性强，将有屈服煤柱位置和支巷回采顺序的多种组合分为几种最基本的局部刚度单元，尽量使得这些局部刚度单元的组合能够表达屈服煤柱位置和支巷回采顺序的多种组合情况，从而通过对局部刚度单元的深入系统分析来简化方案设计的复杂程度。为了保证局部刚度单元范围内关键层处于稳定状态，一种刚度单元所包含的支巷数最多不能超过 4 个。

下面以图 6-12 为例划分局部刚度单元的种类。当末采支巷为①号支巷，屈服煤柱位于②号和③号支巷之间时，从有利于屈服煤柱稳定的角度，应首先从屈服煤柱相邻的两条支巷回采开始，按由近及远的顺序进行(如果跳采将会使屈服煤柱的荷载发生突变，同时屈服煤柱位置处的局部刚度会突然大幅度降低，从而不利于屈服煤柱的稳定破坏)。如图 6-12(a)、(c)所示，首先回采屈服煤柱两侧的支巷(“②→P→③”)，形成局部刚度单元 K_{S1}；按顺序继续回采④号支巷(“②→P→③→④”)，形成局部刚度单元 K_{S2}；继续回采⑤号支巷(“②→P→③→④→⑤”)，形成局部刚度单元 K_{S3}；再回采末采支巷①，关键层将失去稳定，无法形成有效的局部刚度单元。如图 6-12(b)、(d)所示，若末采支巷为⑤号支巷，则还有一种局部刚度单元就是“②→P→③→④→①”，设其为局部刚度单元 K_{S4}。其他不同支巷回采顺序所形成的局部刚度单元为上述 4 种局部刚度单元的其中之一，这里不再详细论述。

支巷最终回采顺序的确定要根据局部刚度单元 K 的大小和屈服煤柱的极限承载能力及峰后刚度大小而定。由前面的论述可知，局部刚度单元 K_{S1} ～K_{S4} 是逐渐减小的，而对应的屈服煤柱竖向荷载是递增的(假设屈服煤柱的承载力足够大)。较大的局部刚度单元对应较小的煤柱荷载，只能使得相对较小尺寸的屈服煤柱达到峰值应力；反之，较小的刚度单元能够使较大尺寸的屈服煤柱达到峰值应力。关于每种局部刚度的屈服煤柱选择将在后面的数值模拟中详细论述。

由于末采支巷回采后关键层将失去稳定，无法形成局部刚度，会造成屈服煤柱达到峰值应力后突然失稳，从而无法实现对关键层垮落和失稳的有效缓冲，因此，屈服煤柱不能放在末采支巷与其相邻的支巷之间。

对于“稳定单柱 5 巷式”的支巷回采，末采支巷为区段中间的②号或④号支巷和③号支巷时，回采末采支巷前，末采支巷两侧将分别形成有 2 条或 3 条支巷所组成的采空区。计算局部刚度时，只针对末采支巷有屈服煤柱的一侧进行，而另外一侧支巷回采过程中对其相邻屈服煤柱位置处局部刚度的影响可以忽略不计，即认为末采支巷没有屈服煤柱的一侧采空区为实体煤支撑，以后的分析类似。另外，由于末采支巷回采后，关键层将失去稳定，无法形成有效的局部刚度单元，因而在计算支巷回采过程中所形成的局部刚度时，可将末采支巷简化为区段的实体煤。下面以末采支巷的位置为分类标准，进行围岩局部刚度的系统分析。

由前面的分析可知，区段末采支巷一侧最多可安全回采 4 条支巷，则根据屈服煤柱位置、末采支巷位置和支巷回采顺序可有如图 6-13 所示的 6 种支巷布置及回采方案。

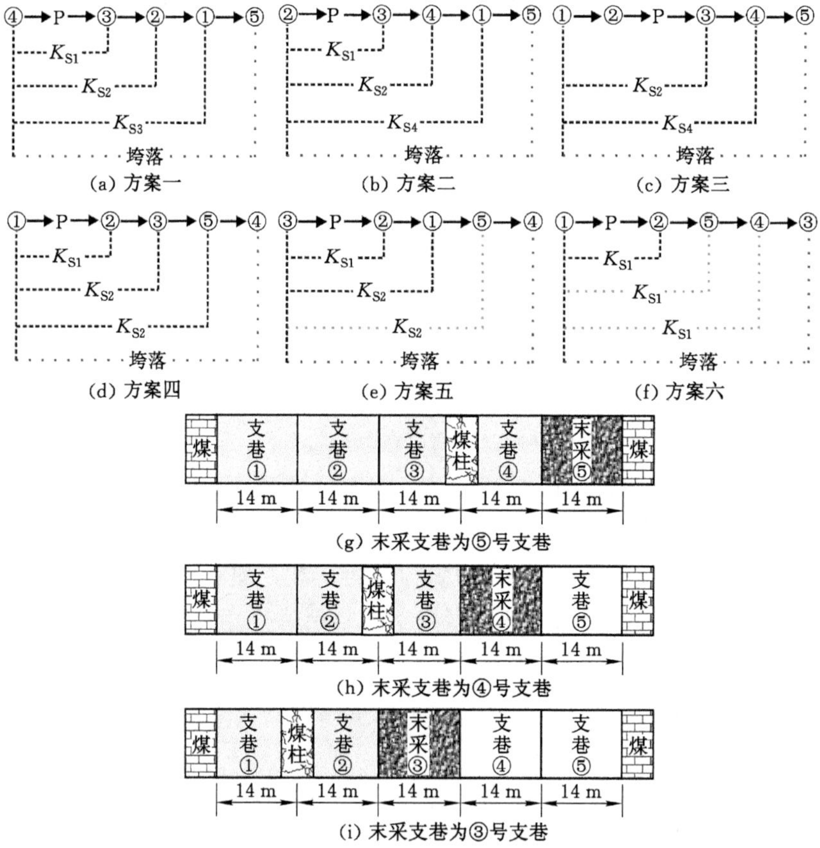

图 6-13 “稳定单柱 5 巷式”支巷布置及回采方案图

当末采支巷为①号或⑤号支巷时，由于 2 个支巷的位置对称，所能形成的各种局部刚度单元组合也对称，因而选择其中一条支巷（⑤号支巷）作为末采支巷。屈服煤柱位置可选择在①号和②号支巷之间、②号和③号支巷之间或③号和④号支巷之间，其中屈服煤柱在①号和②号支巷之间与③号和④号支巷之间所形成的局部刚度单元组合类型能够完全重合，因此只选择两者之间的一种作为分析对象。如图 6-13(a)所示，当屈服煤柱位置在③号和④号支巷之间时，按图中所示的开挖顺序，可形成三种局部刚度单元，即 K_{S1}、K_{S2} 和 K_{S3}。当屈服煤柱在②号和③号支巷之间时，按图 6-13(b)所示的开挖顺序，可形成 K_{S1}、K_{S2} 和 K_{S4} 三种局部刚度单元；按图 6-13(c)所示的开挖顺序，可形成 K_{S2} 和 K_{S4} 两种局部刚度单元。

同理，当末采支巷为②号或④号支巷时，由于两个支巷的位置对称，所能形成的各种局部刚度单元组合也对称，因而选择④号支巷作为末采支巷。屈服煤柱不能放在与末采支巷相邻的两侧，则屈服煤柱的位置只能在①号和②号支巷之间或②号和③号支巷之间。由于⑤号支巷在末采支巷的右侧，无法布置屈服煤柱，其回采对末采支巷左侧屈服煤柱位置的局部刚度影响忽略不计。屈服煤柱在上述两个位置所能形成的局部刚度单元如图 6-13(d)～(e)所示。

当末采支巷为③号支巷时，由于屈服煤柱不能放在与末采支巷相邻的两侧，则屈服煤柱的位置只能在①号和②号支巷之间或③号和④号支巷之间。由于这两种布置方式所形成的局部刚度单元组合类型能够完全重合，因而只选择两者之一作为分析对象。以屈服煤柱布置在①号和②号支巷之间为例，按图 6-13(f)所示的开挖顺序，可形成 K_{S1} 一种局部刚度单元。

由上面的分析可知，“稳定单柱 5 巷式”所形成的局部刚度单元有四种，分别是 K_{S1}、K_{S2}、K_{S3} 和 K_{S4}。每种支巷回采方案所包含的刚度单元种类和数量不同，回采方案中包含的刚度单元数量越多，越利于多种屈服煤柱尺寸的选择。末采支巷位于区段两侧时，可选择的刚度单元种类最多，随着末采支巷的位置向跨中移动，可选择的刚度单元种类减少。从末采支巷的安全回采和末采支巷回采完成后关键层所形成的采空区跨度的角度分析，末采支巷位于区段的两侧相对安全。这是由于末采支巷靠近区段煤壁，当末采支巷回采时，其所承担的荷载会转移到相邻的煤壁上，同时可以考虑在区段跨中附近位置设置屈服煤柱，尽量让屈服煤柱与末采支巷之间的距离较近，再通过判别屈服煤柱的峰后刚度与不同刚度单元所形成的局部刚度值大小来选择合适的屈服煤柱尺寸(后面将通过建立相应的数值模型来实现)。

综合上述分析，“稳定单柱 5 巷式”的支巷回采顺序和屈服煤柱布置方案应选择末采支巷为⑤号支巷，屈服煤柱位于③号和④号支巷之间，这样区段支巷回采“方案一”最优。

② 6 巷式

图 6-14 所示为“稳定单柱 6 巷式”支巷布置及回采方案。当末采支巷位置不再是靠近区段的两侧，而是在区段中间某个位置时，在回采末采支巷前，在末采支巷两侧可形成小于关键层极限跨距的采空区，则回采支巷数可以达到 6～9 条。与上述的屈服煤柱设计思想类似，以末采支巷的位置作为分类标准，在每种类型下以屈服煤柱的位置变化进行组合设计。

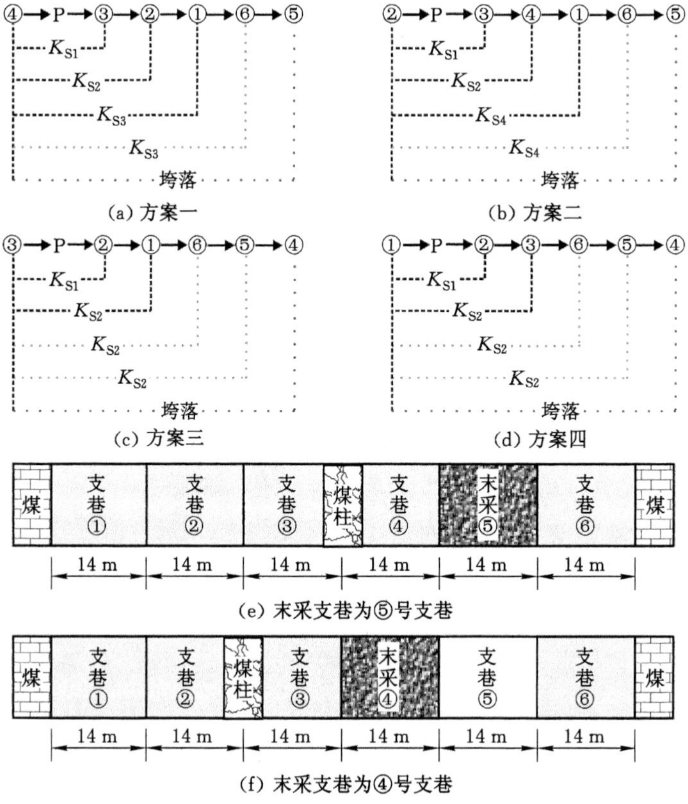

图 6-14 “稳定单柱 6 巷式”支巷布置及回采方案

末采支巷在区段内采空区的两侧时，即为①号和⑥号支巷时，末采支巷的一侧采空区有 5 条支巷宽度，超过了关键层的极限跨距，因而不能把末采支巷布置在两侧，只能布置在区段除两侧以外的中间某个位置。按照距离区段两侧煤壁由近到远的顺序，再排除对称分布的问题，末采支巷可选择④号和⑤号（或者②号和③号）支巷 2 个位置。下面依次进行分析。

当末采支巷为⑤号支巷时，由于末采支巷与其相邻支巷之间不能布置屈服煤柱，以及①号～④号之间屈服煤柱布置存在对称性，则只需考虑屈服煤柱布置在②号和③号支巷之间以及③号和④号支巷之间两种情形下的局部刚度类型。如图 6-14(a)所示，当屈服煤柱布置在③号和④号支巷之间时，随着支巷按照图示的顺序进行回采，可有 K_{S1}、K_{S2} 和 K_{S3} 三种局部刚度单元类型，除此之外的其他回采顺序均不利于屈服煤柱的稳定破坏。如图 6-14(b)所示，当屈服煤柱布置在②号和③号支巷之间时，有 K_{S1}、K_{S2} 和 K_{S4} 三种局部刚度单元类型。

当末采支巷为④号支巷时，屈服煤柱可以布置在末采支巷的左侧①号和②号支巷之间以及②号和③号支巷之间，也可以布置在末采支巷的右侧⑤号和⑥号支巷之间。当屈服煤柱布置在末采支巷右侧时，无论采用怎样的开采顺序，只有一种局部刚度单元 K_{S1}。屈服煤柱布置在末采支巷左侧时，可有如图 6-14(c)、(d)所示的 K_{S1} 和 K_{S2} 两种局部刚度单元类型。

综上所述，“稳定单柱 6 巷式”根据末采支巷位置、屈服煤柱位置可形成多种支巷回采方案。从回采方案的种类丰富程度(种类越丰富，可选择屈服煤柱尺寸的范围越大)、末采支巷的安全回采以及关键层垮落时屈服煤柱对其有效缓冲的角度，方案一和方案四相对较优，其中方案一所包含的刚度单元种类多于方案四，因而最优的区段支巷回采方案为方案一。

③ 7 巷式

图 6-15 所示为“稳定单柱 7 巷式”支巷布置及回采方案。在回采末采支巷前，末采支巷两侧可形成小于关键层极限跨距的采空区，即末采支巷两侧的支巷数不应超过 4 条。考虑到末采支巷布置的对称性问题，则末采支巷可以位于⑤号和④号支巷两个位置。

当末采支巷为⑤号支巷时，由于末采支巷与其相邻支巷之间不能布置屈服煤柱，则屈服煤柱的位置可选择布置在末采支巷左侧的①号～④号支巷之间，也可布置在末采支巷右侧的⑥号和⑦号支巷之间。当屈服煤柱布置在末采支巷⑤的左侧时，局部刚度单元类型与“稳定单柱 6 巷式”方案相应部分相同，这里不再重复描述。当屈服煤柱处于⑥号和⑦号支巷之间时，与“6 巷式”的相应部分相同，只有一种局部刚度单元 K_{S1}。

当末采支巷位于④号支巷时，末采支巷左右两侧的支巷呈对称分布，则可分析其中一侧布置屈服煤柱的局部刚度单元类型。以末采支巷左侧布置屈服煤柱为例，屈服煤柱位置可以处于①号和②号支巷之间以及②号和③号支巷之间，则形成的局部刚度单元类型与末采支巷位于相同位置的“5 巷式”方案相应部分相同，不再重复描述。

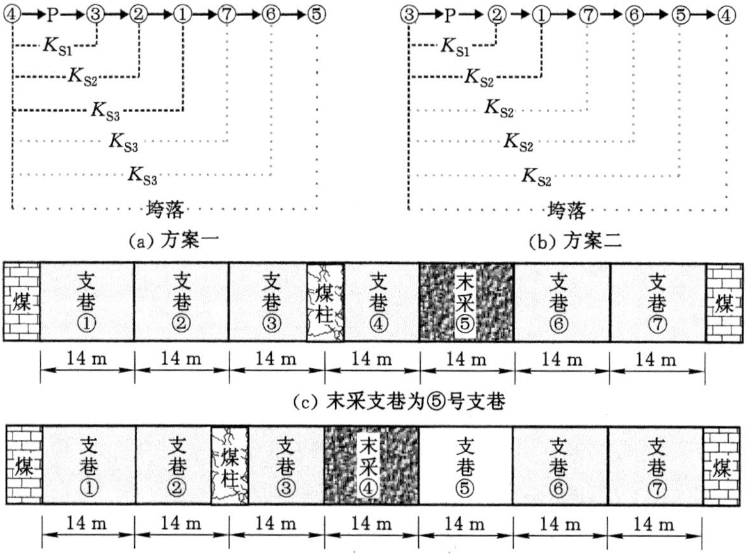

(a) 方案一　(b) 方案二

(c) 末采支巷为⑤号支巷

(d) 末采支巷为④号支巷

图 6-15 "稳定单柱 7 巷式"支巷布置及回采方案

综上所述,从回采方案的种类丰富程度、末采支巷的安全回采以及关键层垮落时屈服煤柱对其有效缓冲的角度,方案一相对较优。

④ 8 巷式

图 6-16 所示为"稳定单柱 8 巷式"支巷布置及回采方案。末采支巷两侧

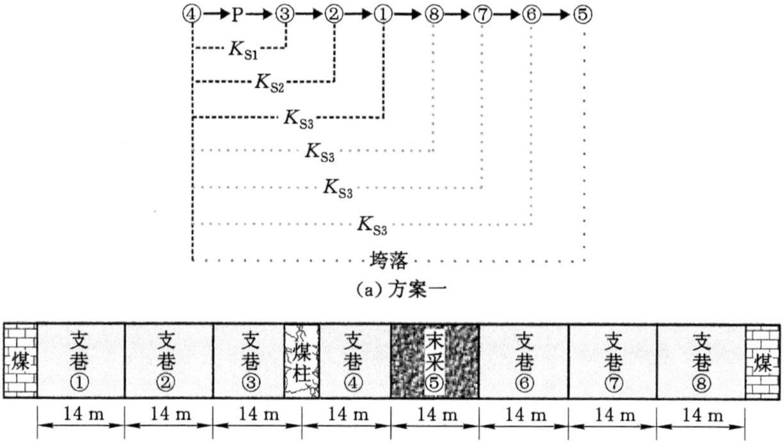

(a) 方案一

(b) 巷道布置图

图 6-16 "稳定单柱 8 巷式"支巷布置及回采方案

支巷数不应超过 4 条，再考虑到末采支巷布置的对称性问题，则只需要分析末采支巷位于⑤号支巷。

由于末采支巷与相邻支巷之间不能布置屈服煤柱，则屈服煤柱的位置可选择布置在末采支巷左侧的①号～④号支巷之间，也可布置与末采支巷右侧的⑥号～⑧号支巷之间。当屈服煤柱布置于末采支巷左侧时，与末采支巷为⑤号支巷的“稳定单柱 6 巷式”方案相应部分相同，这里不再重复描述。当屈服煤柱处于末采支巷右侧时，与末采支巷为④号支巷的“稳定单柱 5 巷式”方案相应部分相同。因此，在众多支巷回采方案中，“方案一”相对较优。

⑤ 9 巷式

图 6-17 所示为“稳定单柱 9 巷式”支巷布置及回采方案。末采支巷两侧支巷数不应超过 4 条，再考虑到末采支巷布置的对称性问题，则末采支巷只能位于⑤号支巷。

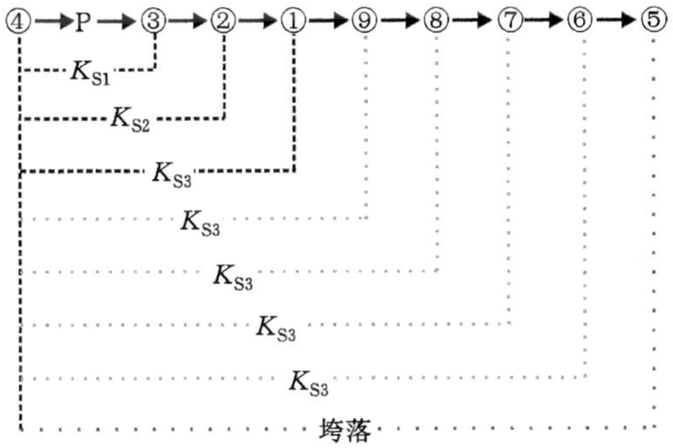

(a) 方案一

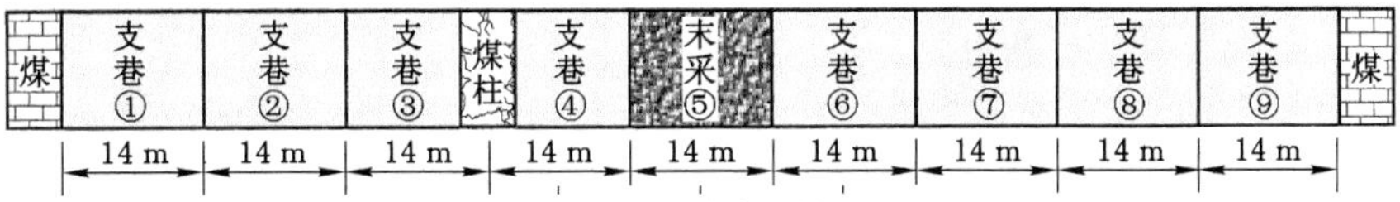

(b) 巷道布置图

图 6-17 “稳定单柱 9 巷式”支巷布置及回采方案

由于末采支巷与相邻支巷之间不能布置屈服煤柱，则屈服煤柱的位置可选择布置在末采支巷左侧的①号～④号支巷之间，也可布置末采支巷右侧的⑥号～⑨号支巷之间。考虑到⑤号支巷两侧的支巷呈对称分布，则只需要分析其中一侧即可。以左侧为例，屈服煤柱位于末采支巷左侧的回采顺序和刚度单元类型与末采支巷为⑤号支巷的“稳定单柱 6 巷式”方案左侧相应部分相同，这里不再重复描述。从末采支巷安全回采和屈服煤柱对关键层起到最大缓冲作用的角度，屈服煤柱位置应处于③号和④号支巷之间或者是⑥号和⑦号支巷之间。

综上所述，当区段内支巷数相对较多(超过 6 条支巷)时，末采支巷回采后会形成相对较大的跨度，该跨度已经超过关键层极限跨距至少 1 条支巷宽度以上，从而使得关键层处于超极限跨距状态。由第五章的分析可知，当关键层处于超极限跨距时，跨度越大，关键层的承载能力和平衡能力越小，越容易发生沿两侧煤壁的切落破坏，关键层的破断失稳更具有突然性，产生的动力灾害更大。因此，应该尽量使留设的屈服煤柱位于整个区段的跨中附近，同时在可选的屈服煤柱尺寸中，尽量选择煤柱尺寸相对较大的屈服煤柱或采用双柱式来保护末采支巷的安全回采和末采支巷回采完成后“关键层-屈服煤柱”系统能够稳定垮落。

(2) 双柱式

① 5 巷式

从屈服煤柱破坏后对关键层产生缓冲作用的角度，2 个屈服煤柱之间的距离不宜过近，建议 2 个屈服煤柱之间至少相隔 2 条支巷。另外，在支巷回采过程中，分析一个屈服煤柱的局部刚度时，可假设另一个屈服煤柱已经完全破坏，其对关键层的支撑作用已经消失。考虑到在形成一个屈服煤柱的局部刚度时尽量避免对另外一个屈服煤柱的局部刚度产生较大突变影响，应尽量以 2 个屈服煤柱为中心，向两侧逐步回采，使得每个屈服煤柱的局部刚度变化幅度保持最小，有利于获得更多稳定破坏的屈服煤柱。

结合上面的分析，从有利于屈服煤柱对关键层产生缓冲作用的角度，应该让 2 个屈服煤柱尽量分布于整个区段的中心区和末采支巷附近；又从保护末采支巷安全的角度，应该尽量让两个屈服煤柱分布于末采支巷的两侧。

图 6-18 所示为“稳定双柱 5 巷式”支巷布置及回采方案。结合上述分析思路，末采支巷的有利位置应该位于区段中间的③号支巷在末采支巷左侧的屈服煤柱布置于①号和②号支巷之间，在右侧的屈服煤柱布置于④号和⑤号支巷之间，则在末采支巷两侧各自形成一种局部刚度单元，均为 K_{S1}，如图 6-18所示。

② 6 巷式

图 6-19 所示为“稳定双柱 6 巷式”支巷布置及回采方案。结合上述分析思路，末采支巷可位于③号和④号支巷，由于两个支巷相对于整个区段的分布来说是对称的，则只需分析其中一种情况。以④号支巷作为末采支巷，在末采支巷左侧的屈服煤柱可以布置于①号和②号支巷之间或者②号和③号支巷之

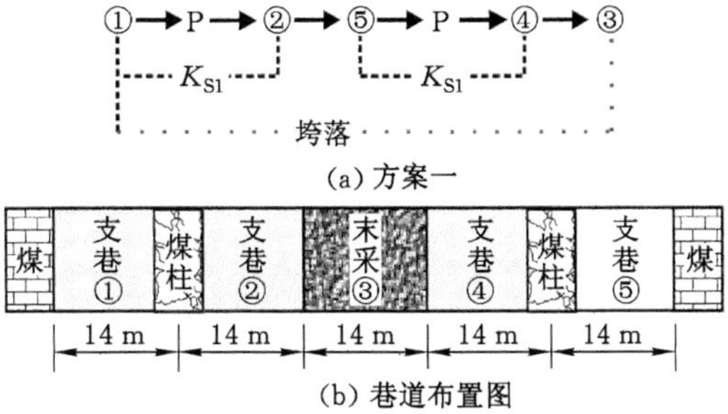

图 6-18 "稳定双柱 5 巷式"支巷布置及回采方案

间，两种情况对称，则只需分析其中一种情况；④号末采支巷右侧的屈服煤柱可布置于⑤号和⑥号支巷之间。这样，末采支巷左侧的局部刚度单元有 K_{S1} 和 K_{S2} 两种类型，而末采支巷右侧只有 K_{S1} 一种。从有利于末采支巷安全回采和屈服煤柱对关键层失稳有效缓冲的角度，末采支巷左侧的屈服煤柱位置应位于②号和③号支巷之间，因此，建议的支巷回采方案为"方案一"。

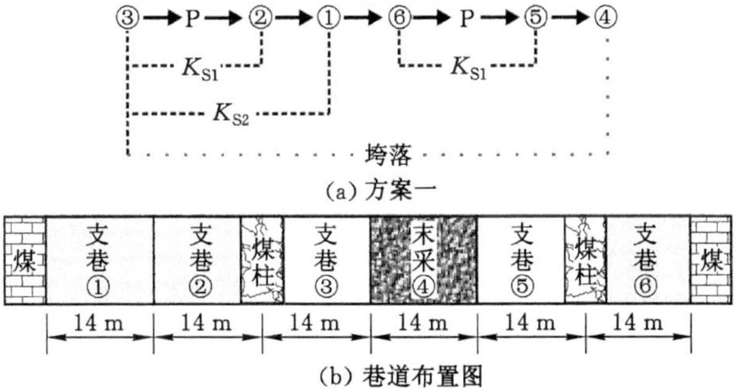

图 6-19 "稳定双柱 6 巷式"支巷布置及回采方案

③ 7 巷式

图 6-20 所示为"稳定双柱 7 巷式"支巷布置及回采方案。结合上述分析思路，末采支巷可位于③号、④号和⑤号支巷，考虑到③号和⑤号支巷在整个区段呈对称性分布，则只需分析其中一种情况。下面分别以末采支巷为④号和⑤号支巷为例进行分析。

当末采支巷为⑤号支巷时，2 个屈服煤柱可分别布置于末采支巷左侧的①号～④号支巷之间和右侧的⑥号和⑦号支巷之间。在末采支巷左侧的屈服煤柱局部刚度单元类型及支巷回采顺序与"稳定单柱 5 巷式"方案中末采支巷为⑤号支巷的左侧情况相同，局部刚度单元有 K_{S1}、K_{S2}、K_{S3} 和 K_{S4} 四种类型，

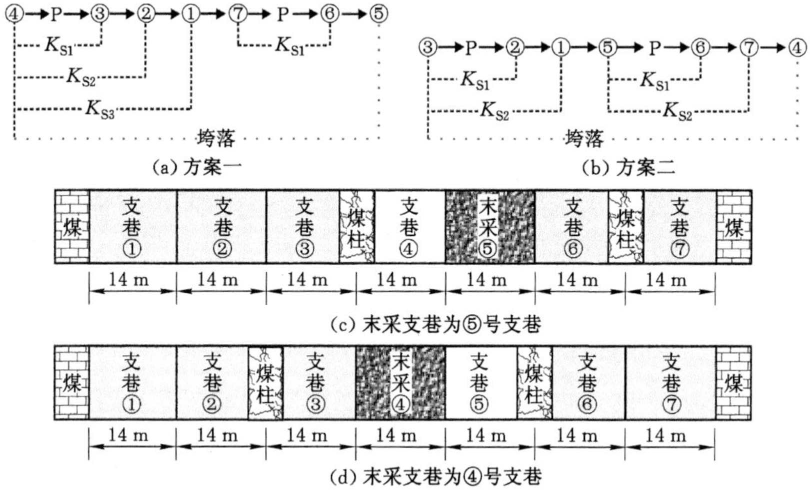

图 6-20 “稳定双柱 7 巷式”支巷布置及回采方案

具体的支巷回采顺序这里不再重复；而在末采支巷右侧的屈服煤柱局部刚度单元只有一种，即 K_{S1}。考虑到有利于末采支巷安全回采和能够对关键层破断形成有效的缓冲，建议屈服煤柱位置和支巷回采顺序如图 6-20(a)、(c)所示。

当末采支巷为④号支巷时，2 个屈服煤柱可分别布置于末采支巷左侧的①号～③号支巷之间和右侧的⑤号～⑦号支巷之间。末采支巷两侧支巷的分布是对称的，两侧屈服煤柱可能的回采顺序和形成的局部刚度单元类型是相同的，与“稳定单柱 5 巷式”方案末采支巷为④号支巷的左侧情况相同，可形成的局部刚度单元有 K_{S1} 和 K_{S2} 两种。考虑到末采支巷安全回采和能够对关键层破断形成有效的缓冲，建议屈服煤柱位置和支巷回采顺序如图 6-20(b)、(d)所示。

综合比较末采支巷分别为④号和⑤号支巷两种情况，并结合回采效率问题，建议的支巷回采方案为“方案一”。

④ 8 巷式

图 6-21 所示为“稳定双柱 8 巷式”支巷布置及回采方案。结合上述分析思路，末采支巷可位于④号或⑤号支巷，而这两个支巷在整个区段呈对称性分布，则只需分析末采支巷为⑤号支巷一种情况。

当末采支巷为⑤号支巷时，2 个屈服煤柱可分别布置于末采支巷左侧的①号～④号支巷之间和右侧的⑥号～⑧号支巷之间。位于末采支巷左侧的屈

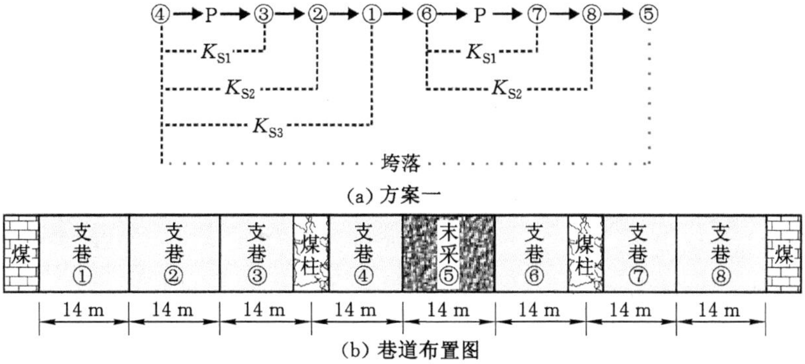

图 6-21 “稳定双柱 8 巷式”支巷布置及回采方案

服煤柱局部刚度单元类型及支巷回采顺序与“稳定单柱 5 巷式”方案末采支巷为⑤号支巷的左侧情况相同，局部刚度单元有 K_{S1}、K_{S2}、K_{S3} 和 K_{S4} 四种，具体的支巷回采顺序在这里不再重复；而在末采支巷右侧的屈服煤柱局部刚度单元类型及支巷回采顺序与“稳定单柱 5 巷式”方案末采支巷为④号支巷的左侧情况相同，局部刚度单元有 K_{S1} 和 K_{S2} 两种。考虑到有利于末采支巷安全回采和能够对关键层破断形成有效的缓冲，建议屈服煤柱位置和支巷回采顺序如图6-21(a)、(b)所示。

⑤ 9 巷式

图 6-22 所示为“稳定双柱 9 巷式”支巷布置及回采方案。结合上述分析思路，末采支巷只能位于⑤号支巷，而⑤号支巷左右两侧支巷在整个区段呈对称性分布，屈服煤柱分布在末采支巷两侧所能形成的局部刚度单元和支巷回采顺序种类相同，与“稳定单柱 5 巷式”方案末采支巷为⑤号支巷的左侧情况

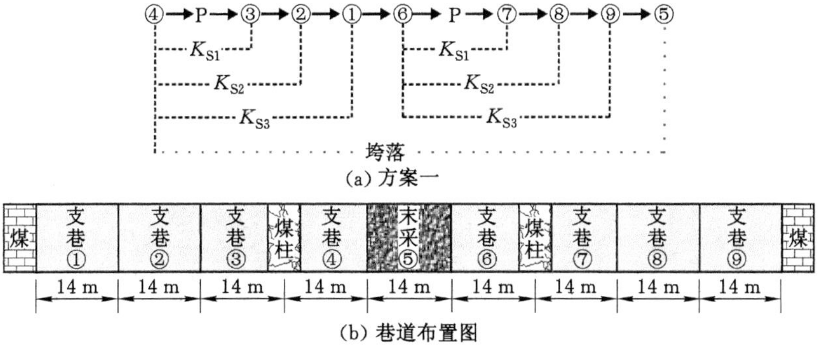

图 6-22 “稳定双柱 9 巷式”支巷布置及回采方案

相同，局部刚度单元有 K_{S1}、K_{S2}、K_{S3} 和 K_{S4} 四种，具体的支巷回采顺序在这里不再重复。考虑到有利于末采支巷安全回采和能够对关键层破断形成有效的缓冲，建议屈服煤柱位置和回采顺序如图 6-22(a)、(b)所示。

综上所述，当区段内支巷数相对较多(超过 6 条支巷)时，关键层的破断失稳更具有突然性，产生的动力灾害更大。因此，应该尽量使留设的屈服煤柱位于整个区段的跨中附近，并且尽量让 2 个屈服煤柱位于末采支巷两侧。同时在可选的屈服煤柱尺寸中，尽量选择煤柱尺寸相对较大的屈服煤柱来保护末采支巷的安全回采和末采支巷回采完成后"关键层-屈服煤柱"系统能够稳定垮落。

2. 相邻区段关键层已经垮落

与前面的分类方法相同，根据区段内留设屈服煤柱的数量，分单柱式、双柱式和多柱式分别进行设计和优化，其中多柱式将在本节最后进行综合讨论。每种方式再根据区段支巷的数量进行细化。为了简化命名，以区段内回采 5 条支巷为例，相邻区段关键层为垮落状态的单屈服煤柱布置方式可简称为"垮落单柱 5 巷式"，其他方式依此类推。

(1) 单柱式

按照区段内的回采支巷个数分为 4 巷式、5 巷式、6 巷式和 7 巷式等 4 种。

① 4 巷式

首先对支巷回采顺序和屈服煤柱所在位置的符号表达进行阐述。如图 6-23所示，若末采支巷为④号支巷和屈服煤柱位置在②号和③号支巷之间，则煤柱回采方案和表达方式为"③→P→②→①→④"表示屈服煤柱位置在②号和③号支巷之间，支巷回采顺序为③、②、①和④号支巷。

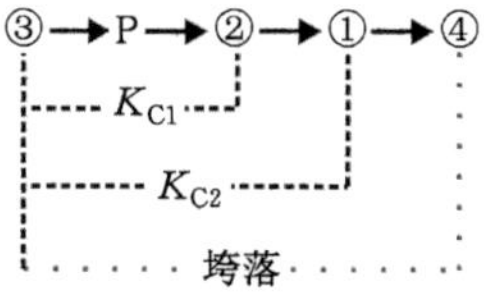

(a) 局部刚度单元

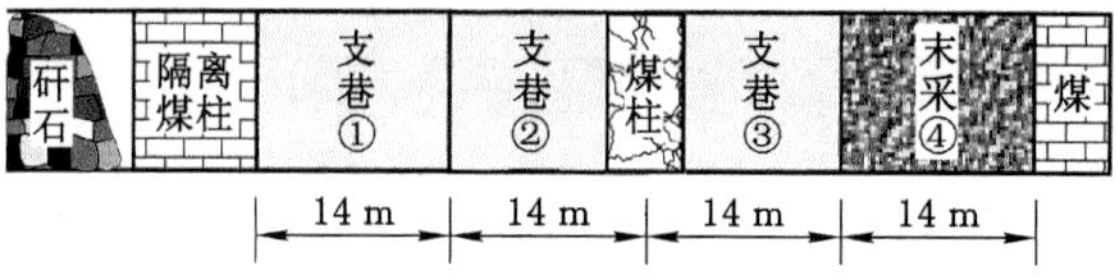

(b) 巷道布置图

图 6-23　相邻区段关键层垮落时局部刚度单元划分

接下来对相邻区段为垮落区的屈服煤柱局部刚度单元的基本种类进行说明。由前面的分析可知，相邻区段为垮落区，关键层的极限跨距不超过 56 m，若不考虑末采支巷位置对区段关键层的影响（末采支巷在区段的两侧），则区段最多布置 4 条回采支巷。以图 6-23 为例，屈服煤柱布置在支巷②号和③号支巷之间。首先回采屈服煤柱两侧的支巷（“③→P→②”）形成的局部刚度单元为 K_{C1}；按顺序继续回采①号支巷（“③→P→②→①”）形成的局部刚度单元为 K_{C2}；继续回采④号支巷（“③→P→②→①→④”），由于回采跨度达到了关键层的极限跨距，关键层及覆岩将破断失稳，无法形成有效的局部刚度。其他不同支巷回采顺序所形成的局部刚度单元为上述两种局部刚度单元的其中之一，这里不再详细论述。

支巷最终回采顺序的确定要根据局部刚度单元 K 的大小和屈服煤柱的极限承载能力及峰后刚度大小而定。由前面的论述可知，局部刚度单元 K_{C1}～K_{C2} 是逐渐减小的，而对应的屈服煤柱竖向荷载是递增的（假设屈服煤柱的承载力足够大）。较大的局部刚度单元对应的煤柱荷载就小，只能使得相对较小尺寸的屈服煤柱达到峰值应力；而局部刚度较小的刚度单元能够使较大尺寸的屈服煤柱达到峰值应力。关于每种局部刚度的屈服煤柱选择将在后面的数值模拟中详细论述。

按照末采支巷的位置不同分类。由上图可知，末采支巷可以为①号、②号、③号和④号支巷的任意一个，而末采支巷为①号和②号支巷与末采支巷为③号和④号支巷在整个区段内呈对称分布，为了简化分析，则只需分析对称的一部分即可。下面分别以末采支巷为④号和③号支巷进行分析。

当末采支巷为④号支巷时，屈服煤柱的位置可在①号和②号支巷之间或者在②号和③号支巷之间，屈服煤柱在这两个位置相对于①号～③号支巷空间来说呈对称分布，因而从简化分析的角度，只需分析其中一种，即屈服煤柱在②号和③号支巷之间。通过前面的分析可知，支巷的回采应首先从屈服煤柱附近的两条支巷开始，按由近及远的顺序进行，则支巷的回采顺序为“③→P→②→①”，在支巷回采过程中可分别产生 K_{C1} 和 K_{C2} 两种局部刚度单元；也可以采用“②→P→③→①”的回采顺序，形成的局部刚度单元种类和顺序没有变化，但该回采方案支巷跳采不利于回采效率的提高。从有利于末采支巷安全回采和对关键层有效缓冲的角度，建议的屈服煤柱位置和支巷回采方案如图 6-24 所示。

当末采支巷为③号支巷时，由前面的分析可知，与末采支巷相邻的一侧不能布置屈服煤柱，则屈服煤柱只能布置在末采支巷左侧的①号和②号支巷之

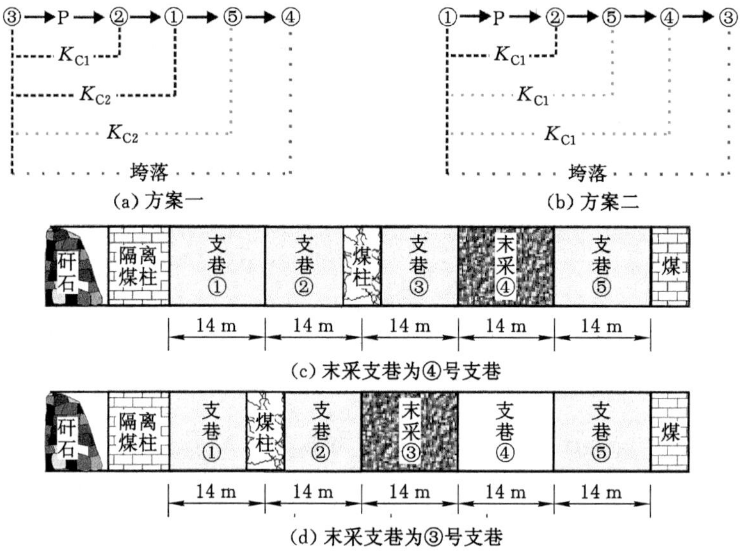

图 6-24 “垮落单柱 5 巷式”支巷布置及回采方案

间。而末采支巷回采前，末采支巷右侧④号支巷的回采对左侧局部刚度单元的影响可忽略，则末采支巷左侧支巷回采可能形成的局部刚度单元只能有一种，即为 K_{C1}。

综上所述，从有利于末采支巷安全回采和对关键层形成有效支撑或缓冲的角度，图 6-24 所示的方案较优。

② 5 巷式

图 6-24 所示为“垮落单柱 5 巷式”支巷布置及回采方案。考虑到关键层的极限跨距，则可选择②号、③号和④号支巷作为末采支巷。而从整个区段的巷道布置来看，末采支巷为②号与④号支巷呈对称分布，为了简化分析，分别选择④号和③号支巷作为末采支巷进行分析。

当末采支巷为④号支巷时，屈服煤柱可布置在①号和②号支巷之间或者②号和③号支巷之间。结合前面的分析，末采支巷回采前，其右侧支巷回采对左侧局部刚度的影响忽略不计，则末采支巷左侧屈服煤柱位置和支巷回采方案与“垮落单柱 4 巷式”方案的末采支巷为④号支巷左侧分析相同，有 K_{C1} 和 K_{C2} 两种局部刚度单元。从有利于末采支巷安全回采和对关键层有效缓冲的角度，建议的屈服煤柱位置和支巷回采方案如图 6-24(a)、(c)所示。

当末采支巷为③号支巷时，屈服煤柱可布置于末采支巷左侧的①号和②号支巷之间或者右侧的④号和⑤号支巷之间，两个位置呈对称分布，则以屈服煤柱位于①号和②号支巷之间进行分析，同样忽略末采支巷右侧(无屈服煤柱一侧)支巷回采对左侧局部刚度的影响，则左侧屈服煤柱位置和支巷回采方案与“垮落单柱 4 巷式”方案的末采支巷为③号支巷左侧分析相同，有 K_{C1} 一种局部刚度单元。从有利于末采支巷安全回采和对关键层有效缓冲的角度，建议的屈服煤柱位置和支巷回采方案如图 6-24(b)、(d)所示。

③ 6 巷式

图 6-25 所示为“垮落单柱 6 巷式”支巷布置及回采方案。考虑到关键层的极限跨距，则可选择③号和④号支巷作为末采支巷。而从整个区段的巷道布置来看，末采支巷为③号与④号支巷呈对称分布，为了简化分析，选择④号支巷作为末采支巷进行分析。

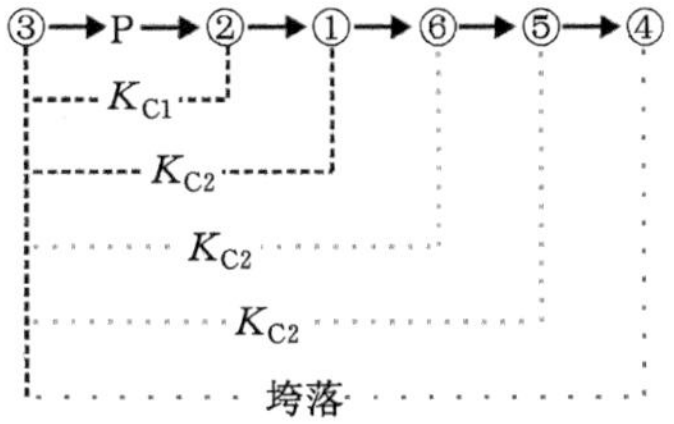

(a) 方案一

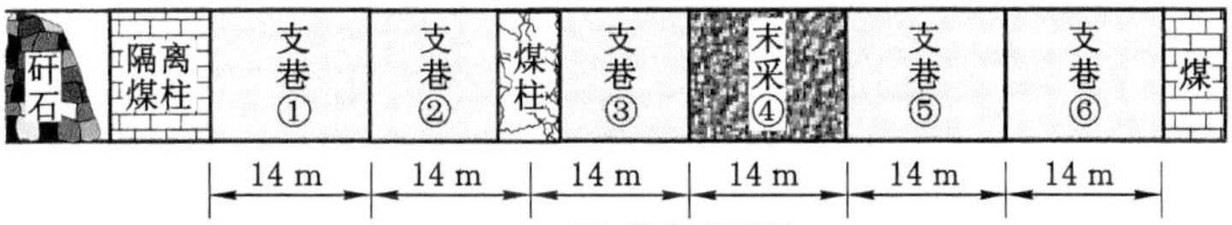

(b) 巷道布置图

图 6-25 “垮落单柱 6 巷式”支巷布置及回采方案

当末采支巷为④号支巷时，屈服煤柱可布置在末采支巷左侧的①号和②号支巷之间或者②号和③号支巷之间，也可以布置在末采支巷右侧的⑤号和⑥号支巷之间。

当屈服煤柱位于末采支巷左侧的 3 条支巷中的任意 2 条支巷之间时，结合前面的分析，末采支巷右侧(无屈服煤柱一侧)支巷回采对左侧局部刚度的影响忽略不计，则末采支巷左侧屈服煤柱位置和支巷回采方案与“垮落单柱 4 巷式”方案的末采支巷为④号支巷左侧分析相同，有 K_{C1} 和 K_{C2} 两种局部刚度单元。

当屈服煤柱位于末采支巷右侧的⑤号和⑥号支巷之间时，同样忽略末采支巷左侧支巷回采对右侧局部刚度的影响，则只有一种局部刚度单元 K_{C1}。

综合屈服煤柱位于末采支巷左侧和右侧两种情况，从有利于采支巷安全回采和对关键层有效缓冲的角度，建议的屈服煤柱位置和支巷回采方案如图6-25所示。

④ 7巷式

图6-26所示为“垮落单柱7巷式”支巷布置及回采方案。考虑到关键层的极限跨距，则只能选择④号支巷作为末采支巷。而从整个区段的巷道布置来看，末采支巷左右两侧的支巷呈对称分布，则以屈服煤柱位于末采支巷左侧进行分析。结合前面的分析，末采支巷右侧（无屈服煤柱一侧）支巷回采对左侧局部刚度的影响忽略不计，则末采支巷左侧屈服煤柱位置和支巷回采方案与“垮落单柱4巷式”方案的末采支巷为④号支巷左侧分析相同，有 K_{C1} 和 K_{C2} 两种局部刚度单元。从有利于末采支巷安全回采和对关键层有效缓冲的角度，建议的屈服煤柱位置和支巷回采方案如图6-26所示。

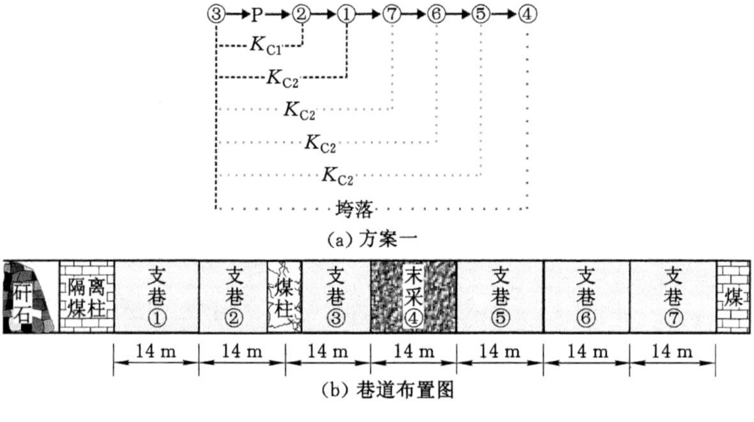

图6-26 “垮落单柱7巷式”支巷布置及回采方案

值得注意的是，末采支巷回采完成后，采空区上方将形成远超过关键层极限跨度的采空区，而回采方案可以形成的局部刚度单元只有 K_{C1} 和 K_{C2} 两种，这样会使末采支巷的回采面临较大的安全威胁，因而应尽量选择能够满足局部刚度单元 K_{C2}、承载能力相对较大的屈服煤柱作为设计煤柱。由于采空区跨度较大，建议末采支巷两侧均布置承载能力较大的屈服煤柱或采用双柱式。

（2）双柱式

① 4巷式

结合前面的分析，从有利于屈服煤柱破坏后对关键层产生缓冲作用的角度，应该让2个屈服煤柱尽量分布于整个区段的中心区和末采支巷附近；又从保护末采支巷安全的角度，应该尽量让2个屈服煤柱分布于末采支巷的两侧。

结合上面的末采支巷和屈服煤柱布置基本原则，4 条支巷内布置两个屈服煤柱是不合理的。从预防关键层破断产生的动力灾害角度，“垮落单柱 4 巷式”回采所形成的采空区刚好是关键层的极限跨距，所形成的采空区面积相对较小，一个相对较大的屈服煤柱可以获得相对安全的效果。

② 5 巷式

图 6-27 所示为“垮落双柱 5 巷式”支巷布置及回采方案。结合前面的分析，末采支巷的合理位置应该在中间巷③号支巷的位置。在末采支巷左侧的①号和②号支巷之间以及右侧的④号和⑤号支巷之间各布置 1 个屈服煤柱，末采支巷两侧的局部刚度单元相同，均为 K_{C1}。从有利于末采支巷安全回采和对关键层有效缓冲的角度，建议的屈服煤柱位置及支巷回采方案如图 6-27 所示。

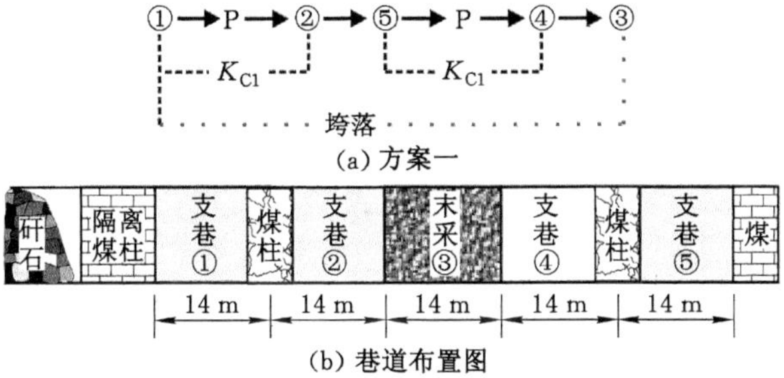

图 6-27 “垮落双柱 5 巷式”支巷布置及回采方案

③ 6 巷式

图 6-28 所示为“垮落双柱 6 巷式”支巷布置及回采方案图。末采支巷的合理位置应该处于③号或④号支巷的位置。从整个区段的巷道分布可以看出，两个支巷呈对称分布，则以④号支巷为末采支巷进行分析。

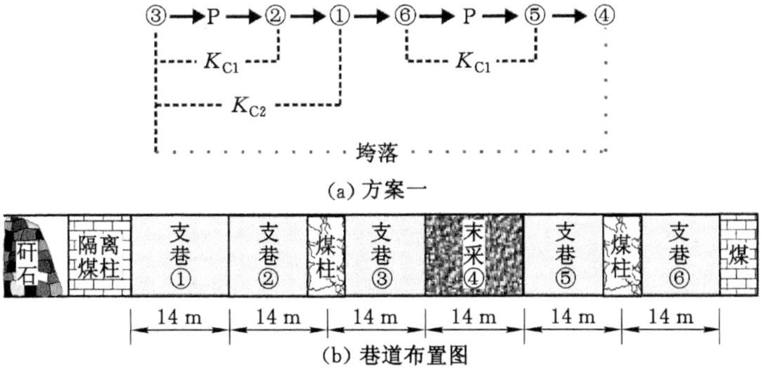

图 6-28 “垮落双柱 6 巷式”支巷布置及回采方案

在末采支巷左侧的屈服煤柱位置可选择在①号和②号支巷之间或②号和③号支巷之间，而末采支巷右侧的屈服煤柱只能位于⑤号和⑥号支巷之间。在分析整个区段内末采支巷左侧和右侧的局部刚度时，可先分析其中一侧，而忽略另外一侧支巷回采的影响。

在末采支巷左侧的局部刚度单元与“垮落单柱 4 巷式”方案的末采支巷为④号支巷左侧局部刚度单元相同，有 K_{C1} 和 K_{C2} 两种，而末采支巷右侧局部刚度单元只有 K_{C1} 一种。从有利于末采支巷安全回采和对关键层有效缓冲的角度，建议的屈服煤柱位置和支巷回采方案如图 6-28 所示。

④ 7 巷式

图 6-29 所示为“垮落双柱 7 巷式”支巷布置及回采方案图。结合前面的分析，末采支巷的合理位置应该处于④号支巷的位置，2 个屈服煤柱应该分别位于末采支巷的两侧。从整个区段的巷道分布可以看出，末采支巷两侧的支巷呈对称分布，则两侧的局部刚度单元相同。以末采支巷④左侧为分析对象，结合前面的分析可知，左侧有 K_{C1} 和 K_{C2} 两种局部刚度单元，与右侧相同。从有利于末采支巷安全回采和对关键层有效缓冲的角度，建议的屈服煤柱位置和支巷回采方案如图 6-29 所示。

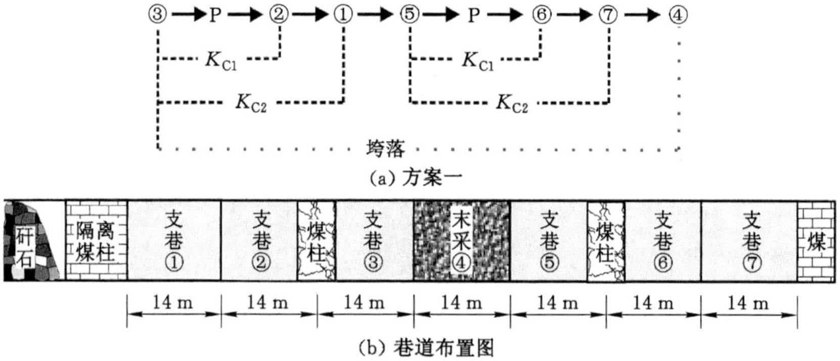

图 6-29 “垮落双柱 7 巷式”支巷布置及回采方案

综上所述，该种回采方式所形成的采空区跨度较大，因而从末采支巷的安全回采以及对关键层破断时能够形成有效缓冲的角度，尽量选择承载力较大的屈服煤柱。

综合上述的方案分析和设计，所有回采方案所对应的局部刚度单元类型分为两大类：①当相邻区段关键层处于稳定状态时，有 K_{S1}、K_{S2}、K_{S3} 和 K_{S4} 四种刚度单元；②当相邻区段关键层垮落后，有 K_{C1} 和 K_{C2} 两种局部刚度单元。

其他所有不同的屈服煤柱位置和不同的支巷回采顺序所形成的局部刚度类型均由上述 6 种局部刚度单元组成。因此，为了进一步分析每种局部刚度单元是否能够获得相应的稳定破坏的屈服煤柱以及屈服煤柱尺寸大小，需要建立相对应的数值模型进行计算和分析。数值模型的尺寸和力学参数的选取与第五章的 FLAC 模型相同。下面就相邻区段为稳定和垮落两种情况分别建模，每种情况根据局部刚度理论值大小，按由大到小的顺序进行计算(屈服煤柱位置顶底板移近量越大，局部刚度越小)，煤柱尺寸也按由小到大的顺序进行计算。

二、屈服煤柱稳定破坏数值模拟分析

由前面的分析可知，不同的支巷数量、支巷回采方案和屈服煤柱位置所形成的局部刚度均由不同的刚度单元组成，为了使屈服煤柱的工程设计更为具体化，需要深入分析不同刚度单元对应的屈服煤柱尺寸以及相应的刚度。根据局部刚度计算公式，局部刚度的大小与煤柱峰值应力、峰值应力对应的竖向变形量和煤柱位置顶底板移近总量有关。第五章的研究表明，相同的跨度、不同位置的顶底板移近量是不变的，因而对于不同的局部刚度单元来说，对应屈服煤柱位置处的顶底板变形总量不变。本章第二节的分析表明，同样的煤层力学参数，不同的煤柱尺寸，煤柱的峰值应力、峰值应力对应的变形量和峰后刚度是不同的。因此，局部刚度单元的另外两个变量取决于屈服煤柱的尺寸大小，同样的局部刚度单元，不同的屈服煤柱尺寸将产生不同的局部刚度值。所以，需要对不同的局部刚度单元用不同尺寸的屈服煤柱进行数值模拟，从而更加清晰地获得每个局部刚度单元可以实现稳定破坏的屈服煤柱尺寸。

为了简化数值模拟的工作量，选择屈服煤柱的尺寸分别为 2 m、4 m 和 6 m，大于 6 m 的屈服煤柱在现有的局部刚度单元很难达到其极限承载力或成功实现屈服煤柱的峰后稳定破坏。对于每种屈服煤柱尺寸，按局部刚度单元的理论刚度值由大到小按顺序进行支巷回采，直至达到该煤柱的极限承载力时，计算该刚度单元对应该煤柱的局部刚度值，再与屈服煤柱自身的峰后刚度进行对比，判断屈服煤柱是否能够实现稳定破坏。

1. 相邻区段覆岩为稳定状态

由前面的分析可知，当相邻区段覆岩处于稳定状态时，该区段内支巷回采根据屈服煤柱位置和数量不同可以形成多种支巷回采方案，但均由基本的局部刚度单元所组成，即 K_{S1}、K_{S2}、K_{S3} 和 K_{S4}。上述 4 种局部刚度单元之间又存在相互演化关系，即 K_{S2} 由 K_{S1} 回采④号支巷所形成，K_{S3} 又由 K_{S2} 回采⑤支巷所形成，而 K_{S4} 是由 K_{S2} 跳采回采①号支巷所形成。下面分别建模分析每种局部刚度单元的刚度大小和可采用的屈服煤柱尺寸大小等。

(1) 局部刚度单元 K_{S1}

如图 6-30 所示，回采支巷②和③形成局部刚度单元 K_{S1}，屈服煤柱位于两支巷之间。下面按屈服煤柱尺寸由小到大分别建立数值模型，判断屈服煤柱是否能够达到极限承载力，同时通过计算相应的局部刚度和峰后刚度验证煤柱能否实现峰后稳定屈服的目标。数值模拟结果表明，该局部刚度单元只能使 2 m 宽煤柱屈服，局部刚度为 1.77，屈服煤柱的峰后刚度为 1.15，安全系数(局部刚度/峰后刚度)为 1.53，大于 1。因此，该局部刚度单元可成功实现 2 m 宽煤柱的稳定屈服。

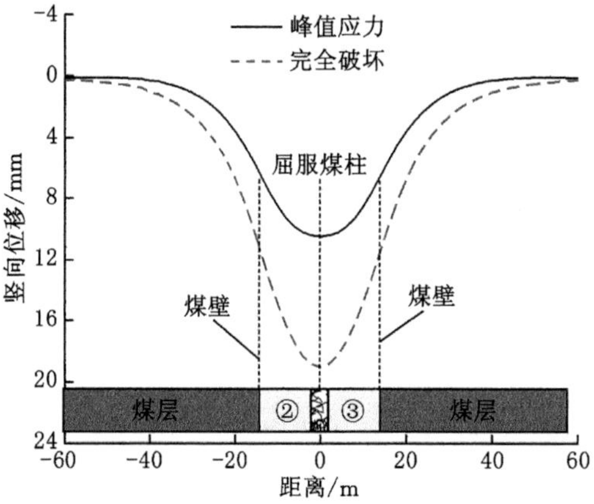

图 6-30　局部刚度单元为 K_{S1} 时屈服煤柱破坏前后关键层挠度分布

图 6-30 所示为屈服煤柱(宽度为 2 m)在回采支巷②和③并形成局部刚度单元 K_{S1} 后，煤柱达到峰值应力和完全破坏两种状态下的关键层挠度分布。从图中可以看出，关键层的最大挠度发生在 2 个支巷所形成的跨中，即屈服煤柱正中间。两条曲线以屈服煤柱中心为对称点呈水平对称分布，远离开挖区后两条曲线趋于汇合。而屈服煤柱达到峰值应力时的关键层跨中挠度小于完全破坏后的跨中挠度，这是由于屈服煤柱对关键层的支承作用。

图 6-31 所示为屈服煤柱(宽度为 2 m)达到峰值应力和完全破坏后关键层支承压力分布。从图中可以看出，关键层支承压力在煤柱破坏前后，均以屈服煤柱中心为对称点呈水平对称分布，且在两侧煤壁前方 8 m 左右达到压力峰值，在开挖区范围内关键层支承压力相对较小。但不同的是，屈服煤柱达到峰值应力时，由于煤柱的支撑作用，关键层支承压力在屈服煤柱上方出现集中

现象，并在两侧煤壁附近分布更加均匀；而当屈服煤柱破坏后，关键层跨中支承压力大幅降低，两侧煤壁附近的支承压力出现明显的集中现象。这说明煤柱屈服前，关键层将在采空区内承受相对较大的竖向压力，煤柱破坏后，关键层向下变形，同时作用在跨中的竖向压力也向两侧煤壁转移，造成了两侧煤壁附近的支承压力集中。

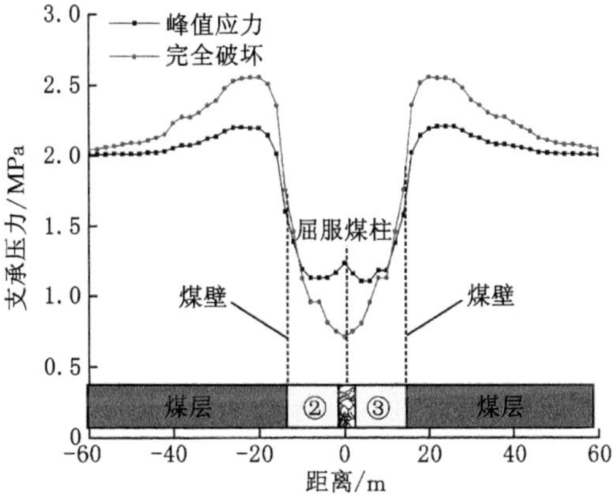

图 6-31 局部刚度单元为 K_{S1} 时屈服煤柱破坏前后关键层支承压力分布

图 6-32 所示为屈服煤柱破坏前后关键层上下表面水平应力分布状态。从图中可以看出，两条曲线同样呈水平对称分布。相对原岩水平应力的上下波动，跨中附近为压应力集中区，两侧煤壁附近为拉应力集中区，这符合弹性梁的基本应力分布规律。通过两条曲线的对比可以看出，关键层上下表面水平应力在煤柱破坏前的分布更加均匀，在破坏后更加集中。

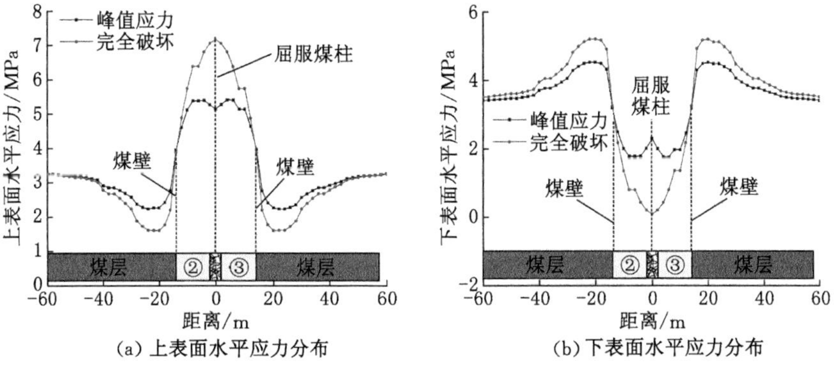

图 6-32 局部刚度单元为 K_{S1} 时屈服煤柱破坏前后关键层上下表面水平应力分布

(2) 局部刚度单元 K_{S2}

如图 6-33 所示,在局部刚度单元 K_{S1} 的基础上继续回采支巷④形成新的局部刚度单元 K_{S2},屈服煤柱仍位于②号和③号支巷之间。考虑到局部刚度单元 K_{S2} 是由 K_{S1} 连续开挖所形成的,并且在局部刚度单元 K_{S1} 中已经验证了 2 m 宽屈服煤柱峰后稳定破坏,则在其后续的连续开挖过程中能够保持其稳定破坏的基本特征,因而需进一步分析大于 2 m 宽煤柱的稳定状态。通过数值模拟可以发现,该刚度单元能够使 4 m 宽煤柱达到极限承载能力,局部刚度为 1.12,屈服煤柱的峰后刚度为 0.82,安全系数(局部刚度/峰后刚度)为 1.36,大于 1。因此,该局部刚度单元可成功实现 4 m 宽煤柱的稳定屈服。当进一步计算 6 m 宽煤柱能否实现稳定屈服时,发现该刚度单元无法使得屈服煤柱达到极限承载力。由前面关于煤柱尺寸与煤柱峰值应力之间的关系可知,煤柱尺寸越大,极限承载力越大,因而大于 6 m 宽的屈服煤柱均无法实现峰后屈服。

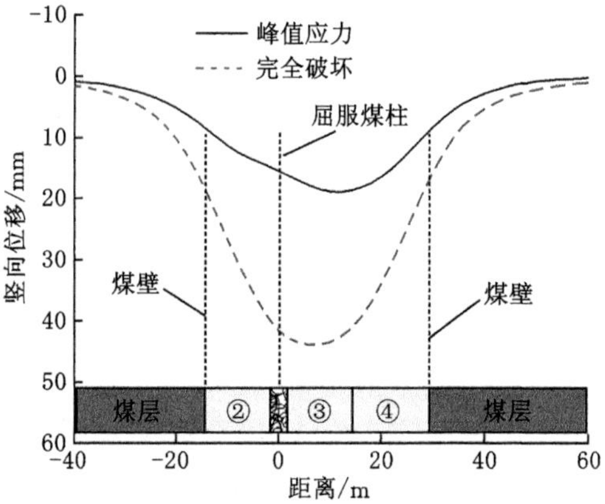

图 6-33 局部刚度单元为 K_{S2} 时屈服煤柱破坏前后关键层挠度分布

图 6-33 所示为 4 m 宽屈服煤柱在回采支巷②、③和④后形成局部刚度单元 K_{S2},煤柱达到峰值应力和完全破坏两种状态下的关键层挠度分布。从图中可以看出,煤柱破坏前后关键层的挠度变化较大。由于屈服煤柱的支撑作用,煤柱破坏前,关键层在采空区最大挠度为 16 mm,远小于破坏后的最大挠度 44 mm;而且关键层在采空区内的竖向变形呈非对称分布,这是由于屈服煤柱所处位置并非在整个采空区的跨中。煤柱破坏后,关键层挠度曲线以 3 条支巷回采后形成的跨中呈对称性分布。

图 6-34 所示为屈服煤柱达到峰值应力和完全破坏后关键层支承压力分

布。从图中可以看出，关键层支承压力在采空区内相对较小，越靠近煤壁支承压力越大，在煤壁前方 8 m 左右达到峰值。由于②、③号支巷间屈服煤柱的支撑作用，煤柱破坏前关键层的支承压力分布相对均匀，特别在屈服煤柱上方出现了支承压力增加的现象。煤柱破坏后，关键层支承压力向两侧煤壁转移，在煤壁前方的支承压力集中现象更加明显。

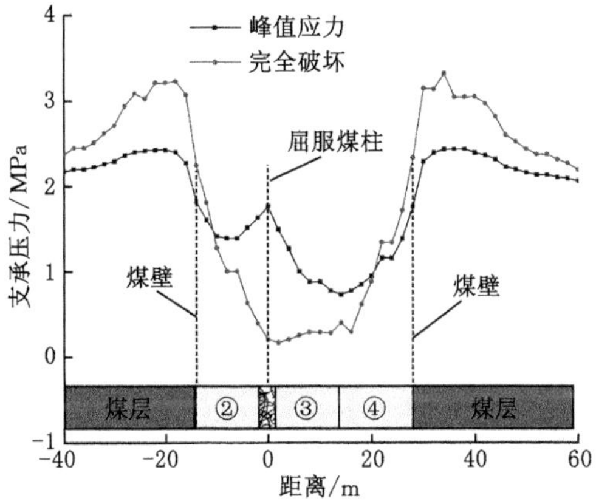

图 6-34 局部刚度单元为 K_{S2} 时屈服煤柱破坏前后关键层支承压力分布

图 6-35 所示为屈服煤柱破坏前后关键层上下表面水平应力分布状态。从图中可以看出，屈服煤柱破坏前，煤柱附近关键层水平应力会出现应力集中现象，但总的水平应力分布相对平缓。煤柱破坏后，关键层的上下表面水平应力在跨中和煤壁前方出现明显的应力集中，特别是水平应力的集中更加明显，这是由于煤柱破坏后受拉区的应力集中造成该处关键层受拉开裂，形成了维持自身平衡的压力拱结构。

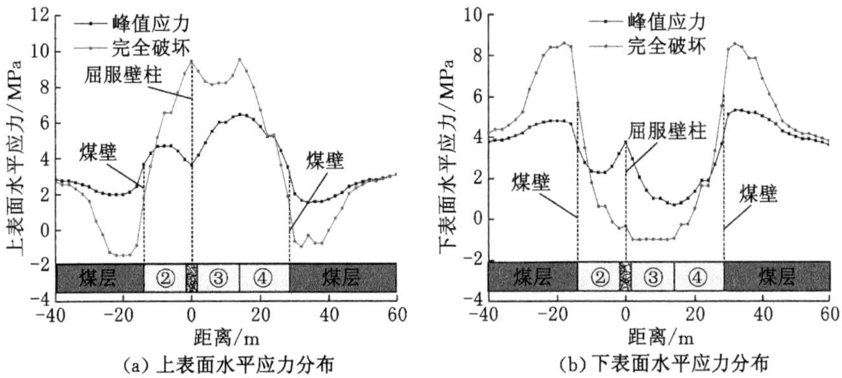

(a) 上表面水平应力分布　　(b) 下表面水平应力分布

图 6-35 局部刚度单元为 K_{S2} 时屈服煤柱破坏前后关键层上下表面水平应力分布

(3) 局部刚度单元 K_{S3}

如图 6-13 所示，局部刚度单元 K_{S3} 是屈服煤柱位于②和③号支巷之间，并按顺序回采③号和④号支巷后形成的新的刚度单元。该局部刚度单元是由刚度单元 K_{S2} 回采④号支巷所形成，并且已经成功实现 4 m 宽煤柱稳定屈服，然后需要进一步分析 6 m 宽煤柱是否能够实现稳定屈服。数值模拟结果表明，该刚度单元无法使得 6 m 宽煤柱达到极限承载力。因此，局部刚度单元可选煤柱宽度分别为 2 m 和 4 m。

(4) 局部刚度单元 K_{S4}

如图 6-12 所示，局部刚度单元 K_{S4} 是在刚度单元 K_{S2} 基础上跳采回采①号支巷所形成。在 K_{S1} 和 K_{S2} 两个刚度单元中已获得 2 m 和 4 m 两个尺寸煤柱的稳定屈服，若按刚度单元形成的开挖顺序，前两个刚度单元稳定屈服的煤柱将在该刚度单元中进一步稳定屈服。进一步计算 6 m 宽煤柱能否实现稳定屈服。数值模拟结果表明，局部刚度 $K_{S4}=0.37$ MN/mm，小于煤柱峰后刚度 0.78 MN/mm，安全系数(局部刚度/峰后刚度)等于 0.47，小于 1。因此，该刚度单元很难实现 6 m 宽煤柱的峰后稳定屈服，从安全的角度考虑不建议采用，那么该刚度单元可选煤柱宽度分别为 2 m 和 4 m。

2. 相邻区段覆岩为垮落状态

由前面分析可知，当相邻区段关键层处于垮落状态时，有 2 个基本刚度单元。局部刚度局部单元 K_{C2} 是在刚度单元 K_{C1} 多回采一条支巷后形成的，因而按照回采的先后顺序，首先进行刚度单元 K_{C1} 的建模分析。

(1) 局部刚度单元 K_{C1}

如图 6-36 所示，开挖②号和③号支巷形成局部刚度单元 K_{C1}，屈服煤柱位于②号和③号支巷之间；与②号支巷相邻的是紧邻区段隔离煤柱的①号支巷，隔离煤柱左侧即为垮落的相邻区段。按煤柱宽度由小到大的顺序分别进行数值建模分析，判断煤柱是否能在刚度单元 K_{C1} 中达到自身的极限承载力，并进一步分析其峰后能否实现稳定屈服这一目标。通过数值模拟可以发现，刚度单元 K_{C1} 只能使 2 m 宽煤柱屈服，局部刚度为 1.01 MN/mm，小于煤柱峰后刚度 1.05 MN/mm，安全系数(局部刚度/峰后刚度)为 0.96，接近 1。

图 6-36 所示为屈服煤柱在峰值应力和完全破坏两种状态下关键层挠度曲线分布。从图中可以看出，两条曲线分别在回采两条支巷的中间(屈服煤柱上方)达到各自的最大挠度，由于屈服煤柱的支撑作用，峰值应力时最大挠度小于煤柱完全破坏后的跨中挠度。两条曲线分别在区段隔离煤柱左侧和远离右侧煤壁一定距离后逐渐汇合。

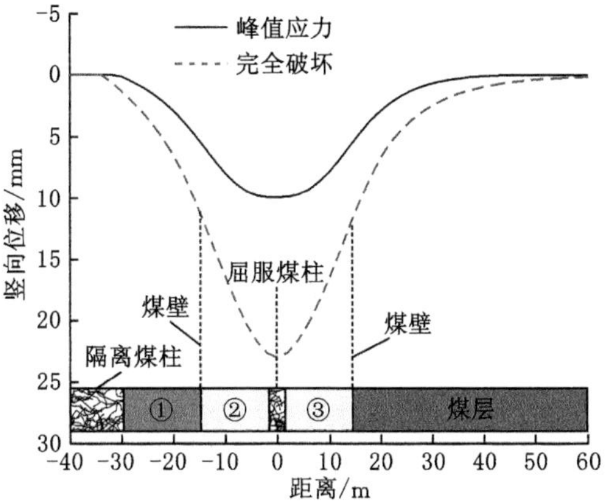

图 6-36 局部刚度单元为 K_{C1} 时屈服煤柱破坏前后关键层挠度分布

图 6-37 所示为屈服煤柱在峰值应力和完全破坏两种状态下关键层支承压力曲线分布。从图中可以看出，两条曲线均在煤壁前方一定距离内达到峰值，在采空区范围内支承压力不同程度地降低。但由于屈服煤柱在两巷之间的支撑作用，使得关键层在屈服煤柱上方出现明显的应力集中现象，随着屈服煤柱的完全破坏，关键层在跨中的支承压力大幅下降，其下降程度要大于相邻区段为稳定状态时的情况，原因是相邻区段垮落后，关键层在区段隔离煤柱附近失去了水平应力的连续传递，从而加大了关键层的跨中挠度。由于第一区段覆岩垮落，促使关键层挠度在采空区两侧呈现出非对称性分布特征。

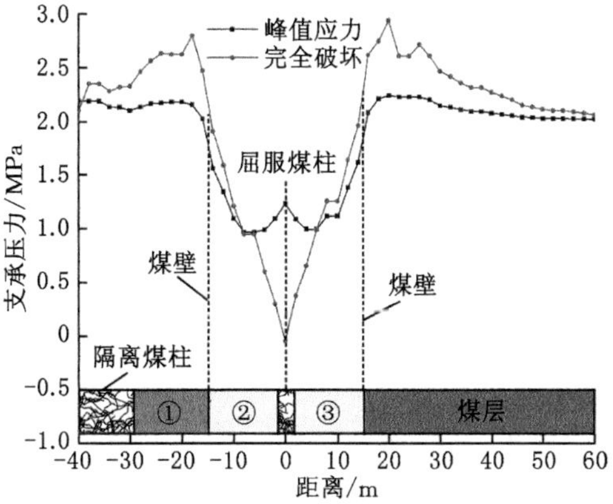

图 6-37 局部刚度单元为 K_{C1} 时屈服煤柱破坏前后关键层支承压力分布

图 6-38 所示为屈服煤柱在峰值应力和完全破坏两种状态下关键层上下

表面水平应力分布。从图中可以看出，屈服煤柱的支承作用能够使得关键层上下表面水平应力分布更加平缓，弱化了水平应力在两侧煤壁附近的应力集中。由于第一区段覆岩垮落，造成关键层水平应力分布呈现水平方向上的非对称性。

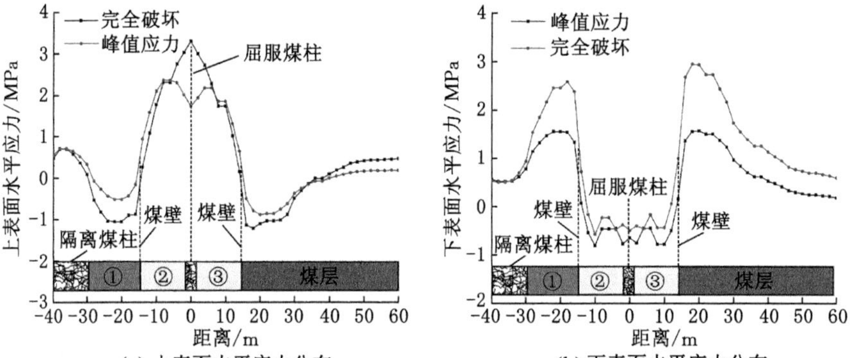

(a) 上表面水平应力分布　　(b) 下表面水平应力分布

图 6-38　局部刚度单元为 K_{C1} 时屈服煤柱破坏前后关键层上下表面水平应力分布

(2) 局部刚度单元 K_{C2}

如图 6-39 所示，先后开挖②号、③号和④号支巷形成局部刚度单元 K_{C2}，屈服煤柱同样位于②号和③号支巷之间。局部刚度单元 K_{C2} 的演化刚度单元 K_{C1} 已经获得 2 m 宽屈服煤柱的稳定破坏，下面将建模分析宽度为 4 m 和 6 m 的屈服煤柱是否能够达到各自的极限承载力，并能够成功实现稳定破坏。通过分别建立的数值模型可以发现，该刚度单元只能让 4 m 宽煤柱达到峰值应力，局部刚度和屈服煤柱峰后刚度分别为 1.00 MN/mm 和 0.82 MN/mm，安全系数(局部刚度/峰后刚度)为 1.22，大于 1，能够实现煤柱峰后的稳定屈服破坏。

图 6-39 所示为屈服煤柱在峰值应力和完全破坏两种状态下关键层的挠度曲线分布。从图中可以看出，两条曲线分别在 3 条支巷回采后的跨中附近达到最大挠度，但不同的是由于②号和③号支巷屈服煤柱对关键层的支承作用，煤柱达到峰值应力时的关键层挠度在屈服煤柱上方产生了转折，最大挠度值向③号和④号支巷之间转移；而当屈服煤柱完全破坏后，关键层的最大挠度出现在 3 条支巷的中间。屈服煤柱完全破坏前后关键层的最大挠度差距较大。

图 6-40 所示为屈服煤柱在峰值应力和完全破坏两种状态下关键层支承压力曲线分布。从图中可以看出，两条曲线均在煤壁前方一定距离内达到峰

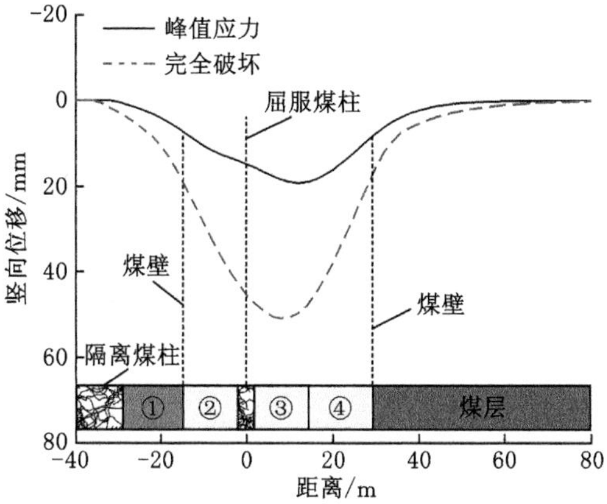

图 6-39 局部刚度单元为 K_{C2} 时屈服煤柱破坏前后关键层挠度分布

值，在采空区范围内支承压力不同程度地降低。但由于屈服煤柱在两巷之间的支承作用，使得关键层在屈服煤柱上方出现明显的应力集中现象，随着屈服煤柱完全破坏，关键层在跨中的支承压力大幅下降。由于第一区段覆岩垮落，促使关键层挠度在采空区两侧呈非对称性分布特征。

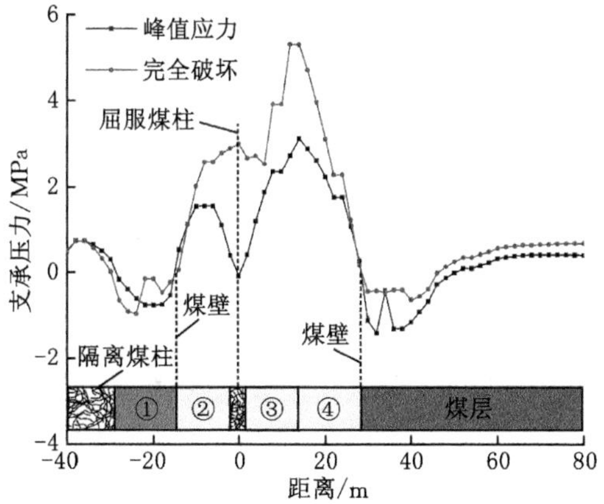

图 6-40 局部刚度单元为 K_{C2} 时屈服煤柱破坏前后关键层支承压力分布

图 6-41 所示为屈服煤柱在峰值应力和完全破坏两种状态下关键层上下表面水平应力分布。从图中可以看出，屈服煤柱的支承作用能够使得关键层上下表面水平应力分布更加平缓，弱化了水平应力在两侧煤壁附近的应力集中。由于第一区段覆岩垮落，造成关键层水平应力分布呈现水平方向上的非对称性。

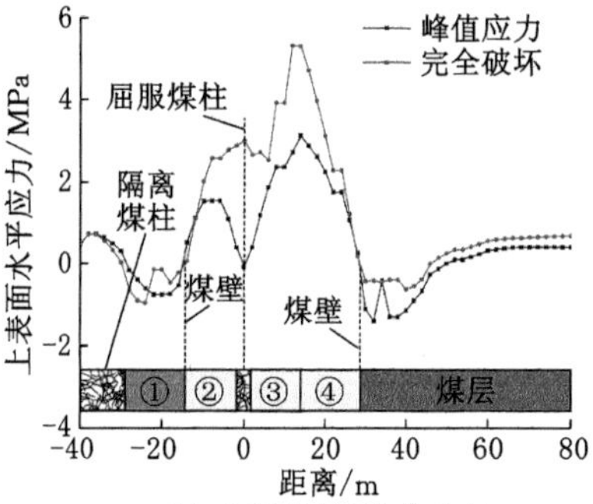

(a) 上表面水平应力分布

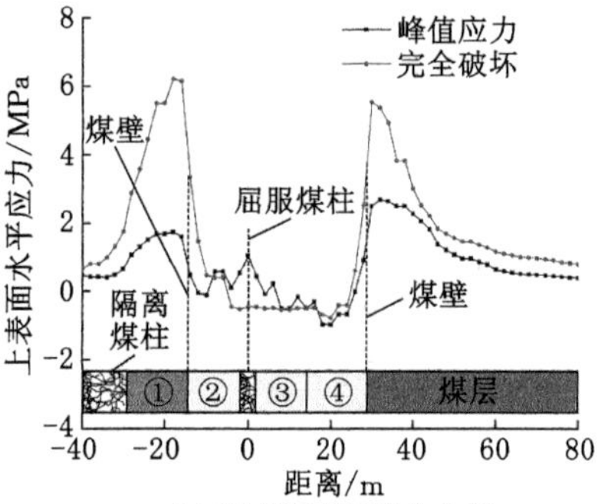

(b) 下表面水平应力分布

图 6-41　局部刚度单元为 K_{C2} 时屈服煤柱破坏前后关键层上下表面水平应力分布

综上所述，在不同的局部刚度单元类型中，区段内屈服煤柱达到峰值应力时，会对关键层起到一定的支撑作用，从而使得关键层在采空区内的挠度变小，特别是屈服煤柱附近的关键层挠度会变小。关键层在屈服煤柱上方的支承压力会出现明显的集中，说明屈服煤柱的存在阻止了关键层的向下自由变形，从而使关键层在区段内承受更大上覆荷载，这也是造成屈服煤柱自身破坏的直接原因。同时，屈服煤柱的支承作用可以使得关键层上下表面的水平应力分布更加均匀，减弱了跨中和两侧煤壁上方的应力集中，增加了关键层的极限承载能力。

当区段内采用多煤柱(煤柱数量超过 2 个)支承采空区时，由于屈服煤柱之间的距离过小而无法形成有效和丰富的局部刚度单元，同时由于区段内煤柱的支撑作用使得支巷回采后的关键层受力均匀，竖向变形相对较小。当回采跨度超过关键层极限跨距时，随着时间的增加和覆岩变形及受力的不断调整和演化，会使跨中附近的窄煤柱首先发生屈服破坏，当其中一个窄煤柱失去承载力后，会造成关键层所承受的竖向荷载迅速向破坏煤柱两侧煤柱上方转移，造成相邻煤柱在短时间内脆性破坏。依此类推可知，区段内的其他煤柱由于没有进行充足的峰后变形而迅速破坏，多个煤柱的变形破坏将导致其上覆压力拱结构失去平衡，从而关键层沿煤壁切落失稳，造成更加严重的动力灾害。因此，区段内留设煤柱间距较小、煤柱数量过多不但没有缓冲关键层的突然失稳，反而加剧了关键层破坏时产生的动力灾害。

根据上述不同局部刚度单元的数值模拟结果，关于每种局部刚度单元所对应屈服煤柱宽度、屈服煤柱峰值应力、顶底板移近量差值、屈服煤柱峰后刚度、局部刚度和安全系数进行了总结列表，如表 6-3 所示。由前面的分析可知，局部刚度单元按编号顺序存在相互演化关系，即随着编号数值的增加，局部刚度单元所对应的开挖空间不断增加、屈服煤柱位置的顶底板移近量差值增加、局部刚度降低等特点，同时可以使得更大尺寸的屈服煤柱实现峰后屈服破坏。因此，每种局部刚度单元均以可实现的煤柱最大尺寸进行局部刚度计算，则每个局部刚度单元的可选择煤柱尺寸除包括自身刚度单元所实现的屈服煤柱尺寸外，还包含其他演化刚度单元的煤柱尺寸。例如刚度单元 K_{S3}，当屈服煤柱宽度为 6 m 时，该刚度单元无法使其达到极限承载力，不能实现屈服煤柱的稳定破坏，但其 2 个演化刚度单元 K_{S1} 和 K_{S2} 可分别实现 2 m 和 4 m 宽煤柱稳定屈服破坏，因而该刚度单元可以选择的煤柱尺寸为 2 m 和 4 m；其他刚度单元依此类推。

表 6-3　局部刚度单元参数

局部刚度单元	W/m	F_p/MPa	y_b-y_p/mm	K_p/(MN/mm)	K_l/(MN/mm)	K_l/K_p
K_{S1}	2	6.27	7.1	1.15	1.77	1.53
K_{S2}	4	7.16	25.6	0.82	1.12	1.36
K_{S3}	6	—	—	—	—	—
K_{S4}	6	8.31	134.7	0.78	0.37	0.47
K_{C1}	2	6.27	12.4	1.05	1.01	0.96
K_{C2}	4	7.16	28.7	0.82	1.00	1.22

根据数值模拟结果及前面的屈服煤柱设计方案的优化结果，当相邻区段关键层处于稳定状态时，本区段的最大安全可采支巷数为 9 个，则区段支巷回采完成后形成的跨度可达 126 m；在考虑关键层的极限跨距情况下，传统方法(按顺序回采)最多可安全回采 4 条支巷，跨度为 56 m。可见，在区段内留设屈服煤柱的区段安全可采跨度为传统回采方法的 2.25 倍。根据局部刚度单元种类和相应的屈服煤柱尺寸，区段内的煤炭回收率在 90%～94%之间。因此，通过设计屈服煤柱数量(尽量不大于 2 个)、屈服煤柱尺寸、末采支巷位置以及支巷回采顺序，实现提高单个区段内煤炭回采面积和提高区段内煤炭回收率的双重目标。

由上面的分析可知，局部刚度单元的编号越大，所包含的刚度单元种类越多，可选择的屈服煤柱尺寸也越多，这样可以根据区段末采支巷位置以及回采后形成的空间大小进行多种可选择煤柱尺寸和设计方案。在关键层处于超极限跨距情况下，区段回采支巷数量越多，采空区跨度越大，由于关键层破断时形成压力拱结构的水平应力降低而导致关键层更容易沿两侧煤壁发生切落失稳，产生的动力灾害就越大。因此，回采支巷数量较多时，应该考虑回采方案中包含局部刚度单元类型较多的情况，选择其中尺寸较大的屈服煤柱或采用双柱式。同时，综合考虑屈服煤柱位置和末采支巷的位置，尽量让屈服煤柱位于整个区段的跨中；如果是双柱式回采，尽量将留设的屈服煤柱分布于末采支巷两侧，以最限度地保护末采支巷的安全回采。

参考文献

[1] 国家煤矿安全监察局. 中国煤炭工业年鉴. 2012[Z].《中国煤炭工业年鉴》编辑部，2014.

[2] 伊茂森. 神东矿区浅埋煤层关键层理论及其应用研究[D]. 徐州：中国矿业大学，2008.

[3] 刘克功，徐金海，缪协兴. 短壁开采技术及其应用[M]. 北京：煤炭工业出版社，2007.

[4] 徐永圻，王悦汉. 短壁开采技术[M]. 徐州：中国矿业学院出版社，1987.

[5] 杨鹏，冯武林. 神府东胜矿区浅埋煤层涌水溃沙灾害研究[J]. 煤炭科学技术，2002，30(增刊)：65-69.

[6] 蔡美峰，李玉民，来兴平，等. 大柳塔煤矿采空区动力失稳机理[J]. 辽宁工程技术大学学报(自然科学版)，2009，28(1)：1-4.

[7] SHEOREY P R，BARAT D，MUKHERJEE K P，et al. Application of the yield pillar technique for successful depillaring under stiff strata[J]. International journal of rock mechanics and mining sciences and geomechanics abstracts，1995，32(7)：699-708.

[8] SALAMON M D G. Stability，instability and design of pillar workings[J]. International journal of rock mechanics & mining sciences & geomechanics abstracts，1970，7(6)：613-631.

[9] HARAMY K Y，KNEISLEY R O. Yield pillars for stress control in longwall mines-case study[J]. International journal of mining & geological engineering，1990，8(4)：287-304.

[10] 吴国基. 美国的房柱采煤法和短壁采煤法[J]. 煤矿设计，1985，17(7)：43-46.

[11] 张云. 西部矿区短壁块段式采煤覆岩导水裂隙发育机理及控制技术研究[D]. 徐州：中国矿业大学，2019.

[12] KATZ A J，THOMPSON A H. Fractal sandstone pores：implications for conductivity and pore formation[J]. Physical review letters，1985，54(12)：1325-1328.

[13] 黄志安，童海方，张英华，等. 采空区上覆岩层“三带”的界定准则和仿真确定[J]. 北京科技大学学报，2006，28(7)：609-612.

[14] 李晓豁. 我国发展连续采煤机的前景[J]. 矿山机械，2007，35(12)：10-12.

[15] 周茂普. 连续采煤机块段式开采工艺与围岩控制技术研究[D]. 徐州：中国矿业大

学,2014.

[16] 白士邦,刘文郁.旺格维利采煤法在神东矿区的应用[J].煤矿开采,2006,11(1):21-23,28.

[17] 耿兆瑞.连续采煤机房柱短壁采煤方法和设备评介(上)[J].煤炭科学技术,1985,13(9):37-47.

[18] HENSON H J, SEXTON J L. Premine study of shallow coal seams using high-resolution seismic reflection methods[J]. Geophysics,1991,56(9):1494-1503.

[19] ABASS H H, HEDAYATI S, KIM C M. Mathematical and experimental simulation of hydraulic fracturing in shallow goal seams[C]//Society of Petroleum Engineers. SPE Eastern Regional Meeting,1991.

[20] GREENHALGH S A, SUPRAJITNO M, KING D W. Shallow seismic reflection investigations of coal in the Sydney Basin[J]. Geophysics,1986,51(7):1426-1437.

[21] DAVIES R C, HOWELL J A, BOYD R, et al. High-resolution sequence-stratigraphic correlation between shallow-marine and terrestrial strata: Examples from the Sunnyside Member of the Cretaceous Blackhawk Formation, Book Cliffs, eastern Utah [J]. AAPG bulletin,2006,90(7):1121-1140.

[22] SINGH R, SINGH T N, DHAR B B. Coal pillar loading in shallow mining conditions [J]. International journal of rock mechanics and mining sciences & geomechanics abstracts,1996,33(8):757-768.

[23] SU G W, NIMMO J R, DRAGILA M I. Effect of isolated fractures on accelerated flow in unsaturated porous rock[J]. Water resources research,2003,39(12):11-19.

[24] 赵宏珠.印度浅埋深难垮顶板煤层地面爆破综采研究[J].矿山压力与顶板管理,1999(3/4):57-60.

[25] SMITH G J, ROSENBAUM M S. Recent underground investigations of abandoned chalk mine workings beneath Norwich City, Norfolk[J]. Engineering geology,1993,36(1/2):67-78.

[26] MILLER R D, STEEPLES D W, SCHULTE L, et al. Shallow seismic reflection study of a salt dissolution well field near Hutchinson, KS[J]. International journal of rock mechanics and mining sciences & geomechanics abstracts,1994,31(2):A88.

[27] 华能精煤神府公司大柳塔煤矿,西安矿业学院矿山压力研究所.大柳塔煤矿 1203 工作面矿压观测研究报告[J].陕西煤炭技术.1994(3/4):33-39.

[28] 侯忠杰.厚砂下煤层覆岩破坏机理探讨[J].矿山压力与顶板管理,1995,37(1):37-40.

[29] 侯忠杰.浅埋煤层关键层研究[J].煤炭学报,1999,24(4):359-363.

[30] 侯忠杰.地表厚松散层浅埋煤层组合关键层的稳定性分析[J].煤炭学报,2000,25(2):127-131.

[31] 侯忠杰,谢胜华,张杰.地表厚土层浅埋煤层开采模拟实验研究[J].西安科技学院学报,2003,23(4):357-360,368.

[32] 侯忠杰.组合关键层理论的应用研究及其参数确定[J].煤炭学报,2001,26(6):611-615.

[33] 侯忠杰.对浅埋煤层"短砌体梁"、"台阶岩梁"结构与砌体梁理论的商榷[J].煤炭学报,2008,33(11):1201-1204.

[34] 黄庆享.浅埋煤层长壁开采顶板结构及岩层控制研究[M].徐州:中国矿业大学出版社,2000.

[35] 黄庆享.厚沙土层在顶板关键层上的载荷传递因子研究[J].岩土工程学报,2005,27(6):672-676.

[36] 黄庆享,钱鸣高,石平五.浅埋煤层采场老顶周期来压的结构分析[J].煤炭学报,1999,24(6):581-585.

[37] 许家林,朱卫兵,王晓振,等.浅埋煤层覆岩关键层结构分类[J].煤炭学报,2009,34(7):865-870.

[38] 朱卫兵,许家林,施喜书,等.覆岩主关键层运动对地表沉陷影响的钻孔原位测试研究[J].岩石力学与工程学报,2009,28(2):403-409.

[39] 张志强.沟谷地形对浅埋煤层工作面动载矿压的影响规律研究[D].徐州:中国矿业大学,2011.

[40] 杨治林,余学义,郭何明,等.浅埋煤层长壁开采顶板岩层灾害机理研究[J].岩土工程学报,2007,29(12):1763-1766.

[41] 孙远进.薄基岩浅埋煤层覆岩破坏移动规律研究[J].安徽建筑工业学院学报(自然科学版),2009,17(2):66-69,73.

[42] 张聚国,栗献中.昌汉沟煤矿浅埋深煤层开采地表移动变形规律研究[J].煤炭工程,2010,42(11):74-76.

[43] 马立强.沙基型浅埋煤层采动覆岩导水通道分布特征及其控制研究[D].徐州:中国矿业大学,2007.

[44] 刘玉德.沙基型浅埋煤层保水开采技术及其适用条件分类[D].徐州:中国矿业大学,2008.

[45] LIU Y D, ZHANG D S, FAN G W, et al. Applicable conditions for a classification system of aquifer-protective mining in shallow coal seams[J]. Mining science and

technology (China),2011, 21(3):381-387.

[46] 王旭锋.冲沟发育矿区浅埋煤层采动坡体活动机理及其控制研究[D].徐州:中国矿业大学,2009.

[47] 范钢伟.浅埋煤层开采与脆弱生态保护相互响应机理与工程实践[D].徐州:中国矿业大学,2011.

[48] 黄庆享.浅埋煤层长壁开采顶板控制研究[D].徐州:中国矿业大学,1998.

[49] 任德惠.缓斜煤层采场压力分布规律与合理巷道布置[M].北京:煤炭工业出版社,1982.

[50] 李凤仪.浅埋煤层长壁开采矿压特点及其安全开采界限研究[D].阜新:辽宁工程技术大学,2007.

[51] 黄庆享.浅埋采场初次来压顶板砂土层载荷传递研究[J].岩土力学,2005,26(6):881-883.

[52] 黄庆享.浅埋煤层的矿压特征与浅埋煤层定义[J].岩石力学与工程学报,2002,21(8):1174-1177.

[53] 高召宁,石平五,姚令侃.中小煤矿在浅埋薄基岩下开采灾害防治研究[J].采矿与安全工程学报,2006,23(2):210-214.

[54] 张嘉凡,石平五.浅部煤层壁式煤柱支撑法开采大面积垮落机理[J].西安科技学院学报,2003,23(4):365-368.

[55] 侯忠杰,黄庆享.松散层下浅埋薄基岩煤层开采的模拟[J].陕西煤炭技术,1994(2):38-41.

[56] 西安矿业学院矿山压力研究所.神府石圪台矿 $111^{-2\text{上}}$02 高产高效工作面“支架-围岩”模拟实验研究报告[J].陕西煤炭技术,1995(1):16-31.

[57] 张李节,侯忠杰.浅埋工作面超前支承压力分布规律[J].矿山压力与顶板管理,1994(4):23-25.

[58] 黄庆享,李树刚.浅埋薄基岩煤层顶板破断及控制[J].矿山压力与顶板管理,1995(3/4):22-25.

[59] 张政军.大柳塔煤矿房柱式开采围岩破断力学分析与研究:兼论短壁式开采围岩控制[D].西安:西安矿业学院,1996.

[60] 李昌宁.大柳塔浅埋煤层合理开采参数研究[D].西安:西安矿业学院,1996.

[61] 张满余.浅埋厚风积砂下长壁工作面顶板岩层控制研究[D].西安:西安矿业学院,1996.

[62] 黄庆享,田小明,杨俊哲,等.浅埋煤层高产工作面矿压分析[J].矿山压力与顶板管理,1999(3/4):53-56.

[63] 黄庆享，祈万涛，杨春林. 采场老顶初次破断机理与破断形态分析[J]. 西安矿业学院学报，1999，19(3)：193-197.

[64] 杜计平，孟宪锐. 采矿学[M]. 2 版. 徐州：中国矿业大学出版社，2014.

[65] STERLING R L，NELSON C R. An experimental investigation of the ultimate strength of laterally constrained rock beams[J]. Experimental mechanics，1978，18(7)：261-268.

[66] RAN J Q，PASSARIS E K S，MOTTAHED P. Shear sliding failure of the jointed roof in laminated rock mass[J]. Rock mechanics and rock engineering，1994，27(4)：235-251.

[67] STIMPSON B，AHMED M. Failure of a linear voussoir arch：a laboratory and numerical study[J]. Canadian geotechnical journal，2011，29(2)：188-194.

[68] 靳钟铭，徐林生. 煤矿坚硬顶板控制[M]. 北京：煤炭工业出版社，1994.

[69] 史红邈，杜建伟，李志强. 大采高超长综放工作面采场矿山压力控制技术研究[J]. 煤，2009，18(11)：14-16.

[70] 王宇，王大鹏，霍丙杰. 煤矿区保水开采技术实践[J]. 煤矿开采，2010，15(1)：44-46.

[71] 许家林，钱鸣高，朱卫兵. 覆岩主关键层对地表下沉动态的影响研究[J]. 岩石力学与工程学报，2005，24(5)：787-791.

[72] 弓培林，靳钟铭. 大采高采场覆岩结构特征及运动规律研究[J]. 煤炭学报，2004，29(1)：7-11.

[73] 曹胜根，缪协兴，钱鸣高. "砌体梁"结构的稳定性及其应用[J]. 东北煤炭技术，1998(5)：21-25.

[74] 钱鸣高. 采场围岩控制理论与实践[J]. 矿山压力与顶板管理，1999，16(3/4)：12-15.

[75] 缪协兴，钱鸣高. 采场围岩整体结构与砌体梁力学模型[J]. 矿山压力与顶板管理，1995(3/4)：3-12.

[76] QIAN M G，HE F L. Behaviour of the main roof in longwall mining-weighting span，fracture and disturbance[J]. International journal of rock mechanics and mining sciences & geomechanics abstracts，1991，28(1)：A53.

[77] 钱鸣高，张顶立，黎良杰，等. 砌体梁的"S-R"稳定及其应用[J]. 矿山压力与顶板管理，1994，11(3)：6-11.

[78] 钱鸣高，缪协兴，何富连. 采场"砌体梁"结构的关键块分析[J]. 煤炭学报，1994，19(6)：557-563.

[79] 许家林，钱鸣高. 岩层控制关键层理论的应用研究与实践[J]. 中国矿业，2001，10(6)：54-56.

[80] 缪协兴,钱鸣高.采动岩体的关键层理论研究新进展[J].中国矿业大学学报,2000,29(1):25-29.
[81] 钱鸣高,缪协兴,许家林,等.岩层控制的关键层理论[M].徐州:中国矿业大学出版社,2000.
[82] 宋振骐,刘义学,陈孟伯,等.岩梁裂断前后的支承压力显现及其应用的探讨[J].山东矿业学院学报,1984,3(1):27-39.
[83] 宋振骐,蒋宇静.采场顶板控制设计理论与方法的基础研究[J].山东矿业学院学报,1986,5(1):1-13.
[84] 卢国志,汤建泉,宋振骐.传递岩梁周期裂断步距与周期来压步距差异分析[J].岩土工程学报,2010,32(4):538-541.
[85] 宋振骐,邓铁六,宋扬,等.采场矿山压力和顶板运动的预测预报[J].煤矿安全,1988,19(5):42-43.
[86] 康立勋,杨双锁,钱鸣高.大同综采工作面直接顶端面块体失稳与平衡分析[J].煤炭学报,1999,24(3):247-251.
[87] 朱德仁,钱鸣高,徐林生.坚硬顶板来压控制的探讨[J].煤炭学报,1991,16(2):11-20.
[88] 刘传孝.坚硬顶板运动特征的数值模拟及非线性动力学分析[J].岩土力学,2005,26(5):759-762.
[89] 唐晓玲,叶明亮.薄煤层坚硬顶板的薄板理论分析及来压预报[J].矿山压力与顶板管理,2003,20(2):89-92.
[90] 王高利.厚硬顶板破断规律及控制研究[D].淮南:安徽理工大学,2008.
[91] 王开,康天合,李海涛,等.坚硬顶板控制放顶方式及合理悬顶长度的研究[J].岩石力学与工程学报,2009,28(11):2320-2327.
[92] 王开.普采工作面坚硬顶板控制及其研究[D].太原:太原理工大学,2006.
[93] 史红.综采放顶煤采场厚层坚硬顶板稳定性分析及应用[D].青岛:山东科技大学,2005.
[94] 史红,姜福兴.采场上覆大厚度坚硬岩层破断规律的力学分析[J].岩石力学与工程学报,2004,23(18):3066-3069.
[95] 任智敏,李孝胜.综采面坚硬顶板活动规律观测与控制[J].煤矿开采,2011,16(6):81-83,106.
[96] 杨玉辉,祖贺军.厚煤层坚硬顶板采场矿压显现规律分析[J].煤炭技术,2011,30(2):67-69.
[97] 白兰永,陈忠辉,郭海书,等.综放俯采支架选型及坚硬顶板垮落规律研究[J].中国安

全生产科学技术,2011,7(1):14-18.

[98] 任宝.坚硬顶板工作面矿山压力显现特征[J].矿山压力与顶板管理,2004,21(3):79-81.

[99] 冯本超,李祥华,黄国华.坚硬顶板工作面"轻放"开采矿压观测和控制技术研究[J].矿山压力与顶板管理,2003(3):53-55.

[100] 张开智,郭周克,程秀洋,等.坚硬顶板煤柱稳定性实测分析[J].煤炭科学技术,2002,30(4):12-15.

[101] 杨润全,丁后稳,罗巨安.硬厚片麻岩下综放采煤覆岩破坏规律初探[J].西安矿业学院学报,1999,19(增刊):130-133.

[102] LIU H T,LI J,JIANG L S,et al. Research on the relationship between the thickness of the hard strata and the roof caving hidden danger level[J]. Advanced materials research, 2012,557-559:813-817.

[103] WANG K. Study of reasonable hanging roof length on hard roof[J]. Procedia engineering,2011,26:772-777.

[104] 魏锦平,靳钟铭,杨彦风,等.坚硬顶板控制的数值模拟[J].岩石力学与工程学报,2002,21(增刊):2488-2491.

[105] 李明忠.坚硬顶板条件下综采面设备选型及液压支架设计[J].煤矿开采,2010,15(4):83-84.

[106] 伍永平,郭振兴,马彩莲,等.坚硬顶板大采高采场支架阻力的确定[J].西安科技大学学报,2010,30(2):127-131.

[107] 耿养谋,霍丙杰,张宏伟.大倾角坚硬顶板厚煤层矿压规律数值计算[J].辽宁工程技术大学学报(自然科学版),2009,28(增刊2):4-6.

[108] 胡守平,李纯宝.坚硬顶板塌陷机理探讨[J].山东煤炭科技,2008(6):86-87.

[109] 李新元,马念杰,钟亚平,等.坚硬顶板断裂过程中弹性能量积聚与释放的分布规律[J].岩石力学与工程学报,2007,26(增刊):2786-2793.

[110] 潘岳,王志强,李爱武.初次断裂期间超前工作面坚硬顶板挠度、弯矩和能量变化的解析解[J].岩石力学与工程学报,2012,31(1):32-41.

[111] 潘岳,顾士坦,戚云松.初次来压前受超前增压荷载作用的坚硬顶板弯矩、挠度和剪力的解析解[J].岩石力学与工程学报,2013,32(8):1544-1553.

[112] 潘岳,顾士坦,戚云松.周期来压前受超前隆起分布荷载作用的坚硬顶板弯矩和挠度的解析解[J].岩石力学与工程学报,2012,31(10):2053-2063.

[113] COOK N G W. The failure of rock[J]. International journal of rock mechanics and mining sciences & geomechanics abstracts, 1965,2(4):389-403.

[114] LINKOV A M. Rockbursts and the instability of rock masses[J]. International journal of rock mechanics and mining sciences & geomechanics abstracts, 1996, 33(7): 727-732.

[115] 佩图霍夫. 煤矿冲击地压[M]. 王佑安, 译. 北京:煤炭工业出版社, 1980.

[116] BIENIAWSKI Z T, DENKHAUS H G, VOGLER U W. Failure of fractured rock[J]. International journal of rock mechanics and mining sciences & geomechanics abstracts, 1969, 6(3): 323-341.

[117] 周楠. 固体充填防治坚硬顶板动力灾害机理研究[D]. 徐州:中国矿业大学, 2014.

[118] 窦林名, 曹胜根, 刘贞堂, 等. 三河尖煤矿坚硬顶板对冲击矿压的影响分析[J]. 中国矿业大学学报, 2003, 32(4): 388-392.

[119] 窦林名, 刘贞堂, 曹胜根, 等. 坚硬顶板对冲击矿压危险的影响分析[J]. 煤矿开采, 2003, 8(2): 58-60.

[120] 牟宗龙, 窦林名, 张广文, 等. 坚硬顶板型冲击矿压灾害防治研究[J]. 中国矿业大学学报, 2006, 35(6): 737-741.

[121] 牟宗龙, 窦林名. 坚硬顶板突然断裂过程中的突变模型[J]. 矿山压力与顶板管理, 2004, 21(4): 90-92.

[122] 吴兴荣, 郭海泉, 黄修典, 等. 坚硬顶板冲击矿压的预测与防治[J]. 矿山压力与顶板管理, 1999, 16(3/4): 211-214.

[123] 吴兴荣, 窦林名. 坚硬煤岩组合条件下冲击矿压发生机理[J]. 煤矿开采, 2006, 11(4): 70-72.

[124] YAO J M, HE F L, DOU L M, et al. Influence of hard roof on rock burst[J]. Journal of jishou university, 2007, 28(3): 83-88.

[125] 方新秋, 窦林名, 柳俊仓, 等. 大采深条带开采坚硬顶板工作面冲击矿压治理研究[J]. 中国矿业大学学报, 2006, 35(5): 602-606.

[126] 郭惟嘉, 刘利民, 郭炳正, 等. 巨厚坚硬覆盖层矿井开采灾害与防治措施的研究[J]. 中国地质灾害与防治学报, 1994, 5(2): 37-42.

[127] 娄金福, 齐庆新, 蓝航, 等. 焦坪矿区坚硬顶板冲击矿压发生机理与防治对策[J]. 煤矿开采, 2010, 15(2): 78-81.

[128] 息金波. 采场顶板大面积垮落的飓风灾害的理论研究[D]. 太原:太原理工大学, 2006.

[129] 严国超, 息金波, 宋选民, 等. 采场冲击气浪的灾害模拟[J]. 辽宁工程技术大学学报(自然科学版), 2009, 28(2): 177-180.

[130] 张修玉, 张义平, 池恩安, 等. 采空区坚硬顶板大面积冒落时巷道空气冲击波的计算

[J]. 矿业研究与开发,2010,30(5):68-69.

[131] 顾铁凤. 采场飓风冲击灾害分析[J]. 辽宁工程技术大学学报(自然科学版),2007,26(1):11-14.

[132] TAN Y T,ZHAO T Z,XIAO Y X. Quantitative prop support estimation and remote monitor early warning for hard roof weighting at the Muchengjian Mine in China[J]. Canadian geotechnical journal,2010,47(9):947-954.

[133] 刘文. 大同"两硬"综放工作面顶煤注水-爆破联合弱化技术[J]. 中国煤炭,2011,37(6):66-69.

[134] 巴内吉 A,雷 A K,辛格 G,等. 高压注水控制坚硬顶板[J]. 中国煤炭,2004,30(12):73-77.

[135] HE H,DOU L M,FAN J,et al. Deep-hole directional fracturing of thick hard roof for rockburst prevention[J]. Tunnelling and underground space technology,2012,32:34-43.

[136] CHUGH Y P,MISSAVAGE R A. Effects of moisture on strata control in coal mines [J]. Engineering geology, 1981,17(4):241-255.

[137] BELL F G,JERMY C. An investigation of primary permeability in strata from a mine in the Eastern Transvaal Coalfield,South Africa[J]. Quarterly journal of engineering geology and hydrogeology,2002,35(4):391-402.

[138] TALHI K,BENSAKER B. Design of a model blasting system to measure peak p-wave stress[J]. Soil dynamics and earthquake engineering,2003,23(6):513-519.

[139] 谭诚. 煤层巨厚坚硬顶板超前深孔爆破强制放顶技术研究[D]. 淮南:安徽理工大学,2011.

[140] SAWMLIANA C,PAL ROY P. A new blastability index for hard roof management in blasting gallery method[J]. Geotechnical and geological engineering,2012,30(6):1357-1367.

[141] 王高利. 厚硬顶板破断规律及控制研究[D]. 淮南:安徽理工大学,2008.

[142] 高明涛,王玉英. 断顶爆破治理冲击地压技术研究与应用[J]. 煤炭学报,2011,36(增刊):326-331.

[143] 李俊平,冯长根,周创兵,等. 控制爆破局部切槽放顶技术的基本参数研究[J]. 岩石力学与工程学报,2004,23(4):650-656.

[144] NAZAROVA L A,FREIDIN A M,NEVEROV A A. Chamber mining with roof caving at the nikolaevsk mine[J]. Journal of mining science,2005,41(4):342-349.

[145] PAL ROY P,SAWMLIANA C,BHAGAT N K,et al. Induced caving by blasting:

innovative experiments in blasting gallery panels of underground coal mines of India [J]. Mining technology,2003,112(1):57-63.

[146] 赵锐,李炳文,王书蒙.液压切顶支柱工作面的矿压特性分析[J].煤矿机械,2007,28(4):87-89.

[147] 李芳成.谈切顶支柱工作面的支架与围岩相互作用关系[J].中州煤炭,1990(3):8-11.

[148] 魏完林,孔晋刚.ZQ·1/16型切顶支柱的应用与效果[J].煤炭技术,2009,28(12):33-34.

[149] GHABRAIE B,REN G,GHABRAIE K,et al. A study on truss bolt mechanism in controlling stability of underground excavation and cutter roof failure [J]. Geotechnical and geological engineering,2013,31(2):667-682.

[150] BARRON K,BAYDUSA A. A theory of cutter roof failure and its application[J]. Cim bulletin,1999,92(1032):45-49.

[151] BRITTON S. Designing deep-seam ground control[J]. International journal of rock mechanics and mining sciences & geomechanics abstracts, 1980,17(6):A119.

[152] SERATA S. Stress control technique—an alternative to roof bolting[J]. International journal of rock mechanics and mining sciences & geomechanics abstracts, 1976,13(8):A90.

[153] 翟德元,刘学增.房柱式开采矿房跨度的可靠度设计[J].山东矿业学院学报,1997(3):243-247.

[154] 翟德元,张伟民,吕福军,等.美国房柱式开采技术[M].北京:煤炭工业出版社.1996.

[155] MOHAN G M,SHEOREY P R,KUSHWAHA A. Numerical estimation of pillar strength in coal mines[J]. International journal of rock mechanics and mining sciences,2001,38(8):1185-1192.

[156] WILSON A H. An hypothesis concerning pillar stability[J]. Mining engineer,1972,131(6):409-417.

[157] 张明.厚硬岩层矿井矿震与冲击复合动力灾害防控研究[D].北京:北京科技大学,2017.

[158] 陈刚.神东矿区浅埋深薄基岩下柱式体系采煤法工作面布置参数优化研究[D].阜新:辽宁工程技术大学,2005.

[159] BIENIAWSKI Z T. Exploration for rock engineering: proceedings of the symposium on exploration for rock engineering[C]. 1976.

[160] 鲍凤其.房柱式开采煤柱稳定性数值模拟研究[J].煤矿开采,2008,13(6):17-19.

[161] 刘文涛,许家林,朱卫兵,等.浅埋煤层走向煤柱对支承压力影响的数值模拟研究[J].中国煤炭,2010,36(2):43-45.

[162] 侯忠杰,付二军.长壁间隔式开采方法研究及其应用[J].西安科技大学学报,2009,29(1):1-6.

[163] 沈永祥,徐金海.边角煤的高效短壁开采实践研究[J].能源技术与管理,2007,32(1):14-16,21.

[164] 刘立民,刘汉龙,连传杰,等.半解析方法用于房柱式开采沉陷的三维计算[J].煤炭学报,2002,27(5):462-467.

[165] 戴绍诚,李世文,李芬,等.高产高效综合机械化采煤技术与装备[M].北京:煤炭工业出版社,1998:25-32.

[166] 王术龙.短壁机械化开采在东坡煤矿的应用[J].中州煤炭,2012(11):54-56.

[167] 吴志刚,翟明华,周廷振.徐州西部矿区坚硬顶板来压预测预报[J].岩石力学与工程学报,1996,15(2):163-170.

[168] 钱鸣高,茅献彪,缪协兴.采场覆岩中关键层上载荷的变化规律[J].煤炭学报,1998,23(2):135-139.

[169] 马庆云,赵晓东,宋振骐.采场老顶岩梁的超前破断与矿山压力[J].煤炭学报,2001,26(5):473-477.

[170] SHEN B T,GUO H,KING A. Integrated real-time roof monitoring[J]. Journal of coal science and engineering (China),2009,15(3):313-317.

[171] LORIG L J,BRADY B H G,CUNDALL P A. Hybrid distinct element-boundary element analysis of jointed rock[J]. International journal of rock mechanics and mining sciences & geomechanics abstracts,1986,23(4):303-312.

[172] DIEDERICHS M S,KAISER P K. Stability of large excavations in laminated hard rock masses: the voussoir analogue revisited[J]. International journal of rock mechanics and mining sciences,1999,36(1):97-117.

[173] BEER G,MEEK J L. Design curves for roofs and hanging-walls in bedded rock based on "voussoir" beam and plate solutions[J]. Transactions of the institution of mining and metallurgy,section A:mining technology,1982,91:18-22.

[174] 唐芙蓉.煤炭地下气化燃空区覆岩裂隙演化及破断规律研究[D].徐州:中国矿业大学,2013.

[175] TAJDUŚ K. New method for determining the elastic parameters of rock mass layers in the region of underground mining influence[J]. International journal of rock

mechanics and mining sciences,2009,46(8):1296-1305.

[176] STARFIELD A M,WAWERSIK W R. Pillars as structural components in room-and-pillar mine design[J]. The 10th U. S. Symposium on Rock Mechanics, Austin, Texas, 1968.

[177] WANG H W,JIANG Y D,ZHAO Y X,et al. Numerical investigation of the dynamic mechanical state of a coal pillar during longwall mining panel extraction[J]. Rock mechanics and rock engineering,2013,46(5):1211-1221.